貓頭鷹書房

有些書套著嚴肅的學術外衣，但內容平易近人，非常好讀；有些書討論近乎冷僻的主題，其實意蘊深遠，充滿閱讀的樂趣；還有些書大家時時掛在嘴邊，但我們卻從未看過……

如果沒有人推薦、提醒、出版，這些散發著智慧光芒的傑作，就會在我們的生命中錯失——因此我們有了**貓頭鷹書房**，作為這些書安身立命的家，也作為我們智性活動的主題樂園。

貓頭鷹書房——智者在此垂釣

貓頭鷹書房 254

表觀遺傳大革命

現代生物學如何改寫我們認知的基因、遺傳與疾病

（更新至二〇二一最新發展）

The Epigenetics Revolution

How modern biology is rewriting our understanding of genetics, disease and inheritance

奈莎・卡雷（Nessa Carey）◎著
黎湛平◎譯

貓頭鷹

■導讀

表觀遺傳——演奏生命樂章的交響樂團

阮麗蓉／中央研究院基因體研究中心研究員

生命存在於地球已超過四十億年，然而在一九五三年之前，人類對於生命運行代代相傳的機制所知極其有限。何其幸運，半個多世紀以來，扭轉人類命運的生命科學突破，已把人類推上史無前例的高峰，我們已經身處生命科學的黃金時代！

一切必須由神奇的ＤＮＡ說起

一九五三年之前，科學家已理解，ＤＮＡ極可能隱藏龍生龍、鳳生鳳的生物遺傳密碼，然而知其然不知其所以然，對於遺傳機制仍是一頭霧水。

這困擾無數頂尖科學家，堪稱人類史上最重大的謎團，一九五三年由華生和克里克博士四兩撥千斤，輕鬆巧妙的解開。華生和克里克博士發現，由不斷重複的磷酸根、五碳糖和四種鹼基ＡＴＣＧ串成的ＤＮＡ*可以形成穩定的雙股螺旋結構[1]，兩股ＤＮＡ彼此的鹼基可準確相互配對結合（Ａ配Ｔ，Ｃ配Ｇ）。於是，細胞生長分裂前ＤＮＡ複製時，雙股螺旋分開，分開的兩股ＤＮＡ都成了模板，ＤＮＡ聚合酶按著模板製造出另一股擁有完全相對應鹼基序列的ＤＮＡ，再次形成雙股螺旋結構，平均分配到兩個分裂之後的子細胞。憑藉這僅僅一頁劃時代的ＤＮＡ雙股螺旋結構論文，華生和克里克博士，與提供ＤＮＡ Ｘ光繞射圖的維爾金博士，共同獲得一九六二年諾貝爾生理醫學獎，堪稱是諾貝爾獎中的諾貝爾獎。

如此完美的ＤＮＡ複製機制，瞬間解開生物遺傳奧秘，生命科學正式脫離蝸牛慢爬，搭上太空梭前進。

克里克博士進一步提出遺傳訊息中心法則（The Central Dogma），說明ＤＮＡ可以被轉錄為ＲＮＡ，ＲＮＡ被轉譯為蛋白質。ＤＮＡ上的鹼基序列，決定最終形成何種蛋白質[2]。花花世界萬千生物之所以形態各異，人體組織器官複雜，端賴各式細胞在個體發育成長階段產生各種蛋白質，各司其職。

一九九〇年，耗資三十億美金的人類基因組定序計畫正式啟動，歷時十三年，於二〇〇三年公布完整ＤＮＡ序列圖譜[3]。眼見為憑，人類首次清楚看見「我是誰」的三十億個ＤＮＡ鹼基生命之書，以為從此可知天命……

但天不從人願，顯而易見的問題立刻浮現：人類擁有 $30 \pm 0.5 \times 10^{12}$ 顆細胞[4]，除少部分免疫細胞例外，每一顆細胞中的DNA序列基本完全一致，然而為何有些細胞發展成了眼睛，有些細胞發展成了骨頭，有些細胞發展成了心臟？

同卵雙胞胎有著同樣序列的DNA，儘管外貌相似，為何後天命運卻大不同？比如其中一位天天吃炸雞薯條可樂，高血糖高脂肪高血壓三高纏身，未老先衰。而另一位奉行健康飲食作息，成了歲月無痕的美魔女。

究竟是何機制，讓同一份生命之書，展現不同的命運？

該表觀遺傳上場啦

表觀遺傳泛指一種生物機制，能夠在不改變DNA鹼基序列的情況之下，控制特定區段的DNA（基因）在特定發育時間特定身體部位的細胞中，被轉錄成RNA，之後轉譯為蛋白質，

＊注：DNA全名為去氧核糖核酸，是我們熟知的生物遺傳密碼，又通稱為基因。但事實上DNA和基因有明確區別，基因意指可以製造出蛋白質的DNA區段。

行使生物功能（表觀）。並且這種表觀變化，在大部分的情形之下，能夠被遺傳。

倘若ＤＮＡ的鹼基排列是生命五線譜上的音符，那麼表觀遺傳則是演奏這首生命之歌的交響樂團。缺乏表觀遺傳調控，五線譜僅僅是靜靜躺在桌上的一本樂譜，無法發出美妙的音樂，也就是生命。有了表觀遺傳調控，音符得以化為音樂，表現生命現象，時而行雲流水，時而靜默無聲，時而慷慨激昂。

那麼表觀遺傳如何調控基因表現呢？

我們以人類為例來說明。人類屬於真核生物，真核生物的ＤＮＡ並不是裸露在細胞核中，而是被四種帶正電的組蛋白 H2A、H2B、H3 和 H4 包裹成串珠狀的核小體（nucleosome），核小體再以特定的結構堆疊成染色質（chromatin）。ＤＮＡ上一長串的磷酸根讓ＤＮＡ帶負電，被帶正電的組蛋白包裹，正負相吸，一拍即合，結構緊密，不容易被轉錄成ＲＮＡ。

一九六〇年代起科學家開始理解，在生物發育過程中不同區段的ＤＮＡ和組蛋白會被加上不同的化學官能基，並藉此控制該段ＤＮＡ是否被轉錄成ＲＮＡ。

ＤＮＡ上最被廣為研究的表觀遺傳化學官能基非甲基（CH_3）莫屬。如前所述，ＤＮＡ由四個鹼基ＡＴＣＧ構成，而ＤＮＡ甲基化就發生在鹼基Ｃ的第五個碳原子上，稱為5mC（5-methyl cytosine）。

已知DNA插上甲基可抑制轉錄，主要證據來自一九八九年博德教授（Adrian Bird）的重大發現。伯德教授找到第一個可以辨認並且結合DNA甲基的蛋白質 MeCP2（methyl-CpG binding protein），發現 MeCP2 帶來一些蛋白質夥伴，具有抑制轉錄的活性，於是闡明甲基抑制DNA轉錄的機制[5]。一九九九年，左格比醫師（Huda Zoghbi）更發現，MeCP2 突變是造成神經發育障礙雷特氏症（Rett syndrome）的主要原因[6]。這些研究明確指出，表觀遺傳失調可造成人類疾病。博德教授更早於一九七八年便發現，DNA甲基化能隨著DNA複製機制，忠實的被傳遞至新合成的DNA上同樣相對位置的鹼基C[7]。

也就是說，DNA甲基可以被遺傳至下一代。

那麼要如何除去甲基讓DNA可以被轉錄成RNA呢？生物體內是否存在DNA去甲基酶是表觀領域的大哉問。尋尋覓覓，終於在二〇〇九至二〇一一年間，拉奧（Anjana Rao）、張毅和徐國良三位科學家陸續發現，DNA去甲基酶TET家族蛋白可將 5mC 氧化為 5hmC、5fC 和 5caC，讓DNA可以被轉錄成RNA[8]。

組蛋白上的表觀遺傳化學官能基更是五花八門，功能各異。根據二〇一五年質譜分析的不完全統計[9]，組蛋白上的化學官能基居然高達五百多種！

有一些組蛋白上的化學基可以促進轉錄，比如在組蛋白的離胺酸（lysine）上加上帶負電的乙醯基（acetyl group），離胺酸上的正電就被中和掉了，如此組蛋白不再和帶負電的DNA緊密結合，於是創造空間，讓轉錄因子和RNA聚合酶得以更有效地聚集於需要被轉錄的DNA區域，促進轉錄。一九九五至一九九六年間，阿利斯博士（David Allis）率先找到組蛋白乙醯酶，並證明組蛋白插上乙醯基可活化轉錄，促進基因表達[10]。

有一些組蛋白上的化學基可以抑制轉錄，比如插在組蛋白H3第二十七個氨基酸——離胺酸（lysine）上的甲基。這一個化學作用，由組蛋白甲基酶 EZH2 催化，而 EZH2 於胚胎發育及細胞癌化扮演至關重要的角色。

於是我們逐漸清楚，眼睛視網膜上的感光細胞之所以成為感光細胞，而不是肌肉細胞，是由於表觀遺傳調控機制在感光細胞中活化感光功能所需的基因表達，同時抑制其他功能基因的轉錄。我們也明白同卵雙胞胎之所以後天命運不同，是因為後天環境影響表觀遺傳機制，讓擁有相同DNA序列的同卵雙胞手足活化不同基因，製造出不同的蛋白質，展現不同的形態。

現今我們更明瞭，調控表觀遺傳，不僅僅依賴DNA和組蛋白化學基修飾，也可藉由染色質重組因子（chromatin remodeling factor）和許多不能被轉譯為蛋白質的非編碼RNA（non-coding RNA），促進或抑制基因轉錄。不同類型的DNA、RNA和組蛋白化學基修飾陸續被發現能調控表觀遺傳，如雨後春筍，欣欣向榮！

條條大路通羅馬！

震撼人心的表觀遺傳最新進展

《表觀遺傳大革命》這本書的原文發表於二〇一一年，距今已十年。十年來，表觀遺傳領域發展飛速，以下是近來振奮人心的新發現。

表觀遺傳失調，已知和許多人類重大疾病相關，比如癌症，神經退化疾病如阿茲海默症、巴金森氏症等，精神疾病如憂鬱症、躁鬱症和思覺失調等，心臟病，肥胖，病毒感染等等。

表觀遺傳和癌症的研究由來已久，當抑制腫瘤發生的抑癌基因被過度甲基化而抑制表現量，細胞就開始不正常增生，形成癌症。組蛋白去乙醯酶抑制劑和ＤＮＡ甲基酶抑制劑早已是抗癌藥物，但這些小分子抑制劑僅適用於血液或淋巴類型的癌症，且無法專一的抑制單一種表觀遺傳酶，因此多有副作用。令人興奮的是，二〇二〇年，美國ＦＤＡ首次通過能夠專一抑制組蛋白甲基酶 EZH2 的小分子化合物，治療橫紋肌肉瘤[11]。這一個翻開表觀遺傳抑制劑治療癌症歷史新頁的小分子化合物，來自波士頓的一家生技公司 Epizyme，由二〇〇二年首次發現 EZH2 酶活性的張毅博士與諾貝爾獎得主霍維茨（Robert Horvitz）博士於二〇〇七年共同創立。

老化和神經退化疾病更是現今人人關心的課題。貝爾格（Shelley Berger）教授發現，阿茲海默症病人大腦細胞中調控神經功能的重要基因缺乏特定組蛋白乙醯基修飾 H4K16Ac[12]。科學家更發現，ＤＮＡ甲基化程度可以預示老化進程，通稱為ＤＮＡ甲基時鐘（DNA methylation clock）[13]，且抑制組蛋白甲基酶 SET6 可以促進線蟲和小鼠健康長壽[14]。

近年腸道細菌研究盛行其道。科學家發現，腸道益生菌可藉由促進組蛋白去乙醯酶 HDAC3 的活性，加速潰瘍之後的腸道上皮細胞修復[15]。

二〇一八年一月二十四日，一則石破天驚的科學新聞登上頂級科學期刊《細胞》及世界各大報頭條。中國科學院上海神經科學研究所孫強研究員團隊，根據哈佛醫學院張毅教授在小鼠和人類體細胞核移植的表觀遺傳關鍵突破技術[16、17]，成功培育出全球第一隻體細胞複製靈長類動物[18]。紐約時報中文網感嘆[19]：複製獼猴在中國誕生，我們離複製人還有多遠？人類是否已站上未來命運的轉捩點？這是生命科學史上的關鍵里程碑，是繼一九九七年桃莉羊複製成功之後的巨大突破。

二〇〇六年，山中伸彌教授發現體細胞可被重編程回萬能幹細胞（iPSC），震驚世界！這一項讓人類可自由操控細胞命運的突破，獲得二〇一二年諾貝爾生理醫學獎。近年風起雲湧的基因編輯 CRISPR 技術，科學界更是無人不知無人不曉，一般民眾也能琅琅上口。任意編輯生物包括人類DNA序列的尖端技術，讓人類離造物主越來越近！三位科學家道納（Jennifer Doudna）、夏彭提耶（Emmanuelle Charpentier）和張鋒在這個領域成就了極其了不起的貢獻。三人同獲二〇一六年唐獎，在台灣捲起一股風潮。道納和夏彭提耶並榮獲二〇二〇年諾貝爾化學獎。

結合基因編輯，iPSC 和表觀遺傳，科學家也正試圖解決智能障礙疾病和人人聞之色變的新冠病毒感染。

二〇一八年，麻省理工學院的耶尼施（Rudolf Jaenisch）教授設法治療 X 染色體脆折症（Fragile X syndrome）。這一種好發於男性的智能障礙疾病，主要因為大腦神經細胞中的 FMR1 基因被插上數百個甲基，抑制了該基因表達，使神經細胞失去功能。耶尼施首先建立病人體細胞誘導形成的幹細胞，再利用新一代基因編輯技術 CRISPR，去除這誘導幹細胞中 FMR1 基因上的甲基，成功讓 FMR1 基因恢復表達，分化為正常神經細胞[20]。

二〇二一年一月，頂尖期刊《細胞》報導，利用 CRISPR 全基因組篩選技術，科學家發現，新冠病毒感染需借助表觀遺傳因子組蛋白去甲基酶 KDM6A[21]。未來是否可設計小分子化合物抑制 KDM6A，阻斷新冠病毒感染，值得期待。

表觀遺傳引領生命科學風潮

結合基因編輯、iPSC 和表觀遺傳，生命科學從此以光速前進，人類有希望治癒常見疾病，殲滅感染人類的細菌和病毒。在倫理規範合理限制之下，或可改變精子或卵子的ＤＮＡ序列及其表觀化學修飾，代代相傳，一勞永逸地解決遺傳疾病！

生命科學研究攸關生命，本應接地氣，婦孺皆知。本篇導讀，嘗試以最通俗的文字，報導最先進的表觀遺傳領域突破。科學沒有最美，只有更美。願更多台灣學子加入生命科研，站在巨人的肩膀上，乘長風破萬里浪，解開人之所以為萬物之靈的奧秘！

註：表觀領域傑出科學家甚多，礙於字數限制，僅提及幾位。

■審定序

表觀遺傳是什麼？

徐明達

這本書是介紹現在生物的熱門研究領域——表觀基因學——給一般大眾，但這本書出版到現在已經有多年時間，因為這個領域進展非常快速，在書裡的一些資訊已經過時，而且表觀基因學是一個相當專門的領域，有些觀念並不很容易懂，因此出版社希望我能夠寫一點導讀的文章，幫助讀者了解這個新興研究領域。

大家現在都很熟悉基因這個名詞，但看到表觀基因就不知道是什麼東西，其實基因這個名詞本身就是一個很難說清楚的東西，最早孟德爾在一八三三年提出用遺傳因子來描述及計算生物表徵的遺傳現象，到了一九〇九年約翰生（Wilhelm Johannsen）才提出 gene 這個名詞，並用 phenotype（生物表徵）和基因作區分，也就是說基因只是用來計算生物表徵的抽象單位，就像代數裡的 xyz，但後來經過很多科學家的努力後證實基因是有實體的，而且存在並排列於細胞的染色體中，在一九四〇年阿佛利（Oswald Avery）發現純化的DNA可以轉化細菌的生物表徵及一九五三年華生及克立克發現DNA雙螺旋結構後，大家才認定DNA是生物的遺傳物質，而二十世紀後期也成為以DNA為主導的分子遺傳學時代，但其實很多人並不了解一段DNA並非等於基因，透過現代表觀基因及基因表現的研究，我們才慢慢了解基因的本質，簡短的來說，基因是由一些DNA序列片段及其合作的蛋白質或RNA組合形成的功能單位，DNA是基因的肉身，而夥伴的蛋白質或RNA是基因的外衣，本書的重點是講這個如何改變外衣，來改變基因的「表觀」，所以才稱為「表觀基因」，因為是用組合的方式，而且可以有很多套，因此經由排列組合才可以把有限的資訊放大非常多倍，生物就是用這種方式來產生千變萬化的效果。

一個有固定序列的DNA並無法解釋最基本的生命現象：胚胎發育及快速的適應環境變化，在胚胎發育時，一個受精卵會分化成各種體細胞，不同的體細胞不但有很不相同的功能，甚至大小及形狀也有很大的變化，另外生物也會快速的改變它的性質來適應不同環境的變化，例如章魚可以快速改變顏色及體態，一些蝴蝶在不同季節的時候看起來好像是完全不同的蝴蝶，一個有固定序列的DNA組成的基因體怎麼可以隨機產生千變萬化的生命現象（phenotypes）？而且胚胎發育是隨時間的三度空間變化，但DNA只是一條一度空間的分子，並沒有三度空間的信息，而且在DNA序列裡也找不到時間的信息，就算一個很簡單的病毒，在複製及組裝成立體的新病毒的時候，都有很複雜隨時間變化的過程，但簡單的病毒核酸序列裡並無法找到執行這個過程的藍圖。

為了解釋這個現象，英國的沃丁頓（Conrad Waddington）在一九四〇年代就提出一個基因社會的概念，也就是在一個固定基因群組合成的生物，可以透過隨時間及隨環境的不同，挑選基因群中的一部分作成工作團隊來產生一個胚胎發育的特定途徑，也就是由團隊基因（下圖菱形上的黑柱）成員的產物（蛋白質、RNA等）形成一個依序進行的步驟（下圖的四條曲線）來最後產生一個生物表徵（有序步驟的回饋就會產生時鐘，而產生的細胞表面密碼就是胚胎發育需要的三度空間信息），不同的基因團隊組合產生的發育途徑就會導致不同的組織及器官，這個新觀念他稱之為表觀基因景觀（epigenetic landscape，因為不改變基因本身所以稱為表觀基因，因為有像地圖那樣的各種途徑，所以稱為景觀）。這些新觀念基本上大大的改進了孟德爾及很多遺傳學家一個基因（genotype）產生一個生物現象（phenotype）的舊思維，而是用不同組合的基因團隊來達到某個特定的生物表徵。

但沃丁頓並不知道細胞如何選擇及組織基因群，及基因群如何產生變化來適應內在或外在環境的變化。在他那個時代，科學家認為生物表徵的變化是透過基因突變產生的，但基因突變是一個不可逆的永久變化，並不適合用於胚胎發育或暫時適應環境變化，後來科學家才發現細胞有一個比較聰明的策略，就是用修飾基因但不改變基因基本密碼的方式來選擇及組織基因群及調整基因的功能，基本上就是在基因上加上一些裝飾，讓細胞的分子機器能夠辨別一個基因的狀態，

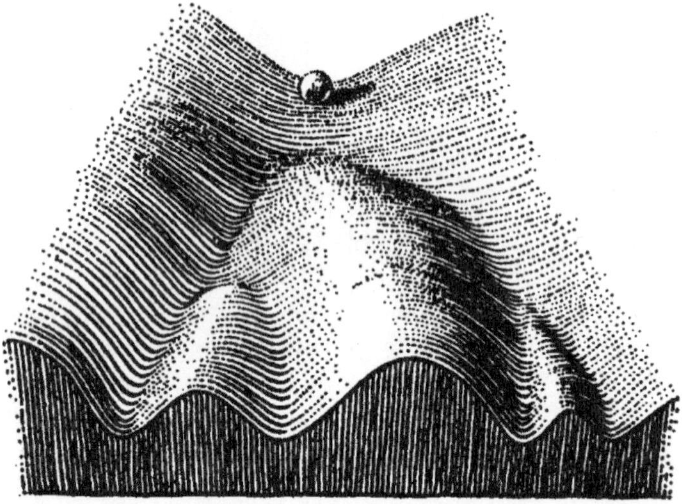

圖一是著名的沃丁頓的表觀遺傳地貌圖（Waddington epigenetic landscape），本書47頁即可見得。底下的黑柱代表基因組合，由這些組合產物產生的生物表徵是上面的曲面，曲面較低的地方（山谷）就是產生的穩定低能量高或然率的表觀基因發育途徑，最上面的球代表受精卵，順著其中一條途徑到達一個終點，終點代表胚胎發育成某一種組織或器官。

就像一個人為了做特定事就需要穿了不同衣服或做了不同化妝一樣，同樣一個人做運動時就穿運動服及球鞋，但去董事會開會的時候就要穿西裝打領帶及穿皮鞋，雖然都是同一個人，但經過不同的化妝，「表觀」自然看起來不一樣，做的事情也不相同，細胞就是用這種方式去選擇及調整基因的功能，換句話說，所謂的「表觀基因」就是細胞因需要而演化出來製造「千面基因」的高明化妝術，用來讓在有限的基因數目情況下達到千變萬

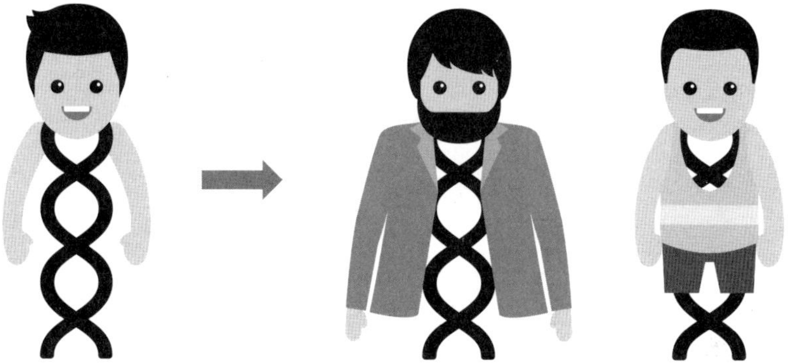

表觀遺傳指的是基因可以因外在機制而有不同的展現，如同更換裝扮一般。

化的效果。

本書所敘述的狹義表觀基因只是介紹如何將基因做標記來選擇哪些基因（或哪些基因不要）來參加這些不同的基因團隊組合，以達到胚胎發育或適應環境變化的某些特定目的。廣義的表觀基因還包括基因間互動、基因修飾間的作用及回饋、基因周遭環境對基因活性的影響、調控序列重複次數、非基因性的生化反應調整或波動來改變生物表徵等等（科學家還在研究是否還有更高層次新的表觀基因策略）。

我們現在知道基因基本上會有兩大類的化妝，第一種就是在 DNA CG 序列的胞嘧啶（cytosine）鹼基上加上一個甲基，這是比較穩定而且可以維持比較久的化妝或修飾，最早是用來標定外來的基因移民，也就是基因社會的居留證，因為這些外來的基因移民大都是病毒，基因社會必須加以嚴格管控，以防止這些移民出來作亂，後來這個修飾就用來標記那些不要參加基因工作團隊的基因（但有時候用來抑制負調控，就會得到相反的效果），因為這種標記在基因活性啟動的地方會抑制來啟動基因的分子機器，因此在適當的地方加上這種修飾就會禁止這個基因參加工作團隊，如果標記產生錯誤，使不應該參與工作的基因活化，或使應該參與工作的基因無法活化，就會產生基因工作的紊亂而造成疾病，一些和癌症相關的基因就是這樣被錯誤標記而造成腫瘤。另外我的實驗室也發現一種5－羥甲基（5-hydroxymethyl）在基因主體上的修飾是用來標定與一種體細胞特定的基因，來召集特定細胞分化途徑的基因，另外5－羥甲基也用來標定特殊的基因群。

DNA甲基修飾也是一種生物為了暫時應付演化壓力而改變特定基因活性的策略，這是因為基因突變是隨機而且必須經過長時間的篩檢，無法應付臨時產生的環境壓力，甲基修飾可以讓生物有時間去做有效的基因表現及生理的變化來適應環境，而且這種過渡的應變措施是可逆的，最後如果環境持續對生物產生壓力再透過在已發展出來的表觀基因途徑上做定點突變，產生永久的適應。用來進行家常工作的基因（house-keeping gene）通常在基因啟動的地方都有很長一段可以被甲基化的序列，這個所謂的 CpG 島就像飛機場的跑道一樣，在沒有修飾的狀況下（跑道燈亮了）可以讓轉錄的分子機器可以從細胞核內三十億鹼基中快速找到這些必要的基因，而精準的降落在這些基因的控制區。通常細胞不會去管這些多數的「常務」基因，而只是在變換任務時去改變少數有特殊任務的「政務」基因，現在很多人做 CpG 島的甲基修飾研究都不分清楚這兩類基因，因而浪費了很多力氣及資源，實在很不值得。

第二類基因的化妝是在和ＤＮＡ結合的組蛋白（histone）上做修飾，這是比較快速及短暫的化妝術，但可以產生極為複雜的修飾，有的修飾是專門針對轉錄機器工作的位置（啟動子及其他位置），有的是針對 mRNA 剪輯的位置，有的是針對ＤＮＡ修補的位置，有的是用來在基因貼上「暫停使用」或「庫存」的標籤（我們體細胞裡大部分基因都是如此，山中伸彌教授發明的誘導性多功能幹細胞技術的一個作用就是拿掉這些標籤），有的是用來作為特別「識別證」讓一群基因或調控序列可以聚在一起互動去產生沃丁頓表觀基因景觀的途徑，在這方面我們還只是在中小學的了解階段。還有一種這本書沒有提到的表觀基因修飾，這種修飾是透過不作蛋白質的RNA（ncRNA）來進行的，現在科學家已經開始發現很多製造這種 ncRNA 的非典型基因，這是現在熱門的研究領域之一。

要化妝當然就要有化妝師，我們的細胞就有很多的專業基因化妝師，而且因為常常需要變妝，所以也需要專業的去化妝師，這些基因化妝師和去化妝師會把細胞的基因及控制序列在胚胎發育的每一個階段的基因群打扮得很不一樣，來產生各種不同功能的體細胞。如果做錯化妝，或因為突變無法工作，就會造成基因群運作失常，而產生疾病，現在很多生技公司就在發展藥物去抑制和癌症及精神疾病有關的去化妝師，現在已經有好幾種藥上市了。

現在我們已經找到一些初步的「表觀」修飾原則，但仍然有一大堆很困難的問題需要解決，比如由不同的表觀標記組成的語言代表什麼生物意義？因為有非常多種的表觀標記，因此不同排列組合形成的表觀基因語言及密碼就變得非常複雜，我們如何提綱挈領從複雜中找出簡單的科學原理及法則，來了解生物如何應付環境變化將是生命科學家未來的重要研究課題。另外，基因化妝師和去化妝師怎樣知道哪些基因或序列需要修飾？是誰來決定在什麼情況下哪些基因要做什麼記號？它怎麼去招集它的任務基因團隊？這個表觀標記的主導者或總經理必須能和外界做有效的溝通來計畫並進行新的基因化妝，以調整基因群的任務來應付外界的變化，這些都是將來有待探討的基本生命問題。

表觀修飾的一個重要目的是調控基因的活性，基因活性是要透過轉錄因子的作用，轉錄因子必須要先認出基因裡的活性序列密碼，但因為DNA序列是藏在雙螺旋結構裡面，轉錄因子從外面並無法看到這個DNA序列，那轉錄因子如何找到它應該工作的地方？現在我們知道DNA有一種寫在雙螺旋表面的密碼，這個3D密碼需要用轉錄因子蛋白的3D分子結構產生的鑰匙透過化學鍵的作用來解開，這是生命的一個終極「表觀」祕密，有待將來有興趣的你來解開這個祕密，來吧，年輕人！大家一起去尋找生命的奧祕。

徐明達　國立陽明大學榮譽退休教授，前榮陽基因體中心主任。

推薦短文

（按姓氏筆畫序）

表觀基因學是最近五至十年間熱門的生物研究領域之一，它對了解生物的胚胎發育、細胞分化、基因表現調控和新穎醫藥的發展，皆已是不可或缺的一環了。這本二〇一一年出版的書雖然不能包括過去五年間的新發展，但奈莎．卡雷博士由淺入深，並介於科普與專業之間的寫法，再加上譯者黎湛平先生的筆調與徐明達教授的引讀，應可使得它可以很生動地讓讀者了解表觀基因學的趣味性及重要性。

——沈哲鯤／中央研究院分子生物所特聘研究員、中央研究院院士、台灣大學／台北醫學大學／高雄醫學大學合聘教授

人類往往無可避免地會被自己的主觀意念決定事物的重要性，在科學的領域，研究方向及資源也時常受到主流論點的影響。時而忽略生命其實有許多機制，也扮演著重要的角色，等著我們

去發掘。其實，有時候證據就在眼前，線索及關聯性也隱匿在細節中，端看我們是否以合適的工具和洞察力去發現而已。人類DNA定序完成後，曾認為已解開生命的藍圖，然而其實那只是冰山的一角，全貌並非如此簡單。生命的細緻與複雜度往往超乎想像，不停的探索，質疑及驗證這些未知的可能，才是讓這門學問更顯迷人之處。

《表觀遺傳大革命》這本書探討了表觀遺傳學如何驅動生命的藍圖。閱讀此書就如同帶領讀者攀爬表觀遺傳學的這座山脈，即使有許多問題仍懸而未解，但沿途探訪不同科學家的突破，亦逐漸描繪出其與生命錯綜複雜的脈絡，讓這座山的輪廓逐漸清晰，使得讀者得到啟發，同時更對這些竭盡一生心力，以及堅持不解的科學家們，致上最深的敬意。

——黃富楠／基因線上營運長

若將DNA序列比喻成電腦的硬體，表觀遺傳學則可喻成電腦的軟體，控制著基因在何時、何處，及如何表現。單憑DNA序列是無法完全解釋生命的複雜性，表觀遺傳學則可幫助我們發現生命的奧祕，決非隨機碰撞而成。

——賴亮全／國立台灣大學醫學院生理學研究所教授

具名推薦（按姓氏筆畫序）

◎王雯靜／國立清華大學生命科學系特聘教授
◎李家維／《科學人》雜誌總編輯
◎林正焜／醫師、科普作家
◎郭博昭／國立陽明大學腦科學研究所及神經科學研究所所長
◎許翱麟／國立陽明大學生化暨分子生物研究所教授

致謝

過去幾年，我有幸與一群實在非常了不起的科學家共事。要感謝的人太多，但在此一定要特別向以下諸位致意：Michelle Barton、Steohan Beck、Mark Bedford、Shelley Berger、Adrian Bird、Chris Boshoff、Sharon Dent、Didier Devys、Luciano Di Croce、Anne Ferfuson-Smith、Jean-Pierre Issa、Peter Jones、Bob Kinston、Tony Kouzarides、Peter Laird、Jeannie Lee、Danesh Moazed、Steve McMahon、Wolf Reik、Ramin Shiekhatter、Irina Stancheva、Azim Surani、Laszlo Tora、Bryan Turner、Patrick Varga-Weisz。

我也要感謝之前在 CellCentric 的同事們：Jonathan Best、Devanand Crease、Tim Fell、David Knowles、Neil Pegg、Thea Stanway 與 Will West。

由於是第一次寫書，我要對我的經紀人 Andrew Lownie 表達最大的感激之意：感謝你願意冒險簽下我、簽下這本書。

我還要大大感謝出版商 Icon 的可愛夥伴們，尤其是 Simon Flynn、Najma Finlay、Andrew Furlow、Nick Halliday、Harry Scoble。感謝各位對我這個完全不懂出版的傢伙展現無窮耐心。各位太英勇了。

我的家人與朋友也給予我極大的支持，希望各位不會介意我沒有一一列出你們的名字。不過，我要特別謝謝 Eleanor Flowerday、Willem Flowerday、Alex Gibbs、Ella Gibbs、Jessica Shayle O'Toole、Lili Sutton 與 Luke Sutton 在那些壓力大到不行的日子裡，盡心盡力娛樂我、為我分勞解憂。

我要謝謝每一次聽我說「周末我不能跟朋友碰面、不能做飯、不能出門玩」都盡力不翻白眼、我可愛的伴侶 Abi Reynolds。我保證我會馬上去報名國標舞課程的。

獻給重新編排我一生的艾比・雷諾（Abi Reynolds）

謹以此書紀念尚恩・卡雷（Sean Carey）一九二五～二〇一一

編輯弁言

特別感謝陽明大學榮譽退休教授徐明達專業審定，內文隨頁注為徐教授標明其原書敘述內容的最新發展。

表觀遺傳大革命：現代生物學如何改寫我們認知的基因、遺傳與疾病　目次

引言

DNA。

有時候，在讀到跟生物學有關的文獻報導時，我們總以為生物學的一切都能用這三個字母來解釋；但這也不能怪我們。舉例來說，在二〇〇〇年六月二十六日，當研究人員宣布已完成人類基因體定序時，幾位重要人物曾如此說道[1]：

> 今天，我們學會上帝創造生命的語言。
>
> ——美國總統，比爾·克林頓

> 我們對醫藥抱持的所有想望，現在有可能實現了。
>
> ——英國科學大臣，賽恩斯伯里勛爵

破解人類基因體圖譜可比人類登陸月球，但我想前者意義更大。這不僅是我們這個時代的卓越成就，就人類歷史而言亦是如此。

——英國衛康信託基金，邁可．戴克斯特

從這幾句話及其他更多類似的發言看來，我們很可能以為，在二〇〇〇年六月之後，研究人員應該可以稍微鬆口氣了吧？因為人類大部分的健康問題與疾病自此都能輕鬆歸類——畢竟咱們可是握有造人的藍圖呀；我們只需要再多了解這套指令一點，就能補上更多細節了。

不幸的是，事後印證，這些說法乃言之過早，實際上完全不是那麼回事。

我們把DNA說得像模板，猶如汽車工廠的零件模具。工人把熔化的金屬或塑膠注入模具，如此重複成千上萬遍，除非過程出錯，否則每一次都能產出相同的零件。

但DNA完全不是這樣。DNA比較像腳本。想想《羅密歐與茱麗葉》吧：一九三六年，喬治．庫克（George Cukor）執導演筒將其搬上銀幕，主角是萊斯利．霍華德（Leslie Howard）與諾瑪．希拉（Norma Shearer）；六十年後，巴茲．魯曼（Baz Luhrmann）指導李奧納多．狄卡皮歐（Leonardo DiCaprio）和克萊兒．丹妮絲（Claire Danes）拍攝同一齣劇的另一電影版本。兩位導演都使用莎士比亞的腳本，但兩部片風格截然不同——起點相同，結果不同。

細胞讀取DNA遺傳密碼時也是這樣，以同一部腳本拍出截然不同的電影。一如我們即將看到的個案研究，前述這個說法亦可廣泛套用於人類諸多健康問題。在本書的所有案例中，有一點非常重要、請牢記在心：這些人的DNA腳本皆未受影響。他們的DNA並未改變（突變），可是為了順應環境，他們的人生從此徹底扭轉、無法回復＊。

奧黛莉．赫本（Audrey Hepburn）名列二十世紀數一數二的電影巨星。時尚、優雅，擁有一副精緻曼妙、近乎弱不禁風的纖細骨架，她在《第凡內早餐》（*Breakfast at Tiffany's*）飾演的「荷莉．葛萊特利」（Holly Golightly）使她一舉成為眾人心中的完美象徵，即使沒看過電影的人也作如是想；但各位一定很難想像，如此無瑕的美竟是饑荒造成的結果。奧黛莉．赫本是二次大戰期間「荷蘭饑餓之冬」（Dutch Hunger Winter）的倖存者。事件結束時，她十六歲，但這次事件的後續效應——包括健康狀況不佳——卻跟她跟了一輩子†。

「荷蘭饑餓之冬」從一九四四年十一月初延續至翌年春末。這段期間，西歐氣候異常冷冽，對於飽受殘酷戰爭蹂躪四年的西歐大陸更是雪上加霜；其中狀況最糟的要屬西荷蘭地區。該區當

＊表觀基因的特點就是可以不經突變而改變生物表徵，更精確地說，應是順應環境的壓力而暫時改變生物表徵，一直要到基因突變後才固定下來。

†荷蘭饑餓之冬事件主要是講饑荒和胚胎發育的關係，赫本當時已為少女，其體型的表徵是否有經饑餓之冬的影響尚待商榷。

時還在德國人掌控之下，德軍封鎖導致食物供應巨幅下滑、嚴重短缺，他們一度得在熱量攝取僅達平日三成的情況下設法生存；荷蘭人啃青草、吃鬱金香花苞，所有能到手的家具全拿來燒，不顧一切、竭力求生。等到一九四五年五月、食物供應恢復正常時，死亡人數已超過兩萬人。

但這次慘絕人寰的饑荒也創造出相當獨特的科學實驗組。這些荷蘭倖存者是一群定義明確的個體——他們只有一段時間營養不良，發生的時間幾乎都一樣。由於荷蘭的醫療保健基礎制度極佳、醫療紀錄完整，讓流行病學家能持續追蹤饑荒的長期影響，結果有了出乎意料的重大發現。

流行病學家首先探討的面向之一，是「饑荒對新生兒——也就是在母體內熬過那段刻苦時期的胎兒——出生體重的影響」。如果母親在受孕前後飲食正常、僅在懷孕最後幾個月營養不良，產下的寶寶大多體型較小；另一方面，若母體在懷孕最初三個月營養不良（即受孕時間接近饑荒末期），但之後營養充足，那麼她通常會產下體重正常的寶寶，意即胎兒體重「趕上進度」。

這一切似乎沒什麼大不了，因為我們都習慣「懷孕後期是胎兒主要成長期」這個想法；但由於流行病學家追蹤研究這群嬰兒長達幾十年，因而有了驚人發現：出生時體重較輕的嬰兒，終其一生皆體型瘦小，且肥胖比例比一般人低。四十多年來，這些人想吃多少就吃多少，但他們的身體卻不曾從早期的營養不良狀態恢復過來。為什麼？這些早期生命經驗如何影響個體長達數十年？一旦環境復原至應有的狀態，這些人為何還是無法恢復正常？

意外的還在後頭。若胎兒母親僅懷孕初期營養不良，胎兒長大後肥胖的比例會比一般人高；

而近期亦有報告顯示（包括幾項智力測驗），他們出現其他健康與智力問題的機率也比較高。儘管這些孩子在出生時看起來健康得不得了，但他們在子宮內發育時鐵定出了什麼狀況，進而影響其後數十年的人生。然而重要的不只是發生了**什麼事**，發生**時間**也很重要。在懷孕初期這三個月，胚胎還非常非常小，因此這個階段的內外變化可能對個體造成終生影響。

還有更詭異的：某些類似效應似乎也出現在這群孩子的孩子身上——也就是懷孕前期營養不良的婦女們的孫子們。換言之，婦女懷孕時的遭遇會影響到下一代的下一代。這衍生出一個問題：這些效應如何傳遞給後代子孫？著實令人百思不解*。

讓我們來看看另一則不同的故事。「思覺失調」（Schizophrenia）是一種可怕的精神疾病，若不治療，患者可能遭此疾患徹底擊垮，因此失能。思覺失調症的病徵範圍廣，從妄想（delusions）、幻覺（hallucinatory）、精神完全無法集中等皆包含在內。患者可能變得完全無法區別真實世界與幻覺妄想，喪失正常的認知、情緒與社交反應。一般人對思覺失調患者常有嚴重誤解，認為他們具暴力傾向、很危險；然而大部分的思覺失調患者不僅沒有這種傾向，反倒是這個疾病最可能的受害者：思覺失調患者的自殺傾向是心理健康者的五十倍[2]。

---

*同樣的研究者尚未證實此一現象（Stein and Lumey, Hum. Biol. 72:641-54, 2000），因此此一現象尚待證實。

思覺失調症不算罕見，這個悲劇性的疾病在大多數國家或地區約影響零點五至一成的人口；也就是說，現今大概有超過五千五百萬人受此疾患所苦。生這種病由誰決定？目前科學家已知，「遺傳」的角色至為重要，理由是如果同卵雙胞胎中的一人患有思覺失調，那麼另一人也出現思覺失調的機率是百分之五十。這個數字比一般人罹患思覺失調的機率（百分之一）要高出許多。

同卵雙胞胎的遺傳密碼完全相同。他們分享同一個子宮，通常也在極為相近的環境中成長。在思考這個問題的時候，我們對於「雙胞胎中的一人若患有思覺失調症、另一人有同樣病症的機率相當高」的結果似乎不怎麼驚訝；其實我們必須開始懷疑：機率為何只有百分之五十，而不是更高？為什麼不是百分之百？兩個顯然一模一樣的個體何以變得如此不同？雙胞胎中的一人慘遭精神疾患蹂躪，她或他的同胞姊妹或兄弟也會承受相同的痛苦嗎？不如扔銅板決定吧，正面代表「會」，反面代表「不會」。這種狀況不太可能是環境變異造成的，就算是，這些環境因素又怎麼會在兩個基因完全相同的人身上造成如此深刻且相異的影響？

再舉第三個案例。一個不到三歲的孩子，遭雙親忽視、嚴重虐待，最後州政府介入，孩子被帶離原生家庭，安置在寄養家庭或安排領養。接手照顧孩子的家庭愛心滿滿、十分寶貝這孩子，盡力為孩子打造安全、充滿愛與關懷的家。孩子在這個家度過童年與青少年時期，長大成人。

有時這套機制運作得還算不錯，孩子順利成長為性格穩定的年輕人，和其他在正常家庭長大、孩提時代未遭虐待的同儕並無不同；但不幸的是，結果通常並非如此。事實上，早期曾遭忽視或虐待的孩童，他們在長大成人後出現精神問題的機率比一般人高出許多；這些孩子往往在成年後較易顯現憂鬱、自我傷害、濫用藥物及自殺傾向。

我們再一次得問：為什麼？要跨越童年早期因虐待、忽視造成的影響，何以如此困難？為何生命的早期經驗竟會影響精神及心理健康，可能到幾十年後都還擺脫不了？在這些案例中，有些成年人甚至已經不記得當年的創傷，但他們在心理上、情緒上仍深受其害，終其一生都必須承擔這個苦果。

從表面上看來，這三個例子似乎大不相同：第一件主要跟營養有關，特別是未出世的孩子；第二件是兩名遺傳上完全相同的個體何以仍有差異，最後一件則是童年遭虐對心理健康造成的長期傷害。

但是，若從最基礎的生物學層級上看來，這三則故事其實互有關聯：它們全是「表觀遺傳學」（epigenetics）的例證。表觀遺傳學是一門新興法則，正在發動革命、改寫生物學。若兩名在遺傳上完全相同的個體、出現可經人為測量的不同表徵，這就叫作表觀遺傳。若某環境變化的後果擴及生物學層次，且在事件本身已成遙遠記憶之後、影響仍持續存在，那就代表表觀遺傳效應正在我們眼前上演。

表觀遺傳現象處處可見，每天都在發生。多年來，科學家已鑑定並確認許多表觀遺傳案例，如前述幾則便是。當科學家在談及表觀遺傳學的時候，指的是所有「單憑遺傳密碼並不足以完整描述現狀」的狀況，這表示一定還有其他作用同時運作。

「遺傳物質相同但表觀互異」，這是從科學角度描述表觀遺傳的一種說法。但遺傳腳本之所以與最終結果不符，應該是某個機制造成的。這些表觀遺傳效應八成肇因於某種生理變化，或生物體某細胞的廣大組成分子發生變動，這導致我們開始用另一種方式看待表觀遺傳——也就是以「分子」來描述。在分子模式裡，我們可以將表觀遺傳定義為「修改遺傳物質設定，藉此改變基因啟動或關閉的方式，但不影響基因本身」。

雖然「表觀遺傳學」有前述兩種截然不同的意義，讀來可能頗感困擾，但那只是因為我們用兩種不同的層次去描述同一件事。這有點像用放大鏡看舊報紙上的圖片，發現圖片是由無數點點組成的；如果不用放大鏡看，我們可能會以為每張圖都是完整一片，並且大概永遠搞不清楚報紙為何天天都能印出這麼多新圖片。另一方面，如果我們從頭到尾只用放大鏡看，我們看到的只會是點點，永遠無法明白這些點點能組成多麼不可思議的圖像；唯有退一步看見整張圖，才得以明瞭。

在生物學界極晚近掀起的這場革命中，人類才首次真正開始理解，種種表觀遺傳的驚人現象究竟是怎麼形成的。我們不再只盯著大圖瞧，現在也能分析構成大圖的每一個單一小點；這項進展的關鍵意義在於，我們終於要動手解開先天與後天之間的未解之謎，了解環境如何與我們對話、如何改變我們，有時甚至令我們再也無法復原。

「表觀遺傳學」（epigenetics）中的「表觀」（epi）源自希臘文，意指「在某物之上」、「跨越」或「旁邊」。咱們細胞裡的ＤＮＡ可不是什麼純潔無瑕的分子，不僅有小型化學官能基（chemical groups）能與ＤＮＡ特定區域結合，ＤＮＡ外也包覆著特殊蛋白質（這些蛋白質外還能再覆蓋其他小型化學分子），這些分子修飾物沒有一樣改變底下的遺傳密碼。不過，在ＤＮＡ或相關蛋白質銜接或移除官能基，都會改變鄰近基因的表現。基因表現改變，細胞功能、細胞本質亦隨之改變。有時候，若在發育關鍵期接上或移除這些化學調節模式，最後的設定會跟著我們一輩子，即使咱們活上一百年也一樣。

ＤＮＡ藍本是生命的起點，非常重要、也絕對必要，這點無庸置疑；可是只有ＤＮＡ尚不足以解釋「生命」有時驚奇美好、有時糟糕嚇人的複雜性。如果一切單憑ＤＮＡ序列說了算，那麼同卵雙胞胎應該從頭到腳、從裡到外完全一致；營養不良的母親所生下的寶寶應該和其他出生時較健康的寶寶一樣，輕輕鬆鬆就能增加重量；還有稍後會在第一章讀到的：我們每個人應該都長得像一大坨不定形團塊，因為咱們全身上下每個細胞都一模一樣。

表觀遺傳機制對生物學的影響範圍極廣，而我們的思維革命也不斷擴散蔓延，探索地球生命意想不到的疆界。接下來，我們會在這本書裡讀到更多例證，包括為什麼不能用兩隻精子、兩顆卵製造嬰兒，只能一精一卵？「複製」（cloning）成功的要件以及複製本身何以如此困難？為什麼有些植物必須先度過一段寒冷期才能開花？既然蜂后和工蜂的基因完全相同，為何兩者的外形與功能如此迥異？為何三花貓（tortoiseshell cat）清一色全是母的？人類擁有數兆細胞、數百種複雜器官，為什麼卻跟某種僅能以顯微鏡觀察、大概只有上千個細胞與低等器官的蠕蟲，擁有相當數目的基因？

表觀遺傳學對人類健康保健的巨大衝擊也敲醒了學界與業界的科學家。從思覺失調到類風濕性關節炎（rheumatoid arthritis）、從癌症到慢性疼痛，表觀遺傳學無不牽連在內。目前已有兩類藥物透過干擾表觀遺傳作用程序，成功治療某些癌症。製藥公司投入上億資金、加入競賽，期望開發新一代「表觀遺傳調控藥物」治療令工業社會束手無策的嚴重病症。表觀遺傳治療可謂藥物研發的新疆界。

達爾文（Darwin）與孟德爾（Mendel）以演化和遺傳定義十九世紀的生物學，華生（Watson）與克立克（Crick）將二十世紀界定為DNA時代，從功能的角度了解遺傳和演化如何交互作用；但二十一世紀的表觀遺傳學乃是一門全新的科學領域，打破許多長期視為教條的學說法則，以更多變無限、更複雜、更美麗的形式重塑這門科學。

表觀遺傳的世界令人驚嘆，細微與複雜程度超乎尋常；在第三章與第四章，我們將深入分子生物學，了解基因發生表觀調控的第一現場。不過，就像許多真正具革命性的生物學概念一樣，表觀遺傳學在本質上有某些議題實在太過簡單，簡單到一點出來即知問題就是答案。第一章正是這類討論中最重要的一項，從而開啟表觀遺傳革命的篇章。

命名法釋疑

附帶一提。國際上對於基因和蛋白質的注記方式有一定的寫法，說明如下：基因名稱與符號皆以斜體字表示。該基因編碼對應的蛋白質以一般體表示。人類的基因與蛋白質符號全部大寫。至於其他物種（如小鼠），通常只有第一個字母大寫。茲將前述命名方式以假想的基因名稱摘要如下：

	人類	其他物種（小鼠）
基因名稱	*SO DAMNED COMPLICATED*	*So Damned Complicated*
基因符號	*SDC*	*Sdc*
蛋白質名稱	SO DAMNED COMPLICATED	So Damned Complicated
蛋白質符號	SDC	Sdc

不過，就像世上所有規則一樣，這套系統也有不少怪異之處。本注記方式雖適用於一般狀況，未來在本書還是會遇到些許例外。

第一章　醜蛤蟆與俏紳士

就像癩蛤蟆，又醜又毒，頭上卻頂著一顆稀世珍珠。

——威廉．莎士比亞

人體約由五兆至七兆個細胞組成。沒錯，5,000,000,000,000個細胞。這個估計數字雖然有點模糊，卻不怎麼意外。想像我們找到某種方法，能將人分解、化為一個個細胞，然後以一秒一個的速度計數，這樣少說也要一百五十萬年才能數完——而且還不包括停下來喝杯咖啡、昏頭重數的時間唷。這些細胞構成組織，種類龐雜、高度特化，彼此截然不同；除非出了極嚴重的差錯，否則腎臟不會長在頭頂、眼球也不會冒出牙齒。這個道理看似淺顯易懂，但是：為什麼不會？這不是很奇怪嗎？若你還記得，人體的每一個細胞不都是從最初那個起始細胞分裂而來的？這顆單細胞名喚為「受精卵」（zygote）。精子與卵子融合後即成為受精卵。受精卵再一分為二、二分為四，如此連續不斷，創造出「人體」這件神奇作品。隨著一次次分裂，細胞的差異也愈來愈大，形成特化種類。這個過程稱為「分化」（differentiation）。在所有多細胞生物的形成過程中，「分化」極為重要。

若將細菌放到顯微鏡底下觀察，我們會發現，單一品種的細菌幾乎全長得一模一樣；若再取人類細胞來觀察——就選小腸負責吸收營養的細胞、還有大腦的神經細胞（或稱「神經元」）好了——我們連這兩種細胞是不是來自同一星球都很難回答。可是那又怎樣？嗯，關係可大了。這些細胞每一個都是從完全一樣的遺傳物質衍生而來的耶。所謂「完全一樣」真的就是完全一樣，因為這些細胞都來自同一起始細胞「受精卵」；所以，雖然這些細胞源自同一個細胞、同一份藍本，最後卻走上截然不同的道路。

是有這麼一說：這些細胞使用的資訊相同、但用法不同。這點千真萬確，但這個說法無法帶領我們向前更進一步。一九六〇年，在改編自赫伯特・喬治・威爾斯（H.G. Wells）小說《時光機》（*The Time Machine*）的電影中，有一幕是飾演進行時光旅行的科學家「羅德・泰勒」（Rod Taylor）將時光機秀給知曉內情的同事們看（當然清一色是男性）；其中一人問起機器如何運作，咱們的主人翁便叨叨敘述時光機乘客怎麼透過以下機制穿越時空：

> 乘客前方的操縱桿可控制機器移動。向前推能將時光機送進未來，往後拉則回到過去；再就是，施力愈大，機器移動的速度愈快。

眾人一本正經點頭稱是。但唯一的問題在於，這段話稱不上解釋，頂多只是描述。方才提到的「細胞使用的資訊相同、用法不同」也一樣。這段文字其實並未傳達任何資訊，只是用另一種方式重述我們已經了解的情況罷了。

探討細胞**如何**以不同方式利用相同資訊，這才是真正有意思的事。或者更重要的是了解細胞如何記住用法、並繼續維持下去？骨髓細胞不斷製造血球、肝細胞持續製造肝細胞，但何以如此？

有個解釋說來引人注目亦不無可能：當細胞漸趨特化，它們也會改編自身的遺傳物質；也許是丟棄不需要的基因也說不一定。肝臟是相當重要且極度複雜的器官，根據「英國肝臟信託基金」（British Liver Trust）[1]網站所言，肝臟功能超過五百種，其中包括加工經腸道消化的食物、中和毒素、製造酵素以執行體內各式各樣的任務。但有一事肝細胞永遠辦不到，那就是運送氧氣至全身各處：這項工作由紅血球負責。紅血球內充滿一種叫「血紅素」（haemoglobin）的特殊蛋白質。在含氧濃度高的組織裡（如肺臟），血紅素會與氧結合，待紅血球來到需要這個必要元素的組織時（如腳趾尖的微血管），再把氧釋放出來。肝細胞永遠不會執行這項功能，因此肝細胞也許會甩掉製造血紅素的基因，橫豎它又用不到。

細胞只要丟掉用不到的遺傳物質就好了——這個推論十分合情合理。細胞可以在分化時拋棄數百個不再需要的基因；當然，還有另一種比較不激烈的手段：也許細胞只要「關掉」不用的基因就好了。說不定細胞在「關閉基因」這方面的表現相當出色，以致這些基因關掉後就永遠不會再「打開」（意即「不可逆地不活化」）；而檢驗「基因喪失、或不活化且不可逆」這套假設是否合理的關鍵實驗，竟然和蟾蜍有關。

撥回生物時鐘

這項驗證工作源自約翰・戈登（John Gurdon）——現在則是約翰・戈登爵士——數十年前在英國牛津大學（Oxford）與劍橋大學（Cambridge）先後完成的實驗。戈登教授目前還在劍橋大學主持實驗室，地點在一棟以他為名、閃閃發光的現代大樓。戈登教授是一位迷人、謙遜又引人注目的男士。自四十年前那項頗具開創性的實驗以來，他仍持續在這個基本上由他打造出來的領域裡分享研究成果。

在劍橋，約翰・戈登形象鮮明，旁人一眼就能認出來：他七十出頭，瘦高個兒，有一頭向後梳理的金髮，看起來就像美國電影裡的典型英國老紳士；他甚至念過伊頓公學（Eton），完全符合設定。有則可愛的小故事是這樣說的：聽說教授至今還保留一份小時候的成績單。當年的生物老師寫道：「我相信戈登確實想成為科學家。不過以他目前的表現看來，這個想法十分荒謬[2]。」這位老師單單只憑他的學生不喜歡盲目死背毫無關聯的知識，便武斷做出結論；但誠如你我所見，對於像約翰．戈登此等卓越的科學家來說，想像力比記憶力重要多了。

一九三七年，匈牙利生化學家亞伯特．聖捷爾吉（Albert Szent-Györgyi）獲頒諾貝爾生理醫學獎，他的成就之一是發現維生素C；聖捷爾吉說過一段話，這段話被巧妙翻譯成多種版本，不過每一個版本都有他對「發明與研究」的定義：「見眾人之所見，思眾人之所未思。」[3]這大概是偉大科學家有史以來的最佳詮釋吧。而約翰．戈登正是一名偉大的科學家，可能也亦步亦趨跟隨聖捷爾吉的諾貝爾足跡；二〇〇九年，他是「拉斯克獎」（Lasker Prize）的共同獲獎人（拉斯克獎之於諾貝爾獎，相當於金球獎之於奧斯卡獎）*。約翰．戈登的研究實在精采，以致當他首次發表時，其成果淺顯的程度似乎任誰都能完成。他提出的問題、還有他回答問題的方式，無一不顯現科學之美、文質彬彬，彷彿完全不言而喻，不證自明。

約翰．戈登選擇蟾蜍的「未受精卵」作為實驗材料。不論你曉不曉得這個詞彙，咱們任何一個曾經蒐集過一大缸青蛙卵、看著這團像果凍一樣的玩意兒孵化成蝌蚪、變成小青蛙的人，經手的都是「受精卵」——也就是有精子併入、創造全新且完整細胞核的卵。約翰．戈登使用的卵細胞跟這個有點像，差別只在未曾接觸精子。

戈登之所以選擇蟾蜍卵做實驗，有幾點很好的理由：兩棲爬蟲類的卵普遍來說都非常大，數

---

*戈登也在二〇一二年時獲得諾貝爾生理醫學獎。

量也多，產於體外且透明好觀察。由於這些特點，使得兩爬類卵子在技術上相對好操作，因而成為研究「發育生物學」（development biology）十分方便的實驗材料。人類卵子取得不易、細胞極脆弱又不好操作、外表非透明且小到必須用顯微鏡才看得到，實用性遠不及兩爬類卵細胞。

約翰．戈登利用「非洲爪蟾」（學名 *Xenopus laevis*）、一種像約翰．馬可維奇（John Malkovich）那樣又醜又帥的動物探討細胞在發育、分化與老化過程中的變化。他想知道，成蟾的組織細胞是否仍保有最初獲得的所有遺傳物質，又或者，組織細胞是否會因為特化程度加深，而喪失或不可逆地不活化某些遺傳物質。他的做法是取出成蟾細胞的細胞核，再將細胞核植入未受精卵（未受精卵細胞核已先移除）。這個技術叫「體細胞核轉置技術」（Somatic cell nuclear transfer, SCNT），往後會一再出現；英文「somatic」來自希臘文，語義為「體」。

完成SCNT後，約翰．戈登將這些卵置於適當環境中；而他就像揣著一缸青蛙蛋的孩子，好奇等著目睹這些培養卵孵化成小小蟾蜍蝌蚪。

戈登設計這項實驗是為了驗證以下假設：「當細胞漸趨特化（分化），細胞會**不可逆**地喪失或不活化遺傳物質。」這項實驗有兩種可能結果：

其一

假設正確。「成熟」（adult）細胞核失去部分創造新個體的原始藍圖。在此情況下，成熟細胞核永遠無法取代卵核，因此也不可能生成擁有多樣細胞、且組織已分化的健康蟾蜍。

或其二

假設錯誤。摘除卵核、以成熟組織細胞的細胞核取而代之，仍可生成蟾蜍。

在約翰．戈登決定正面挑戰這個問題以前，早有其他研究人員——布里格（Briggs）與金恩（King）——關注這個問題。他們用的是另一種兩爬類「豹蛙」（*Rana pipiens*）的卵。一九五二年，他們將取自發育極早期的細胞核植入不帶有自身卵核的卵細胞，成功孵出蝌蚪＊。這顯示將另一細胞的細胞核轉植置入「空」卵子、且不殺死卵細胞，就技術上而言是可行的。後來布里格與金恩又發表第二篇論文，仍使用同一系統，但植入的細胞核取自發育較成熟的細胞，結果這回他們沒做出半隻青蛙。兩篇論文所使用的細胞核，其差異看似小得驚人：後者只比前者大一天，結果就生不出小蝌蚪了。這項結論支持前述假設，意即細胞在分化過程中會發生某種不可逆的不活化變化。決心不若約翰．戈登堅定的人可能就此打退堂鼓，但戈登則是投入十多年光陰研究這個問題。

＊值得注意的是，戈登所孵出的蝌蚪並不會發育成豹蛙。

這項實驗設計十分嚴苛。想像我們剛開始接觸阿嘉莎・克莉絲蒂（Agatha Christie）的偵探小說吧。讀完前三本，我們推演出以下假設：「克莉絲蒂小說裡的兇手都是醫生。」接著我們又讀了三本，每一本的兇手的確也都是醫生；如此能證明假設為真嗎？不行。我們總會有個念頭，也許應該再多讀一本才能確定。可是要是有幾冊已經絕版、或無法取得呢？不論我們讀過幾本，我們可能永遠無法確定是否已經把整套小說讀完了。這才是「推翻假設」的樂趣。我們需要的只是一個例子，讓「白羅」（Poirot）或「瑪波小姐」（Miss Marple）朗聲道出「醫師是清白的，兇手其實是教區牧師」，先前的假設立刻粉碎瓦解。最棒的科學實驗也是如此設計：推翻假設，而非證明為真。

這正是約翰・戈登研究的天才之處。他在進行實驗的同時，也企圖挑戰當時的實驗技術。假如他無法用成蟾細胞核做出蟾蜍，頂多只能代表他的技術有問題；無論他做幾次實驗，只要得不到蟾蜍，他就無法真正證明假設。但假使**當真**讓他利用以成熟細胞核取代卵核的卵細胞做出蟾蜍的蝌蚪，那麼他便成功**推翻**假設，顯示細胞在分化過程中並未不可逆地喪失或改變遺傳物質。這個手法的高明之處在於，只要一隻蟾蜍便足以顛覆整套理論，而他也確實辦到了。

約翰・戈登在致謝詞裡展現難以置信的雍容大度。他大方感謝學院在科學研究方面的互助合作，以及在動態實驗室與各校獲得的裨益及好處。他很幸運，一開始就在設備完善、備有可製造紫外光的新型機器的實驗室作業。這讓他得以在不造成過多傷害的情況下，殺死作為受體

（recipient）的卵子的原細胞核，另外還能「軟化」卵細胞，讓他能用小小的玻璃製皮下注射器將供體（donor）細胞核送進卵子。他的幾位同實驗室、但研究內容不相關的同事開發一支突變品系的蟾蜍，突變性狀容易偵測、卻不具破壞性的影響；如同其他絕大多數的突變，這個突變跟著細胞核跑，不在細胞質裡。細胞質是細胞內的濃稠液體，細胞核端坐其中。約翰．戈登使用某一蟾蜍品系的卵細胞，而供體細胞核則取自前述的突變種。透過這種方式，他可以明確呈現任何經此實驗做出的蟾蜍皆帶有供體細胞核的密碼，而非實驗謬誤的結果；若受體細胞核（卵核）未處理乾淨還留在卵細胞裡，就可能發生這種錯誤。

自一九五〇年代後期起，約翰．戈登花了約十五年的時間證實：在適當環境下（此「適當環境」即「未受精卵」），使用特化細胞的細胞核確實能造出動物*、[4]。供體細胞核的分化或特化程度愈高，成功率愈低（數據以動物數表示）；然而這就是推翻假設的美妙之處：也許剛開始的確需要大量蟾蜍卵細胞，但最後並不需要有很多蟾蜍存活才能印證假設。還記得嗎？只要有一個醫生不是兇手就行了。

所以，約翰．戈登讓我們明白，雖然細胞裡有個「什麼」能讓不同種類的細胞持續開啟或關閉特定基因，但不管這個「什麼」是什麼，它都不會導致遺傳物質永遠喪失或不活化；因為，如

*但是這個動物並不能夠完整發育至成熟個體。

果他把成熟細胞核放進正確環境（即所謂「空的」未受精卵），那麼細胞核會忘掉原來的記憶、忘記自己原本來自哪一種細胞；細胞會回到胚胎時期的原始狀態，重新開始整個發育過程。

表觀遺傳就是細胞裡的這個「什麼」。表觀遺傳系統左右細胞如何使用DNA上的基因，在某些情況下，表觀遺傳的影響能跨越數百次細胞分裂循環，透過細胞分裂傳遞下去。表觀遺傳對於基本藍圖的修飾作用「超越」（over）、「凌駕」（above）遺傳密碼，重要性更甚密碼，左右細胞命運達數十年之久。不過，在正確情況下，我們可以移除這層表觀遺傳訊息，露出始終埋在底下、一成不變的DNA序列；這就是約翰．戈登將完全分化的細胞的細胞核放進未受精卵之後所發生的故事。

約翰．戈登成功做出蟾蜍蝌蚪的時候，他知道這是個什麼過程嗎？不知道。雖然不知道，但他的成就會因此掉漆、削減其偉大意義嗎？完全不會。達爾文提出「物種透過天擇演化」的理論時，他連基因是什麼都不曉得；孟德爾在奧地利修道院的花園裡萌生「遺傳因子」這個想法、認為豆子的特徵會一代代如實傳遞下去的時候，他還不知道有DNA呢。但這些都不重要。他們看見其他人不曾見過的世界，突然間，我們全都擁有觀看這個世界的新方法了。

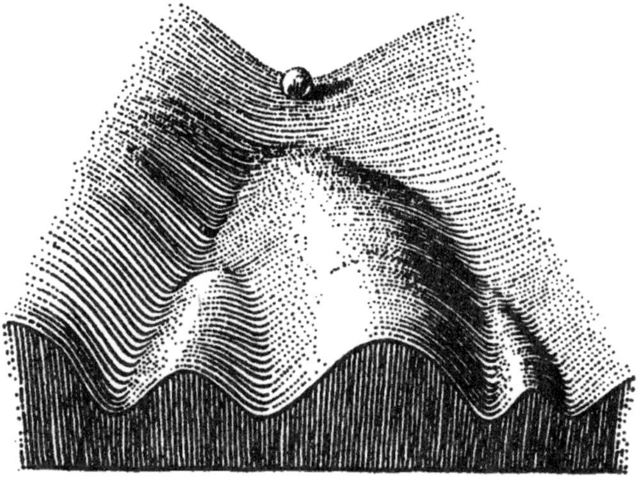

圖 1.1 康拉德．沃丁頓創作的圖像，呈現表觀遺傳地貌。小球所在的位置代表細胞不同的命運。

表觀遺傳地貌

詭異的是，在約翰．戈登進行實驗期間，也有一幅相稱的概念架構圖同時問世。現在不論你到哪一個名目跟「表觀遺傳學」有關的會場，在某個時間點，某位與會講者一定會提到「沃丁頓的表觀遺傳地貌圖」（Waddington's epigenetic landscape），秀出如圖1.1這幅顆粒圖像。

康拉德．沃丁頓（Conrad Waddington）是一位深具影響力的英國博學家。一九〇三年生於印度，之後回英國就學；讀劍橋，但大部分的研究工作都在愛丁堡大學完成。他在學術方面的興趣範圍極廣，從發育生物學、視覺藝術到哲學兼而有之；他開創的新思考模式亦可窺見這幾個領域「跨界應用」

（cross-fertilisation）的痕跡。

沃丁頓在一九五七年提出這幅帶著隱喻的表觀遺傳地貌圖，說明發育生物學的概念[5]。這幅地貌圖值得咱們來好好討論一下。誠如各位所見，山坡頂端有顆球；當球滾下山坡，可經由不同溝渠來抵山腳。一看見這張圖，我們就能馬上想到好幾件事；因為小時候咱們都有過推球滾下山坡、滾下樓梯、或滾下什麼地方的經驗。

在看見沃丁頓地貌圖的那一刻，當下你明白什麼？我們知道，一旦小球抵達山腳，除非有外力介入，否則它應該會永遠停在那裡；我們知道，如果要把球弄回山頂，肯定會比當初從山頂滾下來困難許多；我們還知道，若想把球推出原本的溝渠，滾進另一條，這麼做應該很難，搞不好把球往回推一點，或推回起點再引導它進入另一條溝渠還比較容易；假如前面提到的兩條通道被數排山脈阻隔，情況更是如此。

這幅圖能幫助我們想像細胞在發育期間的可能遭遇，極具說服力。山頂上的球相當於受精卵（精卵結合而成的單細胞）。當體細胞開始分化（或加深特化程度），每個細胞就像朝任一溝渠、滾下山坡的小球；一旦來到可抵達的最遠處，便停在那兒不走了。除非發生什麼超乎尋常的戲劇性變化，否則該細胞將永遠不會變成另一種細胞（跨越阻隔至另一條溝），也不會重回山頂、再次滾下來，不再擁有分化成不同細胞的可能性。

如同時光機的操縱桿，沃丁頓的地貌圖乍看之下似乎也只是一種敘述方式。但這幅圖像的意義不只如此，它是一副能幫助我們啟發思考方式的模型。就像本章提到的多位科學家一樣，沃丁頓並不曉得這個機制的細節，但那真的不重要；他留給我們一套思考問題的方式，並且相當有用。

約翰．戈登的實驗顯示：假使推得夠用力，有時他確實能把細胞從山腳下的溝渠底部一路往回推、推上山頂，然後再次從山頂滾下來，變成其他類型的細胞。約翰．戈登團隊做出的每一隻蟾蜍都教會我們兩件很重要的事：第一，「複製」——利用已成熟的細胞重製一頭動物——並非不可能，因為那正是他完成的成果。第二，複製真的很難，因為他得執行數百次SCNT、才可能複製出一隻癩蛤蟆。

正因為如此，凱思．坎貝爾（Keith Campell）和伊恩．魏爾邁（Ian Wilmut）在一九九六年創造第一頭複製哺乳動物「桃莉羊」（Dolly the sheep）的時候[6]，才會造成這麼大的轟動。他們跟約翰．戈登一樣，也採用SCNT技術。製作桃莉時，科學家將取自成羊乳腺細胞的細胞核轉植至綿羊已移除細胞核的未受精卵中，再將這顆卵細胞移植到受體母羊（代孕母羊）子宮內。若不是兩人病態般地堅持下去，複製領域的先鋒也做不成先鋒、一事無成：坎貝爾與魏爾邁大概重複近三百次細胞核轉植，最後才得到那唯一一頭具象徵意義的動物。（現在，桃莉羊在愛丁堡的皇家蘇格蘭博物館（Royal Scottish Museum）的玻璃箱裡成天轉不停。）時至今日，從賽馬到得獎乳牛、甚至寵物貓寵物狗，幾乎各種動物都被複製過了，複製過程還是不可思議地沒效率。

自從桃莉羊拖著牠患有早發性關節炎的四條腿走進歷史以來，還有兩個明顯與複製有關的問題尚未解決：首先是，複製動物為何如此曠日費時？其次，與自然產出的子代相比，複製而來的動物通常比較不健康，這又是為什麼？這兩個問題的答案都是「表觀遺傳」。隨著我們繼續深入探索這個領域，來自「分子生物」層次的解答亦呼之欲出。不過，在此之前，我們先將鏡頭從赫伯特・喬治・威爾斯的時光機向後快轉三十年，將場景從約翰・戈登所在的劍橋轉向日本實驗室；在那裡，有一群同樣狂熱的科學家找到另一種從成熟細胞複製動物、與英國截然不同的新方法。

第二章　重回起點

任何一個聰明的傻子都能把事情弄得更大、更複雜……若想朝反方向前進，則需要一點點天分和很大的勇氣。

——亞伯特・愛因斯坦

讓我們從約翰・戈登的年代向後推移四十年、停在桃莉羊出現的十年前。由於媒體廣泛報導複製動物相關議題，使我們以為複製已成家常便飯、簡單容易；然而現實情況是，利用細胞核轉植複製動物仍需耗費大量的時間與勞力，代價通常十分高昂。其中問題大多出在「將體細胞核轉植注入卵子」這個程序，當時這部分仍仰賴人為操作；此外還有：哺乳動物與當年約翰・戈登操作的兩爬類不同，無法一次產下大量的卵，牠們的卵必須小心從體內取出、不像蟾蜍能一次射出一大缸卵。哺乳動物卵子的培養條件不可思議地微妙嚴苛，唯有在備受呵護的環境下方能持續存活、健康長大。研究人員必須以人工操作移除卵核、並將另一成熟細胞的細胞核注入卵細胞（還不能破壞任何構造），然後非常非常謹慎地繼續培養這些細胞，直至它們能被移植到另一母體的子宮內為止。這是一項高度緊張又刻苦費心的工作，而且一次還只能處理一顆卵子。

許多年來，科學家一直有個夢想，想像有一天能在理想環境下進行複製：先從想複製的成年哺乳動物身上輕鬆取得細胞（從皮膚刮取一點樣本細胞應該是個輕鬆愉快的選擇），接著在實驗室處理這些細胞，加入特定基因、蛋白質或化學物質。這道程序會改變細胞核的行為，使其不再像原本的皮膚細胞核，而像個剛受精完成的受精卵細胞核；爾後當成熟細胞核被植入已移除細胞核的受精卵時，先前的處理也因此對受精卵造成永久影響。這個構想的美好之處在於，我們跳過大多實際上非常困難又費時的步驟（這些步驟需要能嫻熟操作微小細胞的高超技巧），讓複製技術變得容易好操作，並且可以同時處理大量細胞，而非像過去一樣一次只能轉植一個細胞核。

好吧，我們還是得想辦法找到代理孕母，不過那也只有在我們想做出完整動物時，才需要走完這個程序；有時候，這還真是我們想要的結果：譬如重製一頭得獎種公牛或種馬，不過絕大多數腦筋正常的人可沒想過要做複製人就是了。確實，幾乎所有擁有這類人才（科學家）與相關基礎設備的國家皆禁止製作複製人（即「生殖性複製」reproductive cloning），不過說真的，以應用目的來看，我們應該不用走到複製人這一步才稱得上對人類有用，我們需要的只是有潛力轉化成其他類型細胞的萬能細胞罷了。這種細胞通稱為「幹細胞」（stem cells），以沃丁頓的表觀遺傳地貌圖為喻，幹細胞的位置非常接近山坡頂點。我們需要萬能細胞的理由跟某些疾病的本質有關，這些疾病在已開發國家造成相當嚴重的問題。

在這顆星球比較富裕的土地上，會殺人的疾病大多都屬於慢性病；病程發展的時間很長，通常要過好一段時間才會奪人性命。拿心臟病來說吧。若某人初次心臟病發後大難不死，他們未必能再擁有跟原本一樣完全健康的心臟；因為在發病期間，心臟的部分肌肉細胞（心肌細胞 cardiomyocytes）可能缺氧死亡。你或許以為這沒什麼大不了：心臟想當然耳能製造可替換的細胞不是嗎？是說，捐血之後，咱們的骨髓細胞不也能製造更多紅血球不是嗎？同樣的，除非肝臟受到極嚴重或極大程度的傷害，否則肝臟不是也會不斷再生修補？可惜心臟不一樣，心肌細胞被稱為「終末分化」（terminally differentiated）細胞，意即已經抵達沃丁頓那幅圖的坡底，卡在某條特定溝渠裡了。心臟不像骨髓或肝臟，心臟幾乎沒有尚未完全分化的庫存細胞（心肌幹細胞）*因此無法生成新的心肌細胞；故心臟病發後，隨之而來的長期問題便是身體無法製造新的心肌細胞。身體能做的只有一件事，就是以結締組織取代死掉的心肌細胞，於是心臟再也無法照以前的方式跳動了。

許多疾病都有類似情況：罹患第一型糖尿病（type 1 diabetes）的青少年喪失分泌胰島素（insulin）的細胞，罹患阿茲海默症（Alzheimer's disease）的患者失去腦細胞，而退化性關節炎

*二〇〇三年發現心臟有幹細胞。

（osteoarthritis）病患在發病期間，製造軟骨的細胞竟一一消失不見……類似名單還有一大串；因此，如果能用跟自己一模一樣的新細胞取代這些細胞，那就太好了。這麼一來，我們便毋需煩惱組織排斥（器官移植的最大挑戰）、或器官捐贈不足的問題。以這種方式利用幹細胞通稱為「治療性複製」（therapeutic cloning），意即為治療疾病而創造與特定個體相同的細胞。

經過四十多年研究，我們已知這個做法在理論上是可行的。約翰．戈登及其所有追隨者的研究皆顯示，成熟細胞仍保有身體所有細胞的藍圖，端看我們能不能找到正確途徑取得這份資料。約翰．戈登從成蟾身上取得細胞核、放進蟾蜍卵，就能使這些細胞核一路返回沃丁頓地貌圖的頂點，創出新的動物體。嚴格說來，這些成熟細胞核被「重編程」（reprogrammed）了。伊恩．魏爾邁與凱思．坎貝爾所做的也差不多，只是對象換成綿羊。前述的每一項研究都有個重要的共通點：這些成熟細胞核唯有在置入未受精卵時，才會重編程。所以真正重要的是「卵」。若把成熟細胞核隨意放進其他類型的細胞內，是複製不出動物的。

為什麼不行？

這裡就需要一點細胞生物學的知識了。製作生物體的DNA密碼（基因）——也就是我們的藍圖——大多數都在細胞核內；不過還有極小部分的DNA不在核裡，而在名為「線粒體」（mitochondria）的微小胞器內（知道有這回事就好，其餘毋需擔憂）。我們剛開始在學校學到「細胞」時，幾乎都認為細胞核最有力、最重要，其餘部分——也就是「細胞質」（cytopasm）

——只是一袋沒什麼功能的液體而已。但事實並非如此，其中又以卵細胞為甚，因為蟾蜍與桃莉羊都教會我們：卵細胞質才是絕對關鍵要素。卵細胞質內的某種或某些東西會主動重編程實驗人員以人工注入的成熟細胞核。這些未知因子將細胞核從沃丁頓繪製的溝渠底部一路推回地貌圖頂點。

卵細胞質何以能將成熟細胞核改造成像受精卵細胞核一樣的東西，沒有誰真的了解。我們頂多能做出以下假設：不論背後的機制為何，鐵定複雜得不可思議、難以解答。科學上真正的大哉問往往包含幾個比較小、也比較好解決的問題；因此，有好些實驗室決定先從概念較簡單、但技術上仍相當具挑戰性的題目著手。

潛力無限

回想一下沃丁頓地貌圖頂點的那顆球。以細胞學術語來說，那顆球叫「受精卵」，被稱為「全能分化性」（totipotent）細胞；也就是說，受精卵擁有發展成全身各種細胞的潛力（包括胎盤）。顧名思義，「受精卵」數目肯定有限，因此鑽研極早期發育的科學家用的是比受精卵再晚一點、赫赫有名的「胚胎幹細胞」（ES cells）。胚胎幹細胞是正常發育路徑的產物。受精卵經數次分裂後，變成一團名為「胚囊」（blastocyst）的細胞。胚囊通常不會超過一百五十個細胞，

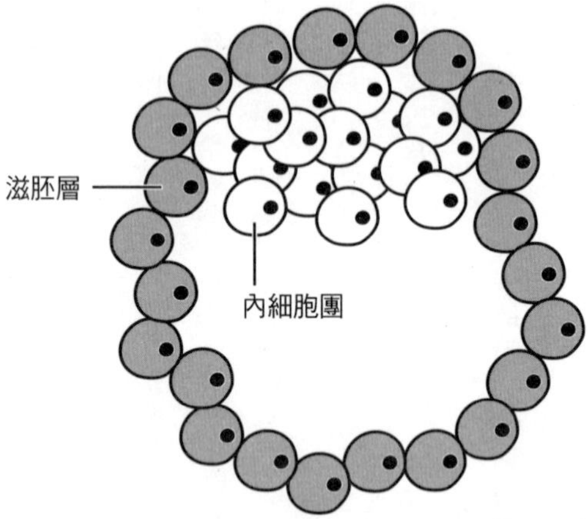

圖 2.1　哺乳動物胚囊。滋胚層為胎盤前身。正常發育時，內細胞團的細胞會發展成胚胎組織。在實驗室環境下，內細胞團的細胞能培養發育為具超多能分化性的胚胎幹細胞。

但它已算是擁有兩種不同區塊的早期胚胎：外層稱為「滋胚層」（trophectoderm），最後會發展成胎盤及其他胚外組織（extra-embryotic）；另一部分是「內細胞團」（inner cell mass, ICM）。

圖2.1為胚囊示意圖。圖片為二維平面，但實際上是三維立體構造，因此胚囊的真實形象是一顆內部黏著高爾夫球的網球。

內細胞團的細胞可在實驗室中以培養皿培養。雖維持不易、培養條件特殊且需小心操作，但若處理正確，這群細胞會以「無限次分裂且所有性狀維持不變」作為回報——這正是胚胎幹細胞本色。如其名所示，這些細胞能發展成胚胎的各種細胞、終而成為成熟動物體。胚胎幹細胞無法形成胎盤，故非全能分化性，僅稱「超多能分化性」

（pluripotent），因為它幾乎能分化成為所有類型的細胞。

在探究「讓細胞保持超多能分化狀態的因素為何」這個題目時，胚胎幹細胞意義非凡。多年來，包括劍橋的阿齊姆·蘇倫尼（Azim Surani）、愛丁堡的奧斯汀·史密斯（Austin Smith）、波士頓的魯道夫·耶尼施（Rudolf Jaenisch）和京都的山中伸彌（Shinya Yamanaka）在內，諸多首屈一指的科學家紛紛投入大量時間精力，都想找出胚胎幹細胞表現（或啟動）的基因與蛋白質。他們尤其想找出讓胚胎幹細胞保持超多能分化性的特定基因。這些基因的重要性無與倫比，原因是若培養條件不對，胚胎幹細胞似乎很容易就轉成其他細胞。比方說，只要稍稍改變培養條件，原本滿滿一皿胚胎幹細胞會漸漸分化成心肌細胞，開始表演心肌細胞的拿手絕活：整齊畫一一齊跳動。又或者，若輕微改變培養液微妙的化學物質平衡，就能讓胚胎幹細胞偏離原本的心臟路線，轉而發展成大腦神經細胞。

鑽研胚胎幹細胞的科學家們找到一拖拉庫特定基因，這些基因對於保持細胞超多能分化性影響甚鉅。這群基因不見得功能一致，有些著重「自我更新」（self-renewal），也就是一個胚胎幹細胞分裂成兩個胚胎幹細胞、以此類推；其他則為「終止細胞分化」所需[1]。

因此，來到二十一世紀初，科學家已經找到在培養皿內讓胚胎幹細胞維持超多能分化性的方法，也大幅掌握、了解這方面的生物學基礎。他們知道如何改變培養條件，讓胚胎幹細胞分化為肝細胞、心臟細胞、神經細胞等多種細胞；但這些對我們稍早鋪陳的夢想有何助益？實驗室能利用這些資訊、創造新方法、將細胞帶回沃丁頓地貌圖的頂點嗎？我們有沒有可能經由實驗室處理，讓已經完全分化的細胞變得像胚胎幹細胞那樣、擁有無窮的潛力？雖然，科學家有充分理由相信此舉在理論上是可行的，可是從真正可執行到做出成果，眼前還有好長一段路要走；不過，對那些有志利用幹細胞治療人類疾病的科學家來說，如此前景可說相當誘人哪。

本世紀前十年才剛過一半，科學家就已經發現，約莫有二十多個基因是致使胚胎幹細胞擁有超多能分化性的重要關鍵。科學家未必清楚這些基因如何合作，而我們也有充分的理由相信，胚胎幹細胞的相關生物機制，咱們不懂的還有一大堆哩。想在成熟細胞內重建胚胎幹細胞複雜到不行的胞內條件？這項工程光想像都覺得困難，難如登天。

樂觀的勝利

有時候，無視眼前壓倒性的悲觀條件往往能成就最偉大的科學突破。這回，決定嘗試其他人皆以為不可的樂觀主義者是先前提過的山中伸彌，還有他的博士後研究夥伴高橋一俊（Kazutoshi Takahashi）。

在幹細胞與超多能分化領域中，山中教授是數一數二年輕的傑出人物。他生於大阪（時為一九六〇年代初期），在日本與美國的高等研究單位都擁有成功的學術地位。他原先是整形外科醫師，這個領域的專家常被其他外科醫師取笑是「榔頭銼刀旅」的人。話雖不公平，但整形外科和細緻的分子生物學與幹細胞科學相差十萬八千里，這也是不爭的事實。

也許，跟其他同在幹細胞領域努力的研究人員比起來，山中教授更渴望找到能在實驗室利用已分化細胞製作超多能分化型細胞的方法。他先從胚胎幹細胞最重要的二十四個基因著手。這些基因全稱為「超多能分化基因」（pluripotency genes），如果要讓胚胎幹細胞維持在超多能分化狀態，就必須「打開」這些基因；若透過實驗室技術「關掉」這些基因，胚胎幹細胞就會開始分化。就像那些在培養皿中跳動的心臟細胞，它們永遠都不會再變回胚胎幹細胞。這確實是哺乳動物在發育過程中會發生的部分自然現象：當細胞開始分化、變成特化細胞，細胞會把這些超多能分化基因關掉。

山中伸彌決定做個實驗：如果把這些基因體組合起來、同時作用，是否能讓已分化的細胞回歸到較原始的發育狀態？這實驗的成功率看起來不太高，而且萬一結果做出來是否定的——也就是沒有任何細胞「回歸原始」——他又怎會知道到底是細胞當真不可能回歸、或只是他沒找到正確實驗條件？對於像山中這樣已建立相當名聲的科學家而言，此舉頗為冒險；但是對於相較之下更為年輕的研究人員——如高橋一俊——來說，賭注更大，這一切乃「科學事業階梯法則」（scientific career ladder）使然。

當年，威靈頓公爵（Duke of Wellington）情書曝光、恐危及個人名譽，他的著名回應是：

「公開，並受懲罰。」這句箴言幾乎同樣適用於科學家，但嚴格來說，仍有一點不一樣。我們的情況是：「發表，或受懲罰。」你若不發表論文，你就拿不到研究經費、也無法在大學取得教職；如果你努力多年所寫出的論文最後只落得「試了又試、試了又試，最後還是行不通」的結論，應該也不太可能被一等一的期刊採用。所以，參與一個相對來說幾乎不太可能取得正面結果的研究計畫，對「個人信念」是很大的挑戰；是以我們尤其得佩服高橋一俊的勇氣。

山中和高橋選定二十四個基因，並決定用一種叫「小鼠胚胎纖維母細胞」（mouse embryonic fibroblasts, MEFs）的細胞做試驗。纖維母細胞是結締組織的主要構成細胞，包括皮膚在內等各種器官幾乎都有它的存在。這種細胞非常好萃取，也很容易培養，因此是相當理想的實驗用細胞。由於山中與高橋使用取自胚胎的小鼠胚胎纖維母細胞，因此他們希望在正確條件下，這些細胞依然保有些許反轉能力，能變回極早期胚胎細胞。

還記得約翰．戈登當年如何利用帶有不同遺傳密碼標記的供體、受體細胞核，分辨哪個細胞核長成為新個體？山中的做法也差不多。他使用的小鼠細胞另外加了一個基因：「新黴素抗性基因」（neo^R），功能完全如字面所示。新黴素是一種抗生素，在正常情況下會殺死哺乳動物細胞；若利用基因工程讓細胞表現 neo^R 基因，這些細胞就會存活下來。山中教授在開發實驗所需的小鼠細胞時，利用特別方式插入 neo^R 基因。也就是說，唯有在該細胞變成超多能分化型細胞、表現得像胚胎幹細胞時，neo^R 基因才會啟動。所以，若實驗成功——意即他能透過實驗處置將纖維母細胞推回至未分化的胚胎幹細胞狀態——即使他在培養皿加入致死劑量的抗生素，這些細胞仍會繼續生長；若實驗失敗，所有細胞都會死亡。

山中教授和高橋博士將他們想測試的二十四個基因插進「載體」（vectors）。「載體」是一種經特殊設計的分子，作用像「特洛伊木馬」，帶著高濃度的「外來DNA」進入纖維母細胞。一進入細胞，載體上的基因就會啟動、開始製造對應的特殊蛋白質。透過化學或電擊處理，實驗人員可同時操作大量細胞、導入載體（山中不採用繁瑣的微注射技術，根本無此必要）。山中伸彌將二十四個基因一次全部用上，結果真有些細胞熬過新黴素處理、存活下來。雖然只有小小一部分，卻是相當令人振奮的結果：這代表這些細胞確實啟動 *neo*^{R} 基因，意味它們能表現類似胚胎幹細胞的行為。但是，假如他個別使用這些基因，則沒有細胞存活。於是，他們將僅含兩、三個基因的配對組合一一放進細胞，利用實驗結果篩出形成「具新黴素抗性的超多能分化型細胞」最重要的十個基因。他們再將這十個基因搭配組合，最後終於抓到最小數目組合——只要這幾個基因同時運作，就能將胚胎纖維母細胞成功轉成「類胚胎幹細胞」（ES-like）。

最後他們得到的神奇數字是「四」。當纖維母細胞植入帶有 *Oct4*、*Sox2*、*Klf4* 與 *c-Myc* 這四個基因的載體，奇妙情況發生了：新黴素殺不死這群細胞。細胞的 *neo*^{R} 基因啟動，細胞本身亦開始轉為類胚胎幹細胞；不僅如此，纖維母細胞亦逐漸改變型態，長得愈來愈像胚胎幹細胞。研究人員利用多種實驗系統，成功將這些重編程過的細胞轉為組成哺乳動物器官的三大類組織，也就是外胚層（ectoderm）、中胚層（mesoderm）、內胚層（endoderm）；正常的胚胎幹細胞辨得到這項工作，但纖維母細胞永遠不可能。山中伸彌表明他不需要從胚胎細胞開始作業，即可用成鼠纖維母細胞重複整個過程。實驗顯示，山中的方法不僅毋需仰賴胚胎細胞的某種特性，還能應用於來自成熟生物體、已完全分化的細胞。

山中將他創造的這群細胞命名為「誘導型超多能分化幹細胞」（induced pluripotent stem cells），即「iPS 細胞」；現在在生物學界，iPS 可是家喻戶曉的名字。要是在五年前，誰也不會料到會有這個名詞存在，對比於此刻的無人不知、無人不曉，更顯示 iPS 在學界確實是相當重要的突破。

但這實在很難想像：哺乳動物細胞帶有近兩萬個基因，卻只要四個基因就能將完全分化的細胞變成具超多能分化力的細胞。只憑這四個基因，山中教授就能推動沃丁頓溝渠內的那顆球，一路從底部推回頂點。

山中伸彌和高橋一俊將他們的發現發表在《細胞》（*Cell*）——全球最聲望卓著的生物學期刊，此舉並不意外[2]；但微微教人意外的是學界的反應。在二〇〇六年，每個人都知道這是大事——前提是這項發現必須是正確的。一拖拉庫科學家並不真心相信這個結果。倒不是說他們認為山中教授與高橋博士可能騙人或作假，這個念頭大夥兒連一秒鐘也沒想過，只是他們覺得這兩位教授可能有哪裡搞錯了。因為，說實話：這事怎麼可能這麼簡單？這就好比一群人在找聖杯，結果才搜到第二個地方、就在冰箱深處那包豌豆底下找到了。

眼下最明顯的做法自然是重複山中的實驗，看看會不會得到相同的結果；但實際跟進的實驗室並不多。看在非從事科學研究的人眼裡，這情況似乎有點怪。山中伸彌與高橋一俊花了兩年時間做實驗，實驗曠日費時、每個階段都需要精密細心地控制操作。每個實驗室都有既定的研究計畫，也都需要投入大量心力，自然不太想分散力量；再者，若實驗室頭頭突然決定放下已協議進行的研究計畫、轉而去做完全不相干的試驗，那麼那些挹注資金、委託研究人員完成特定實驗的組織可能會一臉狐疑、不敢置信吧。萬一最終結果只得到一堆無用數據，鐵定造成更大傷害。以成本效益來說，大概只有資金極充足、設備極佳、極度自信的實驗室大頭才會想「浪費時間」重複別人的實驗吧。

麻州劍橋「懷海德研究所」（Whitehead Institute）的魯道夫．耶尼施是「研發基因改造動物」領域的權威。他出身德國，近三十年幾乎都在美國做研究。耶尼施頂著一頭捲捲灰髮、蓄著兩撇令人印象深刻的八字鬍，在研討會場每每一眼就能認出來。由他來冒險分神、在他的實驗室研究山中伸彌是否當真達成看似不可能的成就，或許並不令人意外。畢竟，魯道夫．耶尼施曾經說過（有紀錄為證）：「這些年來，我完成許多高風險的研究計畫，而我始終相信，假如你有很棒很精采的想法，你就必須鎮日與失敗的機率為伍，繼續實驗下去。」

二〇〇七年四月，在科羅拉多州的一場研討會上，耶尼施教授發表論文報告，宣布他已檢驗過山中教授的實驗。實驗成功，山中是對的。我們確實只需要將某四個基因導入已分化細胞，就能做出 iPS 細胞。聽眾的反應相當戲劇化，當時的氣氛就好像老電影裡、「陪審團宣讀判決、現場記者全部衝出去打電話給報社編輯」的場景。

魯道夫．耶尼施落落大方，他坦承當初之所以進行這項實驗，是因為他知道山中不可能是對的。自此之後，幹細胞領域大舉陷入瘋狂：首先是全球首屈一指的大型實驗室紛紛開始採用山中的技術，修正改良，使其運作得更有效率；因此不過一兩年時間，許多原本連一顆胚胎幹細胞都不曾培養過的實驗室，這會兒也能從他們感興趣的組織和供體細胞做出 iPS 細胞。現在，每個禮拜都有 iPS 細胞相關論文刊登發表。就連人類纖維母細胞直接轉成人類神經細胞，採用的也是同一套技術，甚至毋需先做出 iPS 細胞[3]。這幾乎等於將沃丁頓表觀地貌圖中的小球推回半山腰、再從另一道溝渠滾下來。

我們很難不好奇，山中伸彌是否為此感到沮喪？因為竟然直到另一個美國實驗室證明他是對的，大家才把他的研究當一回事。不過，他在二〇〇九年即與約翰．戈登共同獲頒拉斯克獎，所以也許他已經不那麼在意了。他終於贏回名聲、獲得肯定。

一切向錢看

假如我們讀的只是科學文學，那麼這則故事所描述的一切著實鼓動人心、真摯率直。可是這篇故事還有其他風景——源自「專利」這條線——而這片風景必須等到相關論文登上權威期刊（peer-reviewed journals）一段時間以後，才會自迷霧現身。一旦專利申請在這個領域顯露蹤跡，另一段更複雜的故事就此展開。由於專利申請在申請人向專利局遞件後十八個月內仍屬保密狀態，因此這部分的故事要過一段時間才會浮上檯面。這項設計是為了保障發明者的利益，讓他們在寬限期內毋需對外宣稱發明內容，得以繼續進行保密範圍內的相關作業。讀者在此必須先了解的是：山中與耶尼施各自將「控制細胞命運」的研究成果送交專利局申請，且兩造皆已獲准處理，所以這事看起來像最後不得不鬧上法庭、看看誰能取得保障的案子。弔詭的是，雖然第一個發表論文的人是山中，但率先針對該領域提出專利申請的卻是耶尼施。

怎麼會有這種事？部分原因在於，專利申請有時頗為投機。申請人毋需證明專利範圍、即「請求項」的每一項目。他們可以利用寬限期，設法取得證明、支持專利範圍內各種主張。以美國專利法來說，山中伸彌的專利從二〇〇五年十二月三日開始，範圍涵蓋前幾段描述的內容，即如何利用四項因子——*Oct4*、*Sox2*、*Klf4* 與 *c-Myc*——將體細胞轉為超多能分化型細胞。魯道夫・耶尼施潛在專利權的合法生效期比較早，日期是二〇〇三年十一月二十六日；請求範圍包括幾項技術，並且將「在體細胞表現超多能分化基因」的相關項目也全部寫進去，其中包含 *Oct4* 基因。學界知道 *Oct4* 是超多能分化的關鍵要素已有一段時間，這也是山中何以將此基因納入早先「細胞重編程實驗」的原因之一。圍繞這些專利而生的法律論戰可能就此輪番上演。

但是，由這群極優秀、極富創意的科學家所主持的實驗室，一開始為何要申請專利？就理論上來說，專利權讓專利持有者得以「專用方法行事」。在學術圈裡，從來都沒有誰會嘗試阻止另一實驗室的研究人員進行基礎科學實驗；因此，專利真正的意義在保障原始發明人（創造人）能用他們的好點子賺錢，而不是讓其他人利用他們的發明坐收漁翁之利。

在生物學界，最有利可圖的專利往往都是能用來治療人類疾病、或能幫助研究人員更快開發新治療方式的專利。這也是耶尼施與山中必須打專利戰的原因。法院可裁定，往後只要有誰想製作 iPS 細胞，就得付錢給擁有這項原創的研究人員或機構。假如有哪個公司製造販售 iPS 細胞，他們也得將固定比例的收益回饋給專利持有者。這筆潛在回饋金的數字可能相當可觀，值得咱們來瞧瞧這些細胞何以被視為極具潛力的有價貨幣。

其實只要單看一種病就好了：第一型糖尿病。這種病通常在兒童時期就發病，起因是胰臟的某些細胞（「胰島 β 細胞」beta cells, Islets of Langerhans，名字還挺有意思的）遭某不明程序破壞；這些細胞一旦失去了就不會再長回來，導致病人再也造不出胰島素。沒了胰島素就無法控制血糖，後果可能是一場大災難。在我們設法從豬隻身上萃取胰島素、為病患注射以前，罹病的孩童與年輕人年紀輕輕就撒手西歸可說是家常便飯。即使是取用胰島素已相對容易的現在（一般使用人工合成的人型胰島素），這個療法仍有許多弊病：患者必須每天多次監測血糖值、調整胰島素劑量與食物攝取量，好讓血糖維持在一定範圍值內。要這樣年復一年持續下去實在很難，對青少年來說尤其如此：有多少年輕孩子願意為四十歲的人生未雨綢繆？慢性第一型糖尿病容易引起併發症，病症範圍極廣，從失明、血液循環不良以致截肢、腎病等等皆包含在內。

如果糖尿病患者可以不用天天注射胰島素、而是得到新的β細胞，這豈不是好事一樁？患者可以重新開始製造自己的胰島素。由於人體各內部機制皆頗擅於控制血糖，因此應該能順利避免多數併發症。問題是，我們體內沒有細胞能生成β細胞（這種細胞已抵達沃丁頓溝渠底部），因此要麼得做胰臟移植，要麼就得將人類的胚胎幹細胞變成β細胞、放進病人體內。

此舉可能遭遇兩大難題：首先是「供應短缺」（不論胚胎幹細胞或完整胰臟皆然），所以幾乎不可能有足夠的細胞或臟器可提供給所有糖尿病患；就算供應充足，還有另一個難題待面對：這些都不是患者自己的組織。患者的免疫系統會認出它們是外來物，加以排斥，因此患者也許可以跟胰島素注射器說掰掰，但他們大概一輩子都得和免疫抑制劑為伍。這筆買賣其實不划算，因為這些藥物也有一堆挺糟糕的副作用。

iPS細胞突然開啟一條大步向前的嶄新道路。先從患者（姑且起名「弗萊迪」好了）身上刮取一點皮膚細胞，培養到我們認為可以使用的程度（這簡單），接著再用四個「山中因子」

（Yamanaka factors）創造大量 iPS 細胞，經實驗處理、轉成β細胞，最後再放回弗萊迪體內。此舉不會造成免疫排斥，因為弗萊迪接受的就是弗萊迪自己的細胞。近年有研究人員表示，他們能在糖尿病小鼠身上準確執行這道程序[4]。

不過事情當然沒這麼簡單，必須克服的技術關卡既多且雜，更別提其中一個山中因子「*c-Myc*」已知會促發癌症。然而，自從那篇關鍵論文在《細胞》發表以來，這方面的技術改良已有相當程度的實質進展，因此這個願景也愈來愈接近臨床應用層次。現在科學家已經能像製造小鼠 iPS 細胞一樣、輕易做出大量的人類 iPS 細胞，甚至不一定要用到 *c-Myc*[5]，因為科學家已掌握其他已排除安全疑慮、可順利製造 iPS 細胞的方法。舉例來說，最初製作 iPS 細胞時，研究人員在細胞培養階段用的是動物材料；但這始終是個隱憂，因為他們害怕會把奇怪的動物疾病傳給人類。不過，現在科學家已找到可取代這些動物材料的合成物[6]。雖然 iPS 細胞研究領域與時俱進、日益精良，但我們還沒跨過終點線呢。

若要商品化，業界得面臨的問題之一是，在主管機關放手讓 iPS 細胞用於人體以前，我們還不知道官方會要求哪些佐證數據及安全資料。目前，核發治療用 iPS 細胞使用許可牽涉兩種不同領域的醫藥規範。理由是，患者要接受的是經過「基因改造」（基因治療）的細胞（細胞治療）。主管機關為此特別小心，因為在一九八〇、九〇年代，生技產業曾一窩蜂展開許多基因治療試驗，結果有些對患者幫助有限，有些甚至釀成意想不到的可怕後果（包括誘發致命癌症）[7]。在 iPS 細胞最終核准用於病患以前，業界花在跨越監管障礙的潛在成本代價可能頗為高昂。我們也許會這麼想：有哪個投資人會把錢投入潛在風險這麼高的計畫？但還真有人投資了，理由是假使研究人員能導正這門技術，最後的投資報酬率可能相當可觀。

姑且計算一下。保守估計，美國每個月為糖尿病患支付胰島素與血糖監測設備的費用是五百美元，一年六千；因此，若患病四十年，那麼患者一輩子所需的費用是二十四萬美元，再加上治療併發症所需的其他治療成本（即使是控制良好的糖尿病患仍有可能出現併發症），任誰都能輕易看出來，每一位糖尿病患的終生醫療成本至少要一百萬美元。再者，光是美國境內大概就有一百萬名第一型糖尿病患者；也就是說，美國每四年少說得花上十億美元治療第一型糖尿病。因此，就算得付出極大的代價才能把 iPS 細胞送進醫療第一線，只要費用比現行的終生治療成本來得便宜，投資者便極有可能獲得巨大的回報。

以上只算了糖尿病，其他可利用 iPS 細胞作為治療選項的疾病還有一大堆；再多舉幾個例子：像是凝血功能異常（如血友病）、帕金森氏症、骨關節炎、黃斑部病變造成的失明等等。誠如科技日新月異、持續開發可植入人體、品質更好的人工材料，我們同樣可利用 iPS 細胞置換因心臟病受損的血管，或者讓遭癌症或化療破壞的組織再生。

美國國防部亦提供資金挹注 iPS 細胞研究。軍隊只要上戰場就需要大量血液、救治傷者。紅血球跟體內大多數的細胞不太一樣：它們沒有核；換言之，紅血球無法分裂成新的細胞。若要將iPS細胞用於臨床，紅血球相對安全許多，因為它們留在人體內的時間不會超過幾個禮拜；我們也不會像排斥移植器官那樣排斥這些細胞，因為免疫系統辨認血球細胞的方式與辨識其他細胞不同。不同的人可能擁有相容的紅血球——這就是有名的ABO血型系統、另外再加上其他複雜的子系統。有人算過，我們只要找到四十名擁有特殊血型的供血者，就能利用這些人的血液創造iPS血庫、滿足所有人所需[8]。在正確環境下，iPS細胞能持續分裂、生成更多iPS細胞，因此能做成供應源源不絕的細胞銀行。目前已有製成紅血球細胞的既定做法：取未成熟血球幹細胞，在培養過程中給予特定刺激、使其最終分化成紅血球。就實際而言，成立一個備有各型血液的大型血庫並非不可能，如此永遠都有血型相符的血液可供戰場或交通事故的傷者使用。

iPS細胞是生物學界少見的傳奇，它不只改變一個領域、甚至達到重塑該領域的地步。大多數人都認為，在不久的將來，山中伸彌一定會跟約翰・戈登共享諾貝爾獎（譯注：本書寫於二〇一一年，兩位教授於二〇一二年共同獲得諾貝爾生理醫學獎），這項技術引發的衝擊絕對不容小覷；但即使兩人成就非凡，大自然卻早已遠遠超過這個程度、速度也快上許多。

在精卵結合的瞬間，兩造細胞核立刻受卵細胞質影響、重編程——尤其是精核。精核很快失去原本的分子記憶，幾乎變成一塊白布。約翰・戈登與伊恩・魏爾邁、凱思・坎貝爾等人正是利用這個「細胞核重編程」現象，將成熟細胞核植入卵細胞質，創造新的複製體。

精卵結合後，這個重編程的過程有效率到不可思議的地步，於三十六小時內全部結束。山中伸彌首次製作 iPS 細胞時，只有極小數目的細胞重編程（即使是最成功的實驗，比率也不到百分之一）。首批重編程的 iPS 細胞大概要花數周才能長成。後來，雖然在「改善有效細胞數」及「重編程速度」（從普通成熟細胞變成 iPS 細胞）兩方面皆有長足進步，仍無法像正常受精過程那般迅速、於轉瞬間完成。這是為什麼？

答案是表觀遺傳，也就是已分化的細胞透過特定方式、在分子層級完成表觀遺傳修飾；例如，皮膚纖維母細胞在正常情況下永遠都會是皮膚纖維母細胞、不會變成心肌細胞。原因就在這裡。當已分化的細胞透過體細胞核轉殖技術SCNT、或利用四個山中因子重編程、變成超多能分化型細胞時，表觀遺傳的「特異性分化標記」（differentiation-specific epigenetic signature）必遭移除，細胞核才會變成像剛受精的受精卵一樣。

卵細胞質在反轉基因表觀遺傳記憶這方面，效能卓著，宛如巨型分子橡皮擦；它在精卵融合成受精卵時迅速完成這項工作；而人工重編程做出 iPS 細胞的過程，則有如看著六歲小孩做作業——總是把正確的擦掉、留下寫錯的字，最後還因為太用力而在紙頁上擦出一個洞。雖然我們對部分操作過程已逐漸上手，但是要在實驗室重現自然發生的情況，咱們還差得遠哩。

截至目前為止，我們談的都是表觀遺傳的現象面。現在繼續移向分子層次，探討藏在先前種種明顯事件下的分子活動，以及其他。

第三章 我們所知的生命——過去

詩人能挺過一切劫難，除了印刷錯誤。

——奧斯卡．王爾德

若想理解表觀遺傳學，首先必須對遺傳學和基因再多了解一點。幾乎地球上的所有獨立生命體——從細菌到大象、從虎杖（Japanese knotweed）到人類——芸芸眾生的基本組成密碼都是DNA（去氧核糖核酸）。「DNA」這三個字母代表的意義愈來愈模糊。在社會評論家口中，DNA可能影射某社團或法人團體的真正核心價值。甚至還有款香水也叫DNA。二十世紀中期的科學象徵圖樣是原子彈的蕈狀雲，而DNA的雙股螺旋結構在同世紀後半亦擁有類似的象徵意義。

科學和人類其他活動一樣，容易受氛圍與潮流變化影響。過去有段時間，生物學界所謂的顯學、正統似乎只有DNA腳本，也就是基因遺傳。然而第一、第二章顯示事實並非如此，理由是相同的腳本會依細胞內容不同、而有不同的使用方式。現在，遺傳領域不僅朝另一個方向擺盪、且幅度恐怕有點大——因為硬底子的表觀遺傳學幾乎要抹殺ＤＮＡ密碼代表的意義。真相到底為何？不用說，肯定介於兩者之間。

在引言部分，我們將ＤＮＡ比做腳本。若戲劇腳本極差，就算是再了不起的導演和再厲害的卡司都無法創造出精采劇作。另一方面，我們大概也都有過鍾愛的劇本被演壞的經驗吧。劇本再完美，碰上差勁的詮釋一樣會引致可怕結果。同樣的，基因和表觀遺傳也必須密切合作，如此方能創造人類、以及所有環繞在人類身旁的生命奇蹟。

ＤＮＡ是細胞的基礎資訊來源、基本藍圖。ＤＮＡ並非真正的執行者，也就是說，執行成千上萬、維繫生命所需的一切活動的角色並不是ＤＮＡ——這項工作主要由蛋白質完成。帶著氧氣隨血液循環全身的是蛋白質；把薯條、漢堡變成醣類和其他營養素，好讓腸道吸收、為大腦補充能量的是蛋白質；負責收縮肌肉、讓我們能翻閱這本書的也是蛋白質。但製造所有蛋白質的密碼都寫在ＤＮＡ上。

如果ＤＮＡ是密碼，那麼必定帶有可解讀的符號，運作方式必定和語言相當——ＤＮＡ密碼完完全全就是這個樣兒。考量到人體如此複雜、ＤＮＡ這套語言卻只由四個字母組成，每念及此似乎總覺得哪兒不對勁。這幾個字母稱為「鹼基」，全名分別為「腺嘌呤」（adenine）、「胞嘧啶」（cytosine）、「鳥糞嘌呤」（guanine）「胸腺嘧啶」（thymine），英文縮寫是A、C、

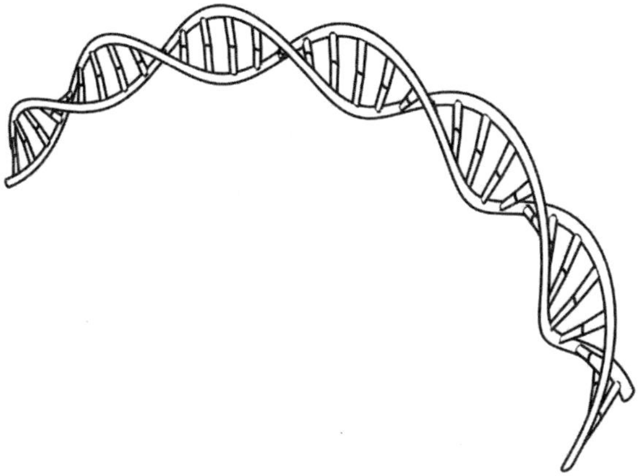

圖 3.1　DNA 示意圖。DNA 的兩條骨幹彼此纏繞，形成雙股螺旋。這個螺旋結構由鹼基分子之間的化學鍵（chemical bonds）鏈接攏合。

G、T。其中「胞嘧啶」（C）尤其值得銘記在心，因為在表觀遺傳學中，四個鹼基裡最重要的就是胞嘧啶。

將DNA形象化最簡單的方式就是在腦中想像一條拉鍊。這個比喻雖不完美，好歹也是個開始。不用說，我們對拉鍊最淺顯的了解就是它由兩條面對面的長帶組成——DNA也是如此。DNA的四種鹼基相當於拉鍊上的齒，DNA拉鍊兩側的鹼基能透過化學鍵彼此鏈接，拉上拉鍊。鹼基兩兩相對，這樣的組合稱為「鹼基對」（base pair），而嵌上拉鍊齒的布條則相當於DNA骨幹。DNA像拉鍊一樣，永遠有兩條骨幹彼此相對，故稱「雙股」。基本上，DNA拉鍊的兩股會彼此纏繞、形成螺旋構造——也就是著名的「雙股螺旋」結構（double helix）。圖3.1是DNA雙股螺旋示意圖。

不過，拉鍊這個比喻只能幫到這裡為止，原因是DNA的拉鍊齒並非全都一樣。假如有一邊的齒是腺嘌呤（A），那麼另一股的對應齒就只能是胸腺嘧啶（T）；同樣的，假如一股上的鹼基是鳥糞嘌呤（G），另一邊可鏈接的鹼基就只有胞嘧啶（C）——這稱為「鹼基配對法則」（base-pairing principle）。假如A試圖跟對應股的C鏈接，必定會打亂DNA結構，有點類似拉鍊齒咬合錯誤的情形。

保持清純

就DNA功能而言，「鹼基配對法則」的重要性非比尋常。生物體發育期間、甚至包括成年以後的大多數時間，我們的細胞仍持續分裂。比方說，細胞必須成長，器官才會變大、嬰兒才會長大成人；細胞也必須分裂，好取代自然死亡的細胞。就拿骨髓製造白血球作例子吧，這些新細胞是為了取代與感染微生物持續作戰而陣亡的白血球們。大部分類型的細胞在複製時的第一步是拷貝整套DNA，然後均等分給兩個子細胞。「DNA複製」（replication）為必要步驟，少了這個步驟，兩個子細胞就沒有DNA；在大多情況下，沒有DNA的細胞徹底無用，就像空有電腦硬體卻沒灌軟體一樣。

每個細胞在分裂前必須先拷貝DNA，也正是這個步驟顯示「鹼基配對法則」何以如此重

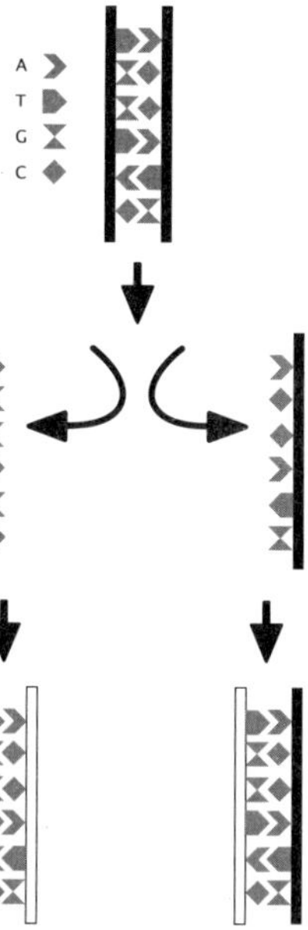

圖 3.2　DNA 複製的第一階段是分開雙股螺旋的兩股。兩條分離骨幹上的鹼基相當於模板，可依此各做一條新股。這個設計能確保兩份新製成的雙股螺旋 DNA 分子與原分子一模一樣（鹼基序列完全相同）。每一份新製成的雙股螺旋 DNA 都有一條源自原分子的骨幹（黑色）、與一條新合成的骨幹（白色）。

要。數百位科學家窮盡職業生涯，探究DNA何以能忠實拷貝的細節；梗概大致如下：DNA雙股扯開，名為「複製複合體」（replication complex）的蛋白質大量嵌入，執行拷貝工作。

圖3.2顯示該配對規則的執行過程。複製複合體沿著DNA一股移動，做出全新、可對應的新股。複合體認出DNA一股上的鹼基——如胞嘧啶（C）——那麼就一定會在新股的對應位置放上鳥

糞嘌呤（G）。這就是鹼基配對法則之所以重要的原因：胞嘧啶（C）必須跟鳥糞嘌呤（G）配對，而腺嘌呤（A）一定要配胸腺嘧啶（T），如此可讓細胞以現有的DNA作為模板，製造新股。每個子細胞最後都會擁有一套完整的DNA拷貝，其中一股來自原本的DNA分子、另一股則是新合成的。

然而，即使是大自然、即使在一個演化已超過數十億年的生態系統裡，沒有什麼是完美的。這套複製機制偶爾還是會出錯，比如原本也許該放胞嘧啶（C），卻誤置胸腺嘧啶（T）。每當發生這種狀況，另一套有能力辨識錯誤的蛋白質總是能迅速修補更正，抓出錯誤鹼基、放入正確品。這即是「DNA修補機制」（repair machinery）：當鹼基對配對出錯，修補機制會發現「DNA拉鍊無法好好拉起來」的情況；這是該機制得以運作的條件之一。

為了確保DNA複本完全忠實複製原始模板，細胞投入極大精力；只消回頭看看之前把DNA當腳本的那個範例，一切再合理不過。讀者不妨想想英國文學最有名的一句台詞：

「噢　羅密歐，羅密歐！你在哪兒　羅密歐？」

（*O Romeo, Romeo! wherefore art thou Romeo?*）

若我們單單只多插一個字母進去，那麼不論演員在舞台上有多盡心詮釋這句台詞，效果肯定大不相同，活像吟遊詩人惡作劇的結果：

「噢 羅密歐，羅密歐！你在哪兒放屁 羅密歐？」

（*O Romeo, Romeo! wherefore Fart thou Romeo?*）

這個令人噴飯的例子明確表明，重謄腳本時必須忠於原著。DNA也一樣。任何不當的改變（突變）都可能引發大災難。若發生突變的是卵子或精子，結果尤其嚴重，因為這可能導致誕生的新個體全身細胞皆帶有這個突變。有些突變會在臨床表現造成極大破壞：可能是還未成熟的十歲孩子卻擁有七十歲老人的軀體，抑或女性不到四十歲即注定面臨極具侵略性又難治療的乳癌侵襲。慶幸的是，與其他影響層面較廣的疾病比起來，這種基因突變造成的疾病還算稀少罕見。

人體 50,000,000,000,000 左右個細胞皆是DNA完美複製的成果，從第一章提及的單細胞「受精卵」開始，歷經一次一次又一次的分裂而來。在明白細胞每一次分裂成兩個子細胞時需要複製多少DNA後，這個過程更令人震撼。每個細胞的DNA大概有六十億鹼基對（一半來自父親、另一半來自母親），而這六十億鹼基對組成的序列也就是我們所說的「基因體」（genome）。所以，人體內的每一次細胞分裂都是複製 DNA 6,000,000,000 鹼基對的結果；若以第一章提及的方式計算、一秒數一個鹼基對，分秒不停，少說要花一百九十年才能數完一枚細胞內的所有鹼基對。想到最初那顆單細胞「受精卵」在創造出來九個月後，即變身嬰兒降臨人世，如此可想見細胞複製DNA的速度有多快。

我們從雙親各遺傳到的三十億鹼基對，外形並非一條長鍊，而是編成一小捆一小捆的——也就是所謂的「染色體」（chromosomes）。這點我們留待第九章再深入討論。

解讀劇本

讓我們回到更基礎的問題：DNA的六十億鹼基對到底在做什麼，以及這套腳本如何運作。更特別的是，一套只由四個字母組成的密碼，何以能創造細胞內成千上萬琳琅滿目的蛋白質？答案意外地簡練。雖然可用「分子生物學模組」（modular paradigm）來描述，不過，以「樂高積木」設想大概更有用。

樂高有過一句很棒的廣告詞：「每天都有新玩具。」（It's a new toy everyday.）這個說法相當精確。一大盒樂高積木的造型與數量有限，基本上就是一堆形狀、大小、顏色各異的塑膠磚；雖然選擇不多，但從碼頭到房屋、植物到河馬，無一不能用這些玩具磚砌出來。這與蛋白質有幾分相似：組成蛋白質的「磚塊」是一群叫「胺基酸」（amino acids）的小分子，細胞內的「標準胺基酸」（standard amino acids）——也就是各種形式的樂高積木磚——總共有二十種。光憑這二十種胺基酸就能砌出令人瞠目結舌的大量排列組合（包括各種變化及長度）、組成數量驚人的蛋白質。

不過，儘管只有少少的二十種，這還是沒解答DNA如何只用四種鹼基編出所有標準胺基酸密碼的問題。這套密碼運作的方式是，胞內機器（cellular machinery）以三個鹼基對為一組，一次「讀」一組；這三個鹼基對就是所謂的「密碼子」（codon），可能是AAA或GGG或其他由A、C、G、T構成的組合。光這四種鹼基就能創造六十四組密碼——用於二十種標準胺基酸根本綽綽有餘。舉例來說，有種叫「離胺酸」（lysine）的胺基酸，其密碼是AAA或AAG。有些密碼完全不對應胺基酸、而是充作訊號，告訴胞內機器某蛋白質序列結束、到此為止。因此這些密碼被稱作「終止密碼子」（stop codon）。

染色體內的DNA究竟如何扮演「蛋白質製作腳本」的角色？這必須透過一種叫「傳訊RNA」（mRNA）的蛋白質完成。mRNA跟DNA很像，不過還是有不少顯著且重要的細節差異：mRNA的骨幹跟DNA稍有不同（RNA是核糖核酸而非去氧核糖核酸），它是單股結構，只有一條骨幹；沒有胸腺嘧啶（T）、而是以另一種非常相似但仍不相同的鹼基「尿嘧啶」（U）代替（在此無須深究原因）。當細胞想「讀取」某特定段落的DNA、並以之為腳本製造某蛋白質時，它會讓一大團蛋白質複合體「拉開」正確段落的DNA拉鍊，製作mRNA複本。這個複合體依循鹼基配對法則製作完美的mRNA複本，而這段mRNA分子則繼續在胞內負責製造蛋白質的特殊構造內充作暫時模板；這團蛋白質複合體讀取三個字母組成的密碼子、再將正確的胺基酸編成蛋白質長鍊。這個步驟當然還有其他許多細節，不過目前知道這些大概就夠了。

舉一個日常生活的例子做比喻。「從DNA轉至 mRNA 再變成蛋白質」的過程有點像控制數位影像。這麼說吧：我們用數位相機拍了一張全世界最美的照片。我們想跟其他人分享這張照片，但不希望他們更動這張照片的任何設定。數位相機裡的原始檔如同DNA藍本，我們將檔案拷貝成另一種幾乎不能修改的格式（也許是PDF檔）、用電子郵件傳出去，寄給好幾千名索取檔案的人。這個PDF檔就如同 mRNA，要多少有多少，最後印出來的紙本相片則是蛋白質。全世界的每個人都能印出這張照片，但原始檔只有一個。

為何要這麼複雜？為什麼不直接做出來就好？演化傾向採取這種間接方式的理由有很多，其中之一是避免破壞腳本，也就是原始檔。DNA拉鍊打開以後，比較容易受傷受損，這正是已進化的細胞想極力避免的。透過這種間接方式，載有蛋白質密碼的DNA可縮短特定段落展開、暴露的時間。而演化選擇間接手段的另一個理由是，此舉能大幅控制特定蛋白質的產量，創造彈性、應勢制宜。

就拿「乙醇脫氫酶」（alcohol dehydrogenase, ADH）這種蛋白質來說吧。這種酵素由肝臟製造，負責分解酒精。假如我們喝很多酒，肝細胞就會增加ADH產量；如果好一陣子不喝酒，肝臟就會少製造一點這種蛋白質。這也就是經常喝酒的人比不常喝酒的人容易耐過酒精後勁的原因。不常喝酒的人，只要一兩杯紅酒下肚很快就東倒西歪了。我們愈常飲酒，肝臟就會製造愈多ＡＤＨ、直到抵達上限。肝細胞並非透過增加ＡＤＨ基因複本的方式提升酵素產量，而是更有效率地讀取這段基因；比方說，製造更多 mRNA 複本以及／或者更有效率地使用這些 mRNA 模板，製造蛋白質。

誠如我們之後會看到的，表觀遺傳正是細胞用來控制特定蛋白質產量的機制之一，主要作用在控制 mRNA 複本的產量。

前面幾段講的都是基因如何透過編碼產出蛋白質。那麼：我們的細胞裡到底有多少基因？這個問題看似簡單，怪的是沒有統一標準答案。原因是，科學家在「如何定義基因」這個問題上沒有共識。以前學界對基因的看法相當簡單直接，認為基因就是一段載有蛋白質密碼的ＤＮＡ；但現在我們知道，這個說法太簡單了。不過，若說所有蛋白質都有相對應的基因編碼（而非所有基因編碼都會對應蛋白質），這個說法絕對正確。我們的ＤＮＡ大概有兩萬到兩萬四千組蛋白質密碼，比十年前科學家樂觀估計的「十萬」要少很多。[1]

編輯劇本

人類細胞的基因結構大致相同。開頭有一區叫「啟動子」（promoter），會與拷貝ＤＮＡ、製成 mRNA 的蛋白質複合體結合；蛋白質複合體沿著基因本體移動、製成 mRNA 長鍊，直至抵達基因末端然後脫落。

想像有個基因約三千鹼基對長（以基因來說，這個長度挺合理的），其 mRNA 也一樣長。每個胺基酸都由三個一組的密碼子編成密碼，因此我們可以預估，這條 mRNA 會解碼製出一條一千個胺基酸長的蛋白質。但是，答案也許出乎意料，但實際做出的蛋白質通常比這個長度要短。

如果把基因序列打出來，看起來就像由字母A、C、G、T組成的長條字串；再用正確的軟體進行分析，我們會發現，這條字串其實可以分成兩種序列：第一種叫「外顯子」（exon，英文來自「表現序列」expressed sequence 的 ex），外顯子載有大串胺基酸基因密碼；第二種叫「內含子」（intron，英文來自「不表現序列」inexpressed sequence 的 in），這段序列不帶胺基酸密碼。與外顯子相反，內含子包含許多「終止密碼子」，示意某蛋白質密碼區到此告一段落。

DNA首次拷貝成RNA時，RNA包含整套外顯子與內含子；這段長長的RNA分子一被製造出來，另一套「多次單位蛋白質複合體」（multi-subunit protein complex）也隨之生成。這個複合體會移除所有內含子序列、重新接合外顯子，製作一條載有連續胺基酸密碼的RNA。這個編輯過程稱為「剪接」（splicing）。

這個過程同樣有些複雜，但演化之所以傾向選擇這種複雜機制，其實有個非常好的理由：因為這能讓細胞利用相對小數目的基因、製成相當大量且多不同的蛋白質。這套機制的運作過程如圖3.3所示。

初版mRNA載有全部的外顯子和內含子，然後透過剪接移除內含子。不過，在剪接期間，某些外顯子也會一併移除；意即某些外顯子會保留至最終版本的mRNA，某些則被跳過。透過這個程序製作出來的蛋白質，其功能可能十分相似、也可能極度不同。每個細胞可依照當下需執行的特定工作、或接收到的不同訊號，製作不同的蛋白質。假如我們將基因定義為「載有蛋白質密碼」的物質，那麼從這個機制來看，我們身上約莫兩萬上下的基因可編載超過兩萬組蛋白質密碼。

每次討論到基因體時，我們總是以二維方式描述它，感覺跟鐵軌差不多。彼得・弗雷澤（Peter Fraser）位於英國劍橋郊區的「巴布拉罕研究所」（Babraham Institute）曾經發表幾篇相當了不起的論文，顯示基因體實際上可能不是那麼回事。他選擇載有製造「血紅素」（haemoglobin）所需的蛋白質密碼來研究。血紅素是紅血球內的一種色素，負責攜帶氧氣、循環全身。要製成血紅素，一般需要好幾種蛋白質原料，但這些蛋白質密碼分載於不同的染色體上。弗雷澤博士的研究顯示，在大量製造血紅素的細胞裡，這些染色體區段會變得鬆鬆的、一圈一圈的，像章魚伸出的腕（tentacles）一樣；鬆開的區段在核內一小處交纏揮舞，直至找到彼此為止。藉由這個過程，應該可以提高製造功能性血紅素所需的蛋白質全部同時表現的機會。[2]

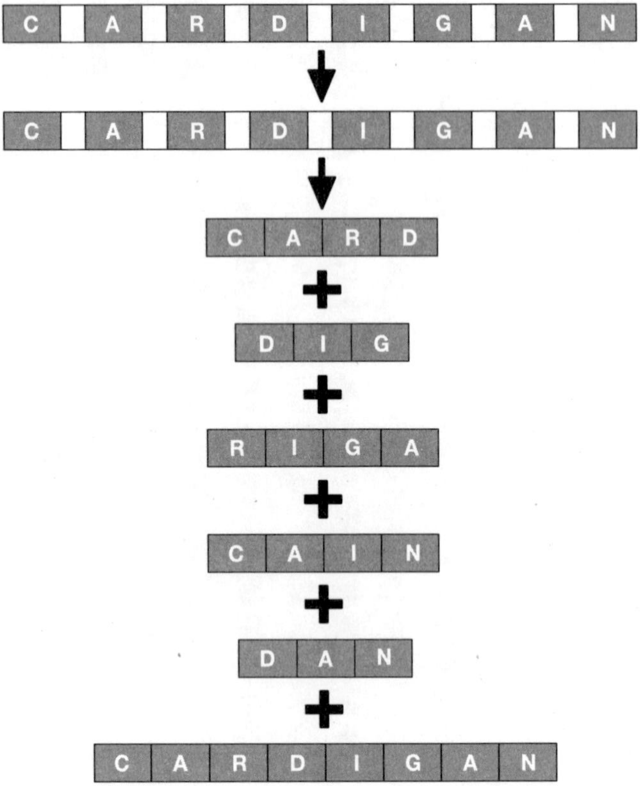

圖 3.3 本圖最上方為 DNA。「外顯子」，也就是載有連續胺基酸密碼的區段以深色方塊表示。「內含子」，也就是不帶胺基酸序列的區段，則以白色方塊顯示。DNA 首次拷貝成 RNA 時（第一個箭頭下第一排），RNA 同時帶有外顯子及內含子。接著由胞內機器移除部分或所有內含子（過程稱為「剪接」）。最終的 mRNA 載有來自同基因的多種蛋白質密碼，如圖中各不同英文單字所示。為簡化描述，圖中的外顯子及內含子皆以相同尺寸的方格表示；但實際上，外顯子和內含子有長有短，變異頗大。

我們體內的每個細胞約有 6,000,000,000 鹼基對，其中約 120,000,000 編載蛋白質密碼。一億兩千萬聽起來好像很多，其實只占總數的百分之二而已。因此，雖然我們認為蛋白質是細胞最重要的產物，但其他百分之九十八的基因體都不跟蛋白質密碼有關。

人體帶有這麼多ＤＮＡ、卻只有一小部分能造出蛋白質，這點直到十年前仍舊完全是個謎；近年，我們終於抓到一點梗概，並且再度發現這跟表觀遺傳機制調節基因表現有關。現在，該是繼續前進至表觀遺傳學分子生物層次的時候了。

第四章 我們所知的生命——現在

科學重要之處不在獲取新事實，而是發現新的思考方式。

——威廉·布拉格爵士

截至目前為止，本書主要著重在「結果」：意即能觀察到、能告訴我們發生過表觀遺傳調控的蛛絲馬跡。但是，每一種生物學現象都有其生理基礎，這就是本章所要探討的。先前描述過的表觀遺傳現象全都是基因表現變異的結果。比方說，視網膜細胞表現的基因跟膀胱細胞整組不同，那麼，不同類型的細胞要如何切換、表現不同基因群？

視網膜與膀胱的特化細胞皆已抵達沃丁頓表觀遺傳地貌圖的溝渠底部。約翰·戈登與山中伸彌的研究雙雙顯示，不論細胞利用哪些機制留在溝渠內，絕對不涉及改變ＤＮＡ藍本，藍本仍保持完整不變。因此細胞鐵定是透過其他機制，讓特定基因群維持在開或關的狀態、並且能維持一段相當長的時間。我們之所以能確定這一點，理由是某些細胞（如大腦神經細胞）異常長壽；比方說，八十五歲老人的腦細胞約莫就活了八十五年這麼久。這些細胞在個體非常年輕時即形成，此後終生維持不變。

但其他細胞不一樣。皮膚最表層的細胞——也就是「表皮層」（epidermis）——每五周替換一次；替換的細胞來自該組織深層持續分裂的幹細胞。這些幹細胞從來只會製造新的皮膚細胞，而不是肌肉細胞（打個比方）。因此，這套能讓某些基因群持續開啟或關閉的機制，必定也能隨著每一次細胞分裂、從親代細胞傳給子代細胞。

這衍生出一個矛盾。研究人員從一九四〇年代中期、奧斯華・埃弗里（Oswald Avery）與其同僚的研究工作得知，DNA是細胞內帶有遺傳資訊的物質。假如同一個體內、不同類型細胞所帶的DNA皆保持不變，那麼如此精確得不可思議的基因表現模式要如何透過細胞分裂一代代傳遞下去？

那個「演員詮釋劇本」的比喻在此再度派上用場。巴茲・魯曼把《羅密歐與茱麗葉》的劇本交給李奧納多・狄卡皮歐，劇本已寫上或打上導演各式各樣的注記——走位、鏡頭角度、以及其他許多額外的技術指導。不論你何時複印李奧手上的劇本，巴茲・魯曼的注記都會一併拷貝下來。克萊兒・丹妮絲也有《羅密歐與茱麗葉》劇本，她手上的劇本注記跟共演者手上的那本並不相同，但也能經由照相拷貝保存下來。表觀遺傳正是透過這種方式調節基因表現：不同細胞擁有相同的DNA藍本（原創劇本），但上頭帶著不同形式的分子修飾物（拍攝腳本或注記），這些資訊可以在細胞分裂時從親代細胞傳給子代細胞。

這些DNA分子修飾物不會改變基因腳本（原本的A、C、G、T）、也就是DNA藍本。當某基因被開啟、拷貝製成 mRNA，這段 mRNA 會擁有跟DNA完全相同的序列*；不論基因上有沒有表觀遺傳調控標記，這個拷貝過程都會遵守鹼基配對法則。同樣的，當細胞為了細胞分裂而拷貝DNA、製作新的染色體時，也會把同樣的A、C、G、T序列拷貝下來。

既然表觀遺傳調控標記不會改變基因密碼，那它們能幹嘛？基本上，這些標記能大幅改變基因表現的程度、或決定要不要表現這個基因。細胞分裂時，表觀遺傳調控標記也會隨之傳遞下去，提供一套讓基因表現從母細胞到子細胞、持續維持恆定的調控機制。皮膚幹細胞何以只生成更多皮膚細胞、而不會變出其他細胞，也是這個原因。

在DNA上黏葡萄

「DNA甲基化」（methylation）是第一個被確認的表觀遺傳調控機制。「甲基化」的意思是將「甲基」加至另一化學物上（在此為DNA）。甲基非常小，只有一個碳原子連上三個氫原

*但有例外，也就是所謂的基因編輯。

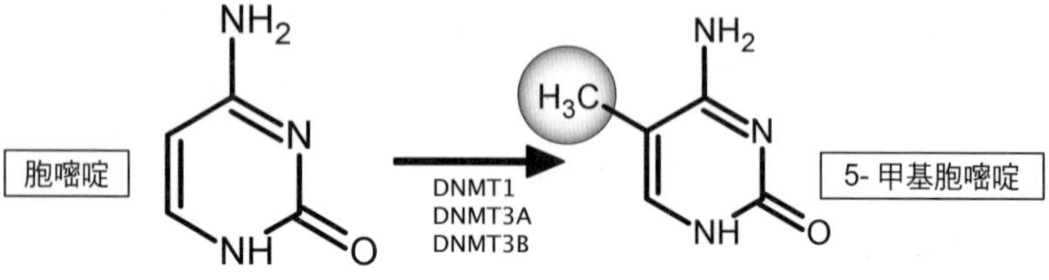

圖 4.1　DNA「胞嘧啶」與經表觀調控改造的「5- 甲基胞嘧啶」分子結構圖。C 代表碳原子，H 代表氫原子，N 是氮原子，O 代表氧原子。為求簡化，碳原子並未明確標識出來，但兩條直線交接處即其所在位置。

子。化學家用「分子量」（molecular weight）來描述原子與分子，每一化學元素所含的原子重量皆不相同。一個鹼基對的平均分子量大約是六百 Da（Da 是 Daltons「道爾頓」的縮寫，為分子量的重量單位），一個甲基約為十五 Da；加上甲基後，整組鹼基對的重量僅增加百分之二點五，有點像把一顆葡萄黏在網球上。

圖 4.1 以化學分子結構式呈現ＤＮＡ甲基化的過程。

圖中的鹼基是胞嘧啶（C）。胞嘧啶是ＤＮＡ四種鹼基中唯一會發生甲基化的鹼基，並形成「５－甲基胞嘧啶」（5-methylcytosine）。數字「５」代表甲基加附在碳環上的位置，而非數目；ＤＮＡ甲基化就只會添加一個甲基。絕大多數的生物體都會發生ＤＮＡ甲基化，發生地點在細胞內，並藉由 DNMT1、DNMT3A 或 DNMT3B 三種酵素中的一種完成。DNMT 是「ＤＮＡ甲基轉移酶」（DNA methyltransferase）的英文縮寫。這些 DNMT 酵素相當於表觀遺傳機制中的「編輯器」（writer），負責寫出表觀遺傳密碼。大多時候，這些酵素只會把甲基加在後頭緊跟鳥糞嘌呤（G）的胞嘧啶上。鳥糞嘌呤接在胞嘧啶後的結構稱為「CpG雙核苷酸模組」*。

「CpG雙核苷酸甲基化」屬於表觀遺傳調控機制，亦稱作「表觀遺傳調控標記」（epigenetic mark）。這個官能基只是「黏在」DNA上，並未實際改變底下的基因序列；胞嘧啶頂多只是被「裝飾」而非「改變」。雖然這個裝飾小到不行，但你也許會訝異，往後在這本書裡我們會一而再、再而三提到DNA甲基化，就連其他討論表觀遺傳學的場合也都一樣；理由是DNA甲基化會對基因表現造成深遠影響，進而影響細胞、組織，以至整個身體的功能。

在一九八〇年代初期，假如你把一段DNA打進哺乳動物細胞，那麼，這段DNA裝飾甲基標記的數量會影響它轉錄成 mRNA 的程度；DNA甲基化程度愈高，轉錄的 mRNA 量就愈少†。[1]換言之，DNA高度甲基化與關閉基因有關。然而，比起科學家在人工注入基因這方面的發現，DNA甲基化對一般細胞核內基因的意義與重要性，當時仍不明朗。

阿德里安·博德（Adrian Bird）及其實驗室的關鍵研究，終於確立哺乳動物細胞DNA甲基化的重要性。阿德里安的科學研究生涯幾乎都在愛丁堡、也就是康拉德·沃丁頓的老地盤度過。

---

*但有很多的例外。

†應該是說控制轉錄區DNA的甲基化會影響轉錄，有時候甲基多反而是活化轉錄。

博德教授是英國皇家學會（Royal Society）成員，亦是英國科學界影響力最大的獨立基金機構「衛康信託」的前任主席。他是傳統的老派英國科學家——低調、輕聲細語，絕不華而不實、講話刻薄又幽默的人。他不喜自我推銷的個性恰恰與他如恆星般耀眼的國際聲譽形成明顯對比：他在學界被廣泛尊稱為「DNA甲基化及其基因調控之父」。

一九八五年，阿德里安·博德在《細胞》發表一篇重要論文，指出大多數的 CpG 模組並非隨機四散在基因體上，而是聚集在基因前方、啟動子所在的區域內[2]。啟動子是基因體上的一個區段，DNA轉錄複合體（transcription complex）最先與這個區段結合、開始將DNA拷貝成RNA。大量 CpG 模組聚合的區段則稱為「CpG 島」（CpG islands）。

在所有蛋白質編碼基因中，約百分之六十的啟動子位於 CpG 島內。當這些基因活化啟動時，CpG 島甲基化的程度偏低；唯有在基因被關閉時，CpG 島才會傾向高度甲基化*。細胞類型不同，表現的基因亦不相同；因此不意外的是，CpG 島甲基化的模式也會隨細胞類型不同而不同†。

這層關聯有何意義？這個問題在學界引起相當的爭議，由來已久。有一說法是，「DNA甲基化」實際上是調控的結果，即基因先被不知名機制抑制，然後DNA甲基化；在這個模式裡，DNA甲基化是基因受抑制以後順勢發生的結果。另一個說法是 CpG 模組先甲基化，然後是「甲基化」把基因關掉的；在這個模式中，表觀遺傳調控確實改變了基因表現。雖然這個問題在互為競爭關係的實驗室間偶有爭論，不過該領域絕大多數的科學家都認為，自阿德里安・博德發表那篇論文以來，近四分之一個世紀內的數據幾乎都與第二種說法一致：支持「原因說」。在大多數情況下，基因起始區的 CpG 模組若發生甲基化，該基因即遭關閉‡。

阿德里安・博德繼續探討DNA甲基化如何關閉基因。他發現，甲基化的DNA會跟一種叫「甲基 CpG 結合蛋白2」（Methyl CpG binding protein 2, MeCP2）的蛋白質結合[3]。這個蛋白質不會跟未甲基化的 CpG 模組結合——回頭看看圖4.1，你一定會覺得不可思議，因為甲基化與未甲基化的胞嘧啶（C）長得還真像。早先我們用「表觀遺傳密碼的編輯器」來形容能為DNA添上甲基的酵素，但 MeCP2（甲基 CpG 結合蛋白2）並不會為DNA加上任何調控標記，它的角色是讓細胞有能力解譯DNA修飾訊息；因此 MeCP2 相當於表觀遺傳密碼的「閱讀器」（reader）。

MeCP2 一旦與基因啟動子內的5－甲基胞嘧啶結合，似乎會展開以下行動：吸引其他能幫

＊實際上，很多 CpG island 沒有甲基化也不表現，是否甲基化只是必要條件而非充分條件。

†事實上大部分的 CpG island 在各種細胞裡都是沒有甲基化，意思是說這些基因都是各種細胞平時都需要的基本基因群。

‡但有時候相反。

忙關閉基因的蛋白質前來集合[4]，可能也會阻止DNA轉錄複合體與啟動子結合（導致不再製造負責傳訊的 mRNA）[5]。在基因啟動子甲基化程度最高的部位，接上 MeCP2 似乎是將該區段染色體永久關閉的程序之一；DNA於是緊緊纏繞在一起，導致基因轉錄複合體無法接觸鹼基對、進而無法製作 mRNA 複本。

這正是DNA甲基化何以如此重要的理由之一。還記得老人家腦中那些高齡八十五的神經細胞嗎？八十多年來，DNA甲基化始終讓某個區段的基因體緊緊纏繞，因而讓神經細胞內的某些基因徹底受到壓抑。這也就是為什麼腦細胞從不製造血紅素或消化酶的原因。

那麼其他情況又該如何解釋？譬如，皮膚幹細胞分裂次數極為頻繁，卻為何永遠只會製造新的皮膚細胞、而非其他類型細胞（比方說骨細胞）？若是這種狀況，代表DNA甲基化的「模式」（pattern）會從親代細胞傳給子代細胞。當DNA螺旋雙股分開，兩股會依鹼基配對法則各自拷貝另一股；這我們在第三章讀過了。圖4.2說明 CpG 模組中的胞嘧啶甲基化時，DNA如何複製。

假如僅有單股 CpG 模組甲基化，DNA甲基轉移酶（DNMT1）會立刻辨識出來；當DNMT1 偵測到這種不平衡，它會把「遺失／缺少」的甲基放回新拷貝的對應股上，因此子代細胞的DNA甲基化模式會跟親代細胞一模一樣。其結果是，子代細胞會遵照親代模式、抑制同一基因群，皮膚細胞也就會繼續是皮膚細胞了。

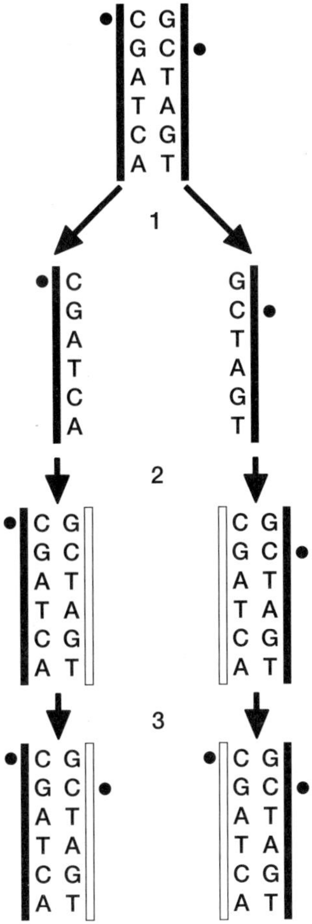

圖 4.2 此概要圖顯示 DNA 複製時，如何保存甲基化模式。圖中的黑點代表甲基。步驟一是親代 DNA 螺旋雙股分開，步驟二進行複製；這時 DNA 甲基轉移酶（DNMT1）會「檢查」新股。DNMT1 能辨識並判定原 DNA 分子中帶有甲基的胞嘧啶與合成的新股無法吻合，繼而轉移甲基至新股對應的胞嘧啶（步驟三）；該步驟只會發生在胞嘧啶（C）與鳥糞嘌呤（G）並排、構成 CpG 模組的部位。這個程序可確保 DNA 甲基化模式在歷經 DNA 複製與細胞分裂後，能完整保存、維持不變。

YouTube 奇蹟小鼠

表觀遺傳偏好出現在科學家想都想不到的地方。在近年最有意思的幾個例子中，有一個跟MeCP2有關；這個蛋白質能讀取DNA甲基化記號。幾年前，「麻疹、腮腺炎、德國麻疹三合一混合疫苗（MMR）會導致自閉症」理論盛極一時（現已遭到駁斥），大眾媒體廣泛披露、大幅報導。英國某重量級大報深入報導一名小女孩的悲慘故事：嬰兒時期的她，最初每一項發育指標都符合正常；然而在打完三合一混合疫苗後不久、還不到一歲生日的她，健康狀況迅速惡化、幾乎喪失所有已獲得的技能。待記者開始採訪這則故事時，小女孩已四歲；據記者描述，他從未見過如此嚴重的自閉症狀。她還不會說話，顯然也有非常嚴重的學習障礙，動作有限且重複，雙手鮮少表現有目的的動作（比如，她已不會伸手取食）。對小女孩和她的家人來說，如此異常且愈來愈嚴重的失能毫無疑問是個悲劇。

但是，稍有神經遺傳學（neurogenetics）背景的人若讀到這篇報導，應該會立刻想到兩件事，並大為震驚：第一，女孩表現這麼嚴重的自閉症，這點十分不尋常——雖不到沒聽過的程度，但確實相當罕見。自閉症比較常出現在男孩身上。第二，本案例早期發育正常，再考量其發病時間與型態，聽起來跟「雷特氏症」（Rett syndrome）這種罕見遺傳疾病一模一樣。其實，這只不過是雷特氏症與多數自閉症患者出現明顯症狀的年紀，碰巧跟幼兒注射三合一混合疫苗的時間差不多罷了。

但這跟表觀遺傳有何干係？一九九九年，一群由德州休士頓貝勒醫學院（Baylor College of Medicine）胡達．扎荷比（Huda Zoghbi）領軍的傑出神經遺傳學家們，證明雷特氏症大多是*MeCP2* 基因（載有製作「甲基化ＤＮＡ閱讀器」的基因）發生突變所致。病童的 *MeCP2* 基因有一處突變，無法製造有功能的 MeCP2 蛋白；雖然這些孩子的細胞絕對有能力正確執行ＤＮＡ甲基化，但他們的細胞無法正確讀取這部分的表觀遺傳密碼。

MeCP2 基因突變導致孩童出現嚴重的臨床症狀：這告訴我們，正確讀取表觀遺傳密碼有多重要。但是這個案例要說的不只這些。雷特氏症病童全身組織受影響的程度並不一致，因此，也許這個表觀遺傳調控路徑在某些特定組織更為重要。由於發病女童皆出現嚴重的智能障礙（metal retardation），故得以推斷，腦內 MeCP2 蛋白的量必須維持正常，這點非常重要。考量到病童的肝、腎等其他臟器似乎未受影響，因此 MeCP2 蛋白活性在這些組織或許並不重要；也有可能是ＤＮＡ甲基化在這些器官並非絕對重要，又或者這些組織帶有 MeCP2 以外的其他蛋白質，能幫忙解讀這部分的表觀遺傳密碼。

就長遠來看，科學家、醫師與雷特氏症病童家屬想必都期待能利用我們對這個疾病愈來愈深入的了解，找出更好的治療方法。這項挑戰十分艱鉅，因為我們勢必得設法干預基因突變對大腦的影響；這個影響不僅涵蓋發育期，成年後亦可能持續受影響。

雷特氏症影響層面最深的問題之一是智能障礙，幾乎所有病童皆有此徵狀。智能障礙這類神經發育障礙一旦確立，沒有人知道病患有沒有可能恢復，但一般都認為不樂觀。二〇〇七年，阿德里安·博德（他仍是本故事的要角）在《科學》（*Science*）發表論文，震撼學界：他和他的團隊發現，在小鼠模式下，雷特氏症的徵狀可以反轉恢復。

阿德里安·博德和同事利用魯道夫·耶尼施開發的複製技術（clone），做出「*MeCP2* 基因不活化小鼠」。這群小鼠顯現嚴重的神經症狀，成年後幾乎不具任何正常的小鼠行為能力；假如你把一隻正常小鼠放進大紙箱，牠幾乎立刻開始探索新環境。牠會頻頻繞圈，像順著牆底護牆板疾走的正常小鼠、傾向沿著箱底邊緣移動，而且牠還會時不時豎直身體、用後腳站立，設法看得更清楚。但 *MeCP2* 基因突變小鼠鮮少有這類舉動。如果你把牠放在紙箱中央，牠大概會一直待在那裡。

阿德里安·博德透過基因工程設計 *MeCP2* 基因突變小鼠時，他也同時讓這些小鼠帶有一組正常的 *MeCP2* 基因；只不過，這組正常基因是「關閉」（silent）的，並未啟動。這套實驗真正聰明之處在於，如果他們給這群小鼠某種特定但無害的化學物質，正常的 *MeCP2* 基因就能活化啟動。這項設計讓實驗者得以控制小鼠、使其在成長發育期間不製造 *MeCP2* 蛋白，然後再在科學家選定的某特定時間，以前述方式啟動 *MeCP2* 基因。

啟動 *MeCP2* 基因的結果超乎意料。先前只會呆坐在箱子中央的小鼠搖身一變、成為好奇探險家，顯現小鼠所有該有的行為模式[6]。各位可以在 YouTube 找到這段影片，另外還有阿德里安·博德的專訪；他在訪談中坦承，他壓根沒料到會看見如此戲劇化的結果[7]。

這個實驗之所以如此重要，理由是它帶來一線曙光：我們說不定當真能找到治療這種複雜神經系統疾病的方法。早在《科學》那篇論文發表以前，一般普遍假設這種複雜的神經疾患一旦發生，就不太可能復原了；若在發生或發育早期發病（譬如子宮胎兒或初生嬰兒），尤其如此。發生與發育早期是一段極關鍵的時期，哺乳動物的大腦開始搭造得用上一輩子的神經網絡架構。*MeCP2* 基因突變小鼠的實驗結果顯示，在雷特氏症患者腦中，也許所有維持正常神經功能所需的胞內機器都還存在，它們只是需要被正確啟動而已。假如人類的情況也是這樣（而且我們跟小鼠的腦其實沒有**那麼**不一樣），這不啻為希望，代表我們也許可以開始研發治療智能障礙這類複雜神經系統問題的方法。我們不能把小鼠模式直接套用在人身上，因為涉及基因改造；基改只能用在實驗動物，人不能用，不過這意味著我們可以開發具類似效果的替代藥品，這方向值得一試。

DNA甲基化顯然非常重要，而讀取DNA甲基化的機制若有缺陷，則可能導致神經系統出現複雜且破壞力極大的病症，令孩子們終其一生都得承受雷特氏症此等嚴重失能之苦。DNA甲基化也是各類型細胞維持正確基因表現模式的基本要件，不論是一活活數十年的長壽神經細胞、或是幹細胞頻頻分裂替換的組織細胞（如皮膚），全都一樣。

但我們還有一個觀念上的問題沒解決：神經細胞跟皮膚細胞很不一樣，假如兩者都用DNA甲基化關掉特定基因，為了維持基因關閉，甲基化必定得作用在不同基因群才行；否則這些細胞全都會表現相同的基因、表現程度也相同，最後無可避免變成同一種細胞，而非神經細胞與皮膚細胞。

不同類型的細胞何以能利用相同機制創造截然不同的結果？答案就在細胞如何鎖定基因體上的不同位置、進行甲基化。這帶領我們進入分子表觀遺傳學的第二大領域：蛋白質。

DNA夥伴

平常在提到DNA時，說得它好像是條裸露分子，彷彿除了DNA之外就啥都沒有了。如果在腦中想像DNA的模樣，DNA的雙股螺旋看起來就像很長很長、彼此糾纏的鐵軌。我們在前幾章幾乎都是這樣形容的，但實際上根本不是這樣；在科學家充分意識到這一點之後，表觀遺傳學也陸續出現重大突破。

DNA與蛋白質關係密切，尤其是一種叫「組蛋白」（histones）的蛋白質。目前，表觀遺傳與基因調控領域主要把注意力放在H2A、H2B、H3、H4這四種組蛋白上。這些組蛋白為「球狀」結構，亦即它們折疊包覆成球一樣的形狀；不過，每顆組蛋白都有條鬆軟的胺基酸鍊從球體

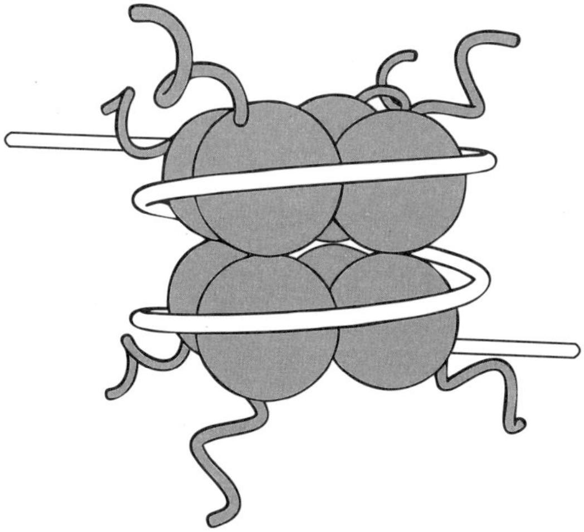

圖 4.3　組蛋白八聚體（H2A、H2B、H3、H4 每種各兩個）被 DNA 緊緊綑起，組成染色體的基本單位「核小體」。

伸出，稱為「組蛋白尾」（histone tail）。這四種組蛋白每種各兩顆湊在一起、組成構造緊密的「組蛋白八聚體」（histone octamer）；之所以叫「八聚體」，是因為由八顆組蛋白組成的緣故。

如果把組蛋白八聚體比作八顆纏在一起的乒乓球（一層四顆、共兩層），應該還滿容易想像的。DNA緊緊纏繞在這坨蛋白質堆上、組成「核小體」（nucleosome），外形就像用一根長長的甘草把棉花糖綑起來一樣。DNA每繞一圈得用掉一百四十七個鹼基對的長度。圖4.3是核小體結構的極簡示意圖，白縷線是DNA，灰毛球代表組蛋白。

若誰曾經讀過十五年前任何有關「組蛋白」的敘述，大概頂多一句「包在一起的蛋白質」，之後便沒下文了。DNA必須「打包」，這點肯定沒錯：細胞核直徑通常只有十微米（一公釐的百分之一），假如DNA鬆散沒纏好、抖開大約有兩公尺長；因此DNA必須緊緊纏在組蛋白八聚體上，這些八聚體結構再一個個彼此緊疊在一起。

染色體有少部分區域始終存在這種結構的終極版。這些區域往往不帶任何蛋白質密碼，屬於構造性的結構；位置有的在染色體最末端，或在染色體的中心（centromere）或在DNA開始複製、準備進行細胞分裂時，負責區隔染色體的區域。

DNA高度甲基化的區域也有這種超濃縮結構*；在建立這種結構的過程中，甲基化的角色十分重要。甲基化是維持特定基因持續關閉的機制之一；在神經元這種長壽細胞，基因可能一關就關數十年。

但是，那些沒有緊密纏繞、基因已開啟或可能開啟的區域呢？這裡就是組蛋白粉墨登場的地方了。組蛋白的角色遠遠超過一介負責包纏DNA的「分子捲軸」。如果DNA甲基化相當於《羅密歐與茱麗葉》劇本中的「半永久」注解，「組蛋白修飾」（histone modifications）就是比較嘗試性的、非固定的附注；有點像鉛筆記號，最初複印的版本還看得到，複印個幾次就模糊褪掉了。說不定它們更像「便利貼」，只是過渡存在，供短暫使用。

紐約洛克斐勒大學（Rockefeller University）的戴維．阿利斯（David Allis）教授在這個領域貢獻卓著，許多重大突破都來自他領導的實驗室。他是一位長相斯文、端正俐落、鬍子修得乾乾淨淨的美國人，看起來比實際年齡（六十多歲）要年輕許多，在學界人緣極佳。阿利斯和許多表觀遺傳學家一樣，都是從發育生物學起家；如同前輩阿德里安·博德與約翰·戈登，戴維·阿利斯在表觀遺傳領域也是快速竄起的巨星。一九九六年，他和同事竭盡所能狂發論文，闡明細胞內的組蛋白會發生化學調控，這類調控會使某特定（已受調控）核小體†附近的基因加強表現[8]。

戴維·阿利斯鑑定的組蛋白修飾名為「乙醯化」（acetylation），過程是在某顆組蛋白軟趴趴的尾巴添上名為「乙基」（acetyl）的官能基，而且固定接在「離胺酸」這種胺基酸上。圖4.4顯示「離胺酸」與「乙醯化離胺酸」（acetyl-lysine）的分子結構，我們可以再一次看見，調控改造的部分其實相當小；一如DNA甲基化，離胺酸乙醯化也屬於表觀遺傳調控機制；它能調整基因表現，但不會更動底下的基因序列。

所以在一九九六那個年代，故事很簡單：DNA甲基化關閉基因，組蛋白乙醯化開啟基因。但基因表現豈止是簡單的開關切換？調控相當微妙，比較像傳統收音機的音量旋鈕；後來科學家發現組蛋白修飾不只一種，大概也就沒那麼意外了。事實上，自戴維·阿利斯首次發表成果以

---

*因為作者寫這本書時還沒有甲基基因體定序的結果，因此這邊的說法並不正確。絕大部分的DNA包括活躍的基因都是高度甲基化，超濃縮則是要靠像膠水那樣的蛋白質。

†事實上很多控制區沒有核小體。

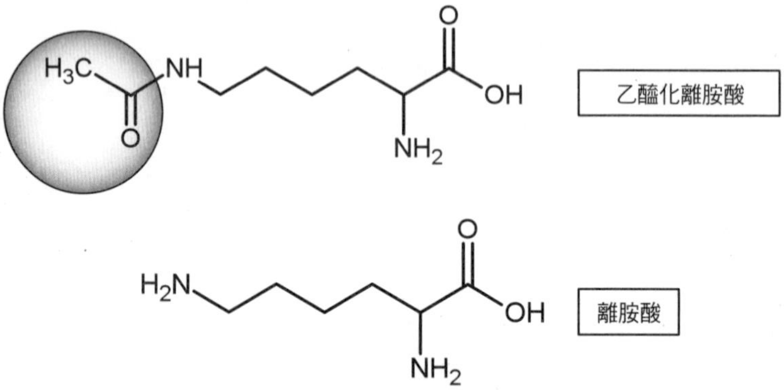

圖 4.4 離胺酸、以及經表觀遺傳調控改造後（乙醯化離胺酸）的分子結構圖。C 代表碳原子，H 代表氫原子，N 是氮原子，O 代表氧原子。為求簡化，碳原子並未明確標識出來，但兩條直線交接處即其所在位置。

來，經阿利斯或其他實驗室鑑定、作用在組蛋白的表觀遺傳調控機制，目前已達五十幾種[9]。這些機制都能調節基因表現，但方式不一定相同；有些組蛋白修飾會提升基因表現，有些調降。這些調控模式統稱為「組蛋白密碼」（histone code）[10]，而表觀遺傳學家面臨的難題是，這是一套超難解讀的密碼。

不妨把染色體想成一株超大聖誕樹吧。從主幹伸出去的每根樹枝都是組蛋白尾，每根尾巴都能掛上表觀遺傳調控修飾物。我們先選紫色彩球，找幾根樹枝分別掛上一個、兩個或三個；我們也有綠色冰柱，同樣也選幾根樹枝掛上一兩根冰柱，其中可能包括已經掛了紫色彩球的樹枝。接著我們再拿起紅色星星，但被告知紅色星星不能掛在已掛有紫色彩球的樹枝旁邊，又或者金色雪片不能跟綠色冰柱掛在同一根樹枝上。如此種種，衍生出愈來愈複雜的規則與模式。最後，我們把所有裝飾品都用完，再將整棵樹繞上小燈泡。小燈泡代表一個個基因。這些小燈泡可透過某道神奇程式調節亮度，亮度依燈泡周圍裝飾物的精確組合而定；由於聖誕樹裝飾的模式太過複雜，若想預測大部分燈泡的亮度，實在困難。

這就是科學家目前的處境：嘗試預測這些五花八門的組蛋白修飾組合如何分工合作、影響基因表現。在多數情況下，要了解單一一種調控機制能做到什麼程度，其實並不難；若要根據複雜的調控組合做出精準預測，現在還辦不到。

全球各地有不少實驗室投入大量心力、想學會如何解開這套密碼；他們有的合作有的競爭，利用各種最快、最複雜的新科技試圖解開這道難題。雖然我們還無法正確解讀密碼，但就目前已了解的資訊，已足以令我們明白這項機制有多重要。

捕鼠器工廠

表觀遺傳有不少關鍵證據來自發育生物學——這個領域孕育許多傑出的表觀遺傳研究人員。如我們先前所描述的，名為「受精卵」的單細胞一旦分裂，子細胞旋即非常迅速地開始執行各項獨立且截然不同的功能。第一樁值得注目的大事是早期胚胎分裂成「內細胞團」與「滋胚層」，內細胞團再繼續分化、形成愈來愈多不同類型的細胞；綜觀全局，「細胞滾下表觀遺傳地貌斜坡」可看作是一種「自我更新系統」。

「基因表現與表觀遺傳調控彼此如何依循消長」是這個階段要掌握的關鍵概念。有個挺合用的比喻是「捕鼠器工廠」。自六〇年代初期開發上市以來，這個遊戲直到現在仍是市場上的長青樹。遊戲進行期間，玩家必須打造一組瘋狂複雜的捕鼠器；啟動方式很簡單，只消在一端釋放小球就行了。這顆球往下滾，穿過各式各樣的機關——有溜滑梯、飛踢、連續階梯、還有人從跳板往下跳。只要機關組合得宜，整套荒謬可笑的重重關卡就能完美運作，讓玩具鼠落網；要是有哪一道機關角度稍稍錯位，這趟瘋狂歷險會立刻叫停，捕鼠器就不管用了。

發育中的胚胎猶如這組捕鼠器。受精卵預載某幾樣主要來自卵細胞質的蛋白質，這些卵源蛋白質進入細胞核，與目標基因結合（為感念「捕鼠器工廠」，我們叫它「飛踢」好了），進而調節基因表現；同時，「飛踢」蛋白也會吸引特定幾種表觀遺傳酵素來到自己附近。這些酵素可能也是卵細胞質捐贈的。表觀遺傳酵素不僅為染色體中的DNA及染色體設定可持久作用的調控機制，也能影響這些「飛踢基因」開啟或關閉的方式：「飛踢蛋白」與「跳板蛋白」結合，開啟飛踢基因。部分跳板蛋白本身也帶有另一組表觀遺傳酵素的密碼，這組密碼可啟用「溜滑梯家族」的數個基因，構成其他蛋白質複合體，如此延續下去。直接來自基因表現的蛋白質與表觀遺傳蛋白質相互合作，關關相連、依序推進，就像「捕鼠器工廠」那顆小球釋放後歷經的一連串事件。有時候，某細胞內的某關鍵因子可能表現得多一點、另一個表現得少一點，每項因子都剛好表現在巧妙平衡的門檻（閾值）上。這每一道門檻都可能改變細胞的發育途徑，猶如將二十組捕鼠器串在一起；稍稍更動機關銜接的方式、或小球在某關鍵時間點落下的方式，都會觸動特定機關，結果非此即彼。

上述名稱雖為杜撰，不過我們倒是可以把這個比喻套用在實際範例上。在胚胎發育極早期，有幾種相當重要的蛋白質；「Oct4」就是其中之一。Oct4 蛋白與特定關鍵基因結合，引來特定的表觀遺傳酵素；這些酵素會修飾染色體、改變該基因調節方式。Oct4、表觀遺傳酵素以及兩者的合作成果在胚胎發育早期至為重要；若缺少任何一方，受精卵連發育形成內細胞團這一步都走不到。

早期胚胎的基因表現模式最終還是作用在自己身上。特定基因表現、製成蛋白質，這些蛋白質再與 *Oct4* 基因的啟動子結合、關閉基因，不令其表現。在正常情況下，體細胞不會表現 *Oct4* 基因；若真表現的話就太危險了：因為 Oct4 蛋白會改變已分化細胞的基因表現模式，讓它們變得比較像幹細胞。

這正是當年山中伸彌以 Oct4 蛋白為重編因子所做出的成果。他透過人為方式，在已分化的細胞內產出非常高量的 Oct4 蛋白，藉以「愚弄」細胞、使其表現得像發育早期的細胞，就連表觀遺傳調控機制也一併重新設定。這個基因就是如此強大。

正常細胞發育即已顯現諸多重要佐證，呈現表觀遺傳調控左右細胞命運的意義；而出錯的發育過程也讓我們明白，表觀遺傳有多麼重要。

舉例來說，二〇一〇年，《自然遺傳學》（*Nature Genetics*）有篇論文表明已找到造成罕見疾病「歌舞伎臉症候群」（Kabuki syndrome）的突變位置。「歌舞伎臉症候群」是一種複雜的發育障礙綜合症，徵狀從智能障礙、身材矮小、顏面異常到唇顎裂（兔唇）皆包括在內。論文指出，歌舞伎臉症候群是 *MLL2* 基因[11]突變造成的。MLL2 蛋白屬於表觀遺傳編輯器，負責將甲基放在 H3 組蛋白某離胺酸的四號位置上。MLL2 蛋白突變的患者無法正確編輯表觀遺傳密碼，因而導致前述各種症狀。

負責抹除表觀遺傳調控標記的酵素——也就是表觀遺傳密碼「橡皮擦」——若發生突變，也可能導致疾病。基因 *PHF8* 負責移除 H3 組蛋白某離胺酸二十號位置的甲基，若 *PHF8* 突變，則導致智能障礙與唇顎裂[12]。這些病患沒有放置表觀遺傳調控標記的問題，但他們的細胞無法正確移除這些標記。

有意思的是，雖然 MLL2 和 PHF8 蛋白角色不同，不過，這兩種基因若發生突變，造成的臨床症狀卻有重疊之處：兩者都會導致智能障礙與唇顎裂；由於這兩種症狀能反映胚胎發育期的問題，因此經常被提出討論。表觀遺傳的重要性跨越整個生命期，但在發育期間似乎別具意義。

除了前述幾種組蛋白編輯器和橡皮擦，另外還有一百多種蛋白質透過與表觀遺傳調控標記結合的方式，扮演閱讀組蛋白密碼的閱讀器。這些閱讀器會吸引其他蛋白質、組成複合體，藉以開啟或關閉基因，作用跟MeCP2蛋白「協助關閉帶有甲基化控制區DNA的基因」頗為相近。

雖同屬表觀遺傳調控，但組蛋白修飾與DNA甲基化有一點極為不同：DNA甲基化非常穩定。DNA某區域一旦甲基化，往後大多傾向維持甲基化狀態。這正是表觀遺傳調控何以能讓神經細胞始終為神經細胞、眼球不會長出牙齒的原因，重要性可見一斑。雖然甲基化DNA的甲基（表觀遺傳調控標記）**可以**被移除，但通常只有在非常特殊的情況下才會發生；即使發生，也不尋常。

與DNA甲基化相比，絕大多數的組蛋白修飾有彈性多了。某基因的某顆組蛋白能加上特定調控標記，也能移除，之後還能再接回來，一切依細胞對核外刺激的反應而定，刺激可大可小。有幾類細胞的組蛋白密碼可能隨荷爾蒙改變，譬如胰島素訊號之於肌肉細胞，或生理期間雌激素會影響乳腺細胞。大腦的組蛋白密碼會受成癮性藥物影響而改變，腸道內皮細胞甚至會依腸道菌叢產生的脂肪酸量而改變表觀遺傳調控模式。這些組蛋白密碼變化正是後天（環境）與先天（基因）交互作用、創造地球上所有高等生物的複雜性的重要方式之一。

組蛋白修飾也容許細胞「嘗試」特定的基因表現模式，在發育期尤其如此。當基因附近的組蛋白被加上「抑制型組蛋白修飾標記」（關閉基因表現），則該基因會暫時不活化；假如關閉基因對該細胞有好處，那麼組蛋白修飾作用的時間可能會繼續延長、直到足以引致DNA甲基化為止。組蛋白修飾標記能引來閱讀器蛋白、組造另一種附於核小體上的蛋白質複合體。在某些情況下，這類複合體可能包含 DNMT3A 或 DNMT3B，這兩種酵素都能把甲基裝在ＤＮＡ的 CpG 模組上；這時，DNMT3A 或 3B 能「跨越」組蛋白上的複合體，將鄰近ＤＮＡ甲基化。當ＤＮＡ甲基化達到一定程度，該基因旋即關閉，停止表現。某些極端條件可能導致染色體全區包得密不透風，暫停細胞分裂，或者像神經細胞這種非分裂型細胞一樣，不活化達數十年。

生物體何以演化出像組蛋白修飾這般複雜的基因表現調節系統？若把它們拿來跟「全有或全無影響」（all-or-nothing effects）的ＤＮＡ甲基化相比，組蛋白修飾似乎尤其複雜。原因之一大概是唯有設計夠複雜，才能容許基因表現進行複雜的微調作業。因為如此，細胞與生物體才能適時調整基因表現，因應諸如養分攝取或接觸病毒等外在環境變化。但是，誠如我們會在下一章讀到的，這些微調作業可能造成某些相當奇妙的後果。

第五章　應該一模一樣的同卵雙胞胎為什麼還是不一樣？

人生有兩件事咱們完全沒有心理準備：雙胞胎。

——喬許・畢林斯

千年來，「孿生子」一直是人類文明的魔力之源，而這份魔力延續至今。就拿西歐文學這座泉源來說吧：我們可以在約公元前兩百年、古羅馬劇作家普勞圖斯（Plautus）的劇本裡找到「梅那謬斯與索希克利」（Menaechmus and Sosicles）這對雙胞胎；一五九〇年左右，莎士比亞依同一則故事重新創作《錯誤的喜劇》（*The Comedy of Errors*）；一八七一年，《愛麗絲夢遊仙境》作者路易斯・卡羅（Lewis Carroll）讓「特威達與特威迪」（Tweedledum and Tweedledee）這對孿生兄弟出現在《愛麗絲鏡中奇遇》，然後再到近期J・K・羅琳（J.K. Rowling）《哈利波特》（*Harry Potter*）中的雙胞胎「衛斯理兄弟」。兩個外表看起來幾乎一模一樣的人，他們天生一定有某種特別且耐人尋味之處。

不過，比起驚人相似的外表，更教人感興趣的是我們竟然看得見雙胞胎之間的差異。這種創作手法在藝術作品中屢見不鮮：從法國劇作家尚．阿諾伊（Jean Anhouil）《月暈》（*Ring Around the Moon*）中的「佛德列克與雨果」（Federic and Hugo）到加拿大導演大衛．柯能堡（David Cronenberg）的《雙生兄弟》（*Dear Ringers*）「比佛利．曼托與艾略特．曼托」（Beverley and Elliot Mantle）比比皆是；最極端的話，連「史上最邪惡雙胞胎」《變身怪醫》（*Jacky and Hyde*）的傑克醫師與他扭曲的自我「海德」都能算進來。雙胞胎的「差異性」無疑擄獲各路藝術家充滿創意的頭腦與想像力，不僅如此，就連科學界也徹底傾心、為之著迷。

以科學術語來說，「長得一模一樣的雙胞胎」叫「同卵雙胞胎」（monozygotic twins, MZ）。兩人都來自同一顆單細胞、也就是同一精子與同一卵子結合所形成的受精卵。同卵雙胞胎是胚囊的內細胞群在早期分裂時一分為二、分別成長為兩個胚胎（就像把麵團切成兩半），因此這兩個胚胎的**基因**完全一致。

一般認為，內細胞團分裂成兩個獨立胚胎應是隨機發生。這個說法與全世界各人種出現同卵雙胞胎的機率、以及同卵雙胞胎不會代代相傳形成家族的現象相符。我們常以為同卵雙胞胎很稀有，但其實不然：每兩百五十名懷孕足月的婦女中，會有一位產下同卵雙胞胎，而全球目前大約有一千萬對同卵雙胞胎。

同卵雙胞胎尤其迷人的是，他們能幫助我們判定遺傳左右生命事件（如特殊疾病）的程度。

基本上，同卵雙胞胎讓我們得以從數學的角度探索基因序列（基因型）與樣貌（表現型）之間的關聯，像是身高、健康程度、雀斑或任何我們有意估量的特徵，方式是計算雙胞胎兩人同時出現同一種疾病的頻率。科學術語叫「一致率」（concordance rate）。

「軟骨發育不全」（achondroplasia）即為一例。軟骨發育不全是「短肢侏儒症」（short-limbed dwarfism）較常見的一種型態，這種疾病對雙胞胎的影響幾無差異：假如雙胞胎中有一人軟骨發育不全，另一人肯定也是。這種疾病顯示為「一致率百分之百」。軟骨發育不全是特定基因突變所造成的，這點並不意外；假設突變發生在組成受精卵的精子或卵子其中任何一方，所有構成內細胞團以至兩個胚胎的所有子細胞必定也帶有相同突變。

然而，一致率百分之百的疾病相對而言並不常見，因為絕大多數的遺傳疾病並非單由某基因突變造成單一壓倒性的結果。這衍生出一個問題：我們該如何判定基因遺傳是否也參了一腳？如果答案是肯定的，角色有多重要？這正是雙胞胎研究的可貴之處。假如我們研究一大群雙胞胎，即能判定某特定疾病在他們身上的一致率或不一致率：如果雙胞胎中有一人罹病，另一人也會發病嗎？

圖5.1為「思覺失調症」的一致率長條圖，顯示親屬關係愈近，發病機率愈高。這張圖最重要的是底下那兩條跟雙胞胎有關的數據。我們可以根據這張圖來比較同卵雙胞胎與異卵雙胞胎（fraternal twin）的一致率：異卵雙胞胎在共同環境中（子宮）成長，但彼此的基因並不相同，

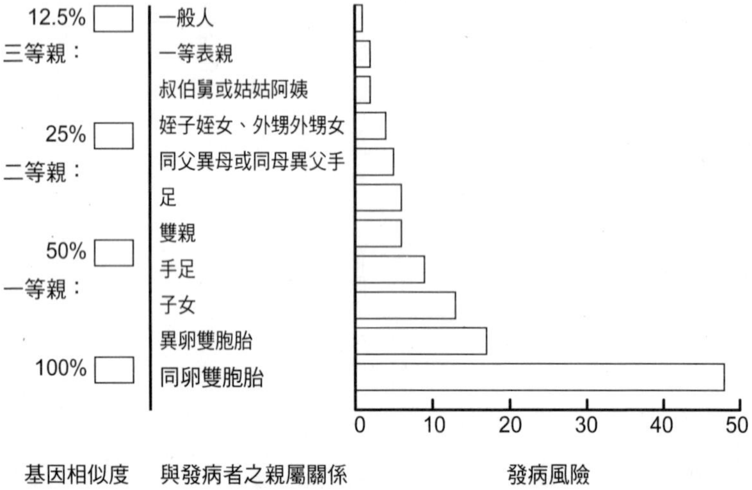

圖 5.1　思覺失調症的發病一致率。若親屬中有人患病，則另一人與發病者的親屬關係（基因）愈近，發病機率愈高。然而，就算是基因相似度達百分之百的同卵雙胞胎，發生思覺失調症的一致性仍未達百分之百。

數據來源：美國醫事總署心理健康報告書（The Surgeon General's Report on Mental Health）http://www.surgeongeneral.gov/library/mentalhealth/chapter4/sec4_1.html#etiology

因為他們是由兩顆受精卵發展成的兩枚受精卵細胞所發育而成的。拿這兩種雙胞胎做比較的重要性在於，一般來說，不論同卵或異卵雙胞胎，兩人的發育環境極為相似；若環境因素是造成思覺失調的主因，那麼可預見的是，不管同卵或異卵雙胞胎的發病一致率應該相當接近。然而我們看到的卻是：當異卵雙胞胎中的一人患有思覺失調症，另一人患病發病的機率是百分之十七；若是同卵雙胞胎，機率一舉躍至百分之五十。同卵雙胞胎的發病風險將近是異卵雙胞胎的三倍。這個結果告訴我們，思覺失調症肯定有某個重要的遺傳因素。

其他類似研究也顯示，包括多發性硬化症（multiple sclerosis）、躁鬱症（bipolar disorder）、紅斑性狼瘡（systemic lupus erythematosus）、氣喘（asthma）等等在內的幾種疾病與遺傳皆有相當程度的關聯性。這項資訊對探討遺傳體質（genetic susceptibility）之於複雜疾病的重要性，幫助很大。

但是從其他許多方面來看，問題的另一面更有意思：最值得玩味的並不是同卵雙胞胎雙雙罹患某特殊疾病，而是兩人命運何以大不相同、分別走向不同的人生結局——譬如一人罹患妄想型思覺失調症（paranoid schizophrenic），另一人心智完全正常——並因此創造最奇妙且令人好奇的科學問題：歷經相似環境、基因上也完全一致的兩個人，為何表現型如此多變？同樣的，為什麼同卵雙胞胎鮮少雙雙罹患第一型糖尿病？除了基因密碼，還有什麼因素在左右我們的健康？

表觀遺傳如何攪局、導致雙胞胎分道揚鑣？

可能的解釋之一是，無獨有偶，雙胞胎中罹患思覺失調症的那一位身上的某些細胞自然發生基因突變（譬如大腦）。假如DNA複製機器在大腦發育過程中的某一時間點發生故障，就可能發生這種情況。突變造成的改變可能增加他或她對疾病的感受度。雖然這在理論上不無可能，但科學家找不到足夠的數據支持這項理論。

當然，這題的標準答案永遠是「雙胞胎之所以表現不一致，實乃兩人環境不同所致」。有時候，答案顯然就是如此：比方說，假如監控的時間夠長夠久，那麼雙胞胎之一被公車撞倒輾斃確實可謂「環境差異」；但這個狀況顯然太過極端。許多雙胞胎成長的環境條件極為相似，特別是年少時期（早期發育）；但即便如此，環境中依然可能出現許多微妙不起眼、難以適當監控的小差異。

但是，如果我們硬把環境扯進來、將其視為發病的重要因素之一，這又會引致另一個、同時也是先前懸而未決的問題：環境是怎麼辦到的？不論是食物裡的化合物、雪茄內的化學物質、陽光中的紫外線、每天暴露在充滿汽車廢氣污染的空氣中——這些環境刺激物必定透過某種方式對基因造成衝擊，導致基因改變表現方式。

折磨大多數人的非傳染疾病大多得花很長的時間發展病程；如果沒有合宜的治療方法，那麼這些疾病還會繼續折磨病人許多年。理論上，環境刺激物可能持續作用在表現異常的細胞所帶的基因上，引致疾病；但又好像不是這麼回事，尤其是多數慢性病通常跟多種環境刺激物與多組基因的交互作用有關。是說，這些環境刺激物哪有可能同時存在好幾十年？這實在難以想像。另一套說法是，可能有某種機制能讓與疾病相關的細胞保持異常狀態，譬如持續不當表現基因。

既然體細胞突變缺乏有力的實質證據*，表觀遺傳似乎就成為這套機制實力堅強的候選人。表觀遺傳能讓雙胞胎之一的基因持續異常調節、終而導致疾病。雖然這方面的研究還在初始階段，但隨著證據逐漸累積，隱約顯示真實情況可能就是如此。

以概念上來說，最直接的實驗方式是分析「同卵雙胞胎的染色體調節模式——即『表觀基因體』（epigenome）——是否隨年紀增長而改變」；若要舉個最簡單的例子，甚至不用到探討疾病的層次。我們可以從一個相對簡單的假設開始：隨著年紀增長，基因完全相同的雙胞胎會變成在表觀遺傳上完全不同的兩個個體。若假設為真，這個結論就支持「同卵雙胞胎在表觀遺傳的層次上可能存在明顯差異」的說法，並且回過頭來增強我們的信心、繼續驗證表觀遺傳變化在疾病中扮演的角色。

二〇〇五年，當時還在馬德里西班牙國家癌症中心（Spanish National Cancer Centre）服務的馬內爾．艾斯特耶教授（Manel Esteller）帶領一個大型研究團隊、共同發表論文，而論文主題正是這個題目[1]。教授們發現一些有趣的事：他們檢驗同卵雙胞嬰兒的染色體，發現不論是在DNA甲基化或組蛋白乙醯化的層次上，雙胞胎之間並無太大差異。他們等雙胞胎再大一點再來看看（比如十五歲左右），結果發現雙胞胎在DNA甲基化或組蛋白乙醯化的數量上出現明顯變

＊不過，有一些證據，例如Nieuwint et al 一九九九年就證實有一對同卵雙胞胎有不同的染色體。

化；若雙胞胎長期分居兩地，這種現象似乎更為明顯。

這項研究結果與「基因相同的雙胞胎，最初在表觀遺傳上也十分相似，之後會隨著年紀增長而日漸趨異」的實驗模型相符。年紀愈大、分開愈久、生活方式愈不同的雙胞胎，兩人接觸的環境想必也差異極大——這恰恰就是科學家在表觀遺傳差異最大的雙胞胎身上所發現的。這些發現與「表觀基因體（基因上的全套表觀遺傳調控模式）會反應環境差異」的想法不謀而合。

就統計數字來看，論「在校表現」，吃早餐的孩子比不吃早餐的孩子表現好。這並不是說一碗玉米片就能改善孩子的學習效率，這句話也許只是傳達「有早餐吃的孩子，他們的父母往往投注比較多的心力在孩子身上，譬如每天送他們上學、準時到校、協助他們做作業等等」。同樣的，艾斯特耶教授得到的數據也有某種關聯性。數據顯示：雙胞胎的年齡與兩人表觀遺傳的相異度有關，但這些數據無法證實年齡就是造成表觀基因體變異的**原因**。不過，至少這個假設仍繼續成立，未遭推翻。

二〇一〇年，墨爾本皇家兒童醫院（Royal Children's Hospital）傑佛瑞．克雷格醫師（Jeffrey Craig）領導的團隊也檢驗同卵與異卵雙胞胎DNA甲基化的情形[2]。比起馬內爾．艾斯特耶早先的那篇論文，克雷格研究的幾個基因體範圍較小、但更深入細節：他們分析新生雙胞胎嬰兒的檢體，顯示異卵雙胞胎DNA甲基化的差異極大。這個結果並不令人意外，因為異卵雙胞胎的基因原本就不同；不同個體擁有不同的表觀基因體，這原本就在意料之中。不過，有意思的是，他們還發現就算是同卵雙胞胎，兩人DNA甲基化的模式也還是不一樣，意味雙胞胎在子宮內發育時，她或他們的表觀遺傳便已走上分歧的道路。結合這兩篇論文，以及其他附加研究所得的資訊，我們或可斷定，就算是基因體完全相同的獨立個體，他們出生時的表觀遺傳訊息可能彼此迥異；兩人在表觀遺傳上的差異會隨著年齡與接觸環境的不同，日益顯著。

人鼠之間

這些數據也跟「表觀遺傳變化多少能解釋『同卵雙胞胎表現型（phenotype）何以不同』」的模型一致，只是其中還有諸多疑點尚待釐清。若以用途和目的來看，人類其實是很糟糕的實驗系統；假如我們想評估表觀遺傳在「基因型相同的個體何以表現型不同」這個問題中扮演的角色，必須做到以下幾點：

1. 分析數百名基因型相同的個體，而不是區區幾對雙胞胎。
2. 操縱（完全控制）這群人的生活環境。
3. 將胚胎或胎兒從A母體移至B母體，探究早期養育（early nuture）的影響。
4. 在諸多不同時間點、採集實驗對象全身各組織檢體。

5. 決定誰與誰交配產子。
6. 在基因相同的獨立個體上連續進行四代或五代實驗。

不用說，要做到這些比登天還難。

這就是實驗動物在表觀遺傳研究中好使好用的原因。牠們讓科學家得以盡可能控制環境條件、著眼於真正複雜的問題。動物實驗產出的數據或可提供科學家些許見解或發想，讓他們憑以推斷人類的情形。

人與鼠的條件或許無法完美匹配，但我們仍然可以透過這種方式，闡明為數驚人的基礎生物學之謎。許多比較研究皆顯示，在經歷悠長得不可思議的時間長河之後，不同物種的生理系統仍保有廣泛相似之處。就拿酵母菌和人類的表觀遺傳設計來說吧，兩者的相似點比相異點還多，而這兩種生物在十億年前還有個共同祖先哩[3]。因此，表觀遺傳過程（epigenetic processes）顯然是非常基本的生物機制，利用實驗動物模式至少可以指出方向，幫助我們了解人類的問題。

以本章關注的特定問題來看——也就是基因相同的雙胞胎為何長相不太一樣，最好用、最有用的動物就是咱們的哺乳動物近親：小鼠。在演化譜系上，小鼠和人直到大概七千五百萬年前才分道揚鑣[4]。小鼠身上百分之九十九的基因也能在人類身上找到，只是分屬兩個種別的基因通常不會完全相同就是了。

目前科學家已有能力製造同品系內基因完全相同的小鼠，這對探討非遺傳因子如何造成個體差異簡直不可思議地好用。科學家可以創造數百、數千頭基因相同的動物，而非僅有雙胞胎區區兩人。說到科學家建立這類品系的方式，就連兄妹姊弟通婚頻繁的古埃及托勒密王朝（Ptolemy）都要臉紅：他們先讓同胎兄妹交配，再讓他們產下的子代兄妹近親交配，下一代再如法炮製，代代延續；當這個兄妹交配的過程重複超過二十代，幾乎可完全消弭整個基因體內的所有遺傳變異：意即同品系、同性別的小鼠會擁有完全相同的基因序列。若再進一步改良，科學家可在這群基因型完全相同的小鼠身上導入單一DNA變異，透過遺傳工程創造除了研究人員最感興趣的DNA區段以外，其他基因序列完全一致的小鼠。

萬綠叢中一點紅

若要探討表觀遺傳變異如何使基因型相同的個體呈現不同表現型，最好用的實驗小鼠是刺鼠毛色的調控基因（*agouti*）。正常刺鼠的毛色為帶斑狀：毛尖是黑色，中段棕黃，底部再變回黑色。導致刺鼠毛中段變黃的主因是「*agouti*」基因；小鼠若處於某正常毛髮周期性機制，這個 *agouti* 基因就會啟動。

而突變版的 *agouti* 基因（暫稱為 *a* 基因）則永遠不會啟動。帶有突變版 *agouti* 基因的小鼠，

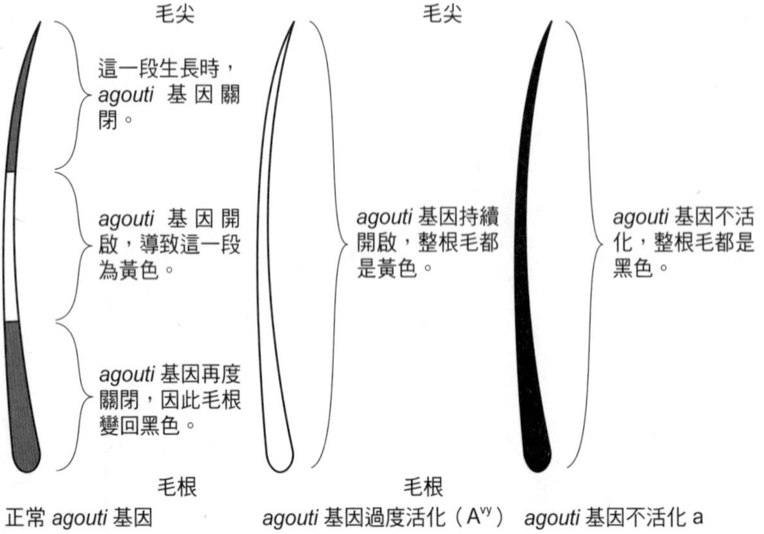
毛尖
毛尖
這一段生長時，agouti 基因關閉。
agouti 基因開啟，導致這一段為黃色。
agouti 基因再度關閉，因此毛根變回黑色。
agouti 基因持續開啟，整根毛都是黃色。
agouti 基因不活化，整根毛都是黑色。
毛根
毛根
正常 agouti 基因
agouti 基因過度活化（A^{vy}）
agouti 基因不活化 a

圖 5.2 「*agouti* 基因」表現方式會影響刺鼠毛色。正常小鼠會周期性地表現 agouti 蛋白，導致小鼠毛色顯現特徵性的帶狀斑紋。打斷 agouti 蛋白的周期性表現會導致整根毛髮全部變黑或變黃。

毛色清一色是黑的。另一種突變基因為「A^{vy}」，A^{vy} 分別取自「刺毛」(agouti)、「可育成」(viable)、「黃色」(yellow) 三個英文字的字首。A^{vy} 小鼠的 *agouti* 基因永久開啟，整根毛都是黃色的。刺鼠有兩條 *agouti* 基因拷貝，一條來自父親、一邊來自母親。A^{vy} 版的基因與 *a* 版基因相對，是為「顯性」，意即小鼠若有一條基因是 A^{vy}、一條是 *a*，那麼 A^{vy} 的性狀會「覆蓋」*a*，整根毛都會是黃色。這個概念摘要如圖 5.2 所示。

科學家先建立一支小鼠品系，讓每隻小鼠的細胞都帶有一

條 A^{vy} 拷貝和一條 *a* 拷貝，這組基因標記為「A^{vy}/a」。A^{vy} 代表顯性、*a* 代表隱性，因此我們預測這個品系的小鼠全身都是黃毛；由於每隻小鼠所帶的基因都相同，照理說，這些小鼠預期看起來會一模一樣——但事實不然：有些小鼠毛色很黃，有些呈現典型的帶狀斑紋，有些毛色介於二者之間，如圖5.3所示。

說來奇怪，小鼠的基因明明都一樣，每隻小鼠都帶有相同的DNA密碼。也許有人會說，小鼠毛色不同是環境造成的；但實驗室的條件皆已標準化，這方面的可能性不高。此外，由於連同胎小鼠都出現毛色不一的情形，因此環境變異說並不成立；照理說，同胎產出的小鼠，其發育環境應該十分近似才是。

當然，用小鼠——尤其是高度近親交配的小鼠——做實驗的美妙之處在於，要執行更詳盡的遺傳或表觀遺傳研究可說相對簡單；若已有既定且合理的方向和想法，情況更是如此。眼前這個案例要檢驗的區域是「*agouti* 基因」。

小鼠遺傳學家知道 A^{vy} 黃毛小鼠的黃毛表現型是怎麼來的：小鼠染色體在 agouti 基因前端被插入了一小段外來DNA，叫作「反轉錄轉位子」（retrotransposon）。反轉錄轉位子的尾端有一段不正常的調控序列，稱為啟動子（promoter），它恰好「挾持」了後方的 *agouti* 基因，使其持續維持在開啟狀態，不斷轉錄出 mRNA。這就是 A^{vy} 小鼠全身黃毛，而非有帶狀斑紋的原因。

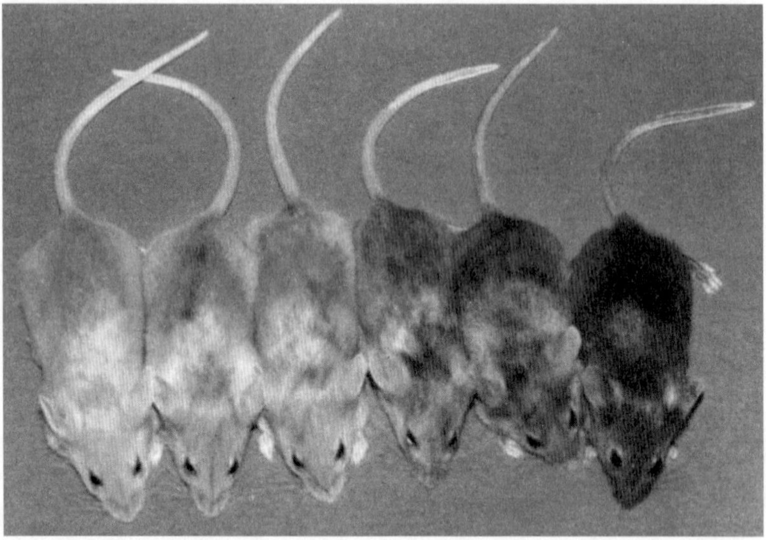

圖 5.3　基因型相同的小鼠，其毛色依 *agouti* 基因表現程度不同而產生變化。（照片經艾瑪·懷洛教授同意，准允刊登）

不過，這還是沒有回答「基因同為 A^{vy} / *a* 的小鼠何以顯現多種毛色」的問題：答案仍歸咎於表觀遺傳調控。某些 A^{vy} / *a* 小鼠的反轉錄轉位子CpG 序列嚴重甲基化——誠如我們在前章讀到的，DNA甲基化會關閉基因、抑制表現；反轉錄轉位子*不再表現不正常的RNA，因而也就不再攪亂 *agouti* 基因的轉錄過程，小鼠毛色為正常的帶狀斑紋。另一些 A^{vy} 小鼠雖然帶有相同的基因，但該段反轉錄轉位子卻未甲基化，導致下游的 *agouti* 基因持續開啟，讓小鼠渾身黃澄澄。至於反轉錄轉位子甲基化程度介於前述兩者之間的小鼠們，毛色變黃的程度也介於二者之間。該模式如

圖5.4所示。

在這裡，DNA甲基化相當於稱職的調光器：反轉錄轉位子未甲基化時，它火力全開；反轉錄轉位子甲基化的程度愈深，表現程度也隨之調低。

在這裡，*agouti* 小鼠提供明確範例，說明表觀遺傳——這裡是指DNA甲基化——如何讓基因型相同的個體擁有不同的外表。然而，學界始終存在「*agouti* 基因可能是特例」的疑慮，或許這是個相當罕見的機制也說不一定；特別是目前已證實人類很難找到 *agouti* 基因，因此更加深這層憂慮。看來，這個基因似乎就落在咱們與小鼠親戚不一樣的那百分之一裡吧。

科學家還在小鼠身上發現另一個有趣特徵：折尾。這個性狀稱為「Axin-fused」，在基因完全相同的動物之間亦呈現多樣變化。就像 *agouti* 小鼠，這是不同個體反轉錄轉位子DNA甲基化程度不同、外觀變異亦隨之不同的另一例證。

這項發現令人振奮，顯示該機制並非單一特例，但折尾仍無法完全代表與一般人有關的表現型。不過，眼前倒是有個人鼠共通的相似點：體重。基因型相同的小鼠，不見得都一樣重。

不論科學家多嚴格控制小鼠的環境條件——尤其是取得食物這方面——這些基因相同的近親品系小鼠的體重仍不相同。經多年實驗顯示，小鼠體重變異大概只有百分之二十～三十可歸

＊該反轉錄轉位子名為IAP，又見 Nature Rev. Genet. 13, 97-109, 2012。

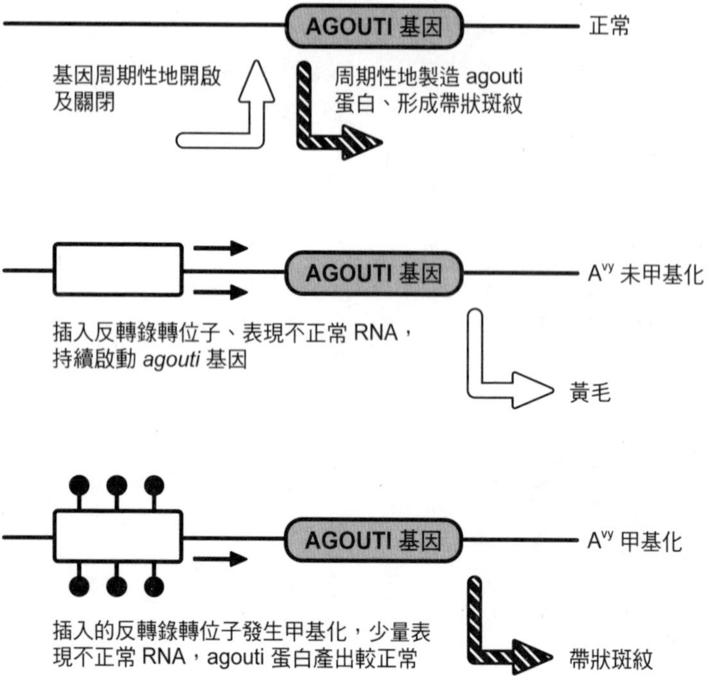

圖 5.4 DNA 甲基化變異（以黑箭頭循環表示）會影響反轉錄轉位子的表現。反轉錄轉位子表現變異轉而影響 *agouti* 基因表現，最後導致同基因型的動物毛色多變，彼此互異。

因後天環境。這帶出一個問題：其餘百分之七、八十又是誰造成的[5]？既然不是基因（因為每隻小鼠基因都一樣）、也非環境，必定還有其他導致變異的源頭。

二〇一〇年，服務於昆士蘭醫學研究院（Queensland Institute of Medical Research）、對工作異常熱情又個性嚴謹的小鼠遺傳學家艾瑪．懷洛教授

（Emma Whitelaw）發表一篇十分精采的研究論文。她利用遺傳工程，做出近親品系的次品系小鼠；次品系小鼠基因序列與種源小鼠一致，唯一的差異在於，次品系小鼠某特定表觀遺傳蛋白的表現程度只有原來的一半。教授在若干小鼠身上分別進行遺傳工程作業，做出好幾群獨立族群，每一群都有一處載有表觀遺傳蛋白密碼的基因發生突變。

懷洛教授大規模分析正常與突變小鼠的體重分布，發現一個有趣現象：正常組的近親品系小鼠體重相近，數值都在其他研究發現的範圍內；表觀蛋白表現程度較低的組別，小鼠體重變化差異大。同篇論文還提出進一步實驗，繼續探討「降低表觀遺傳蛋白表現的效應與影響」。結果發現，降低表觀遺傳蛋白的表現程度會改變某些基因（與代謝有關的基因）[6]的表現程度，也會增加該基因表現的變異度。換言之，一如我們所預料，基因表現某種程度受表觀遺傳蛋白控制。

艾瑪．懷洛利用她的實驗系統測試數種表觀遺傳蛋白，發現只有幾種蛋白會增加體重變異程度。能造成這類效應的其中一種蛋白質叫「Dnmt3a」，這個酵素能將甲基移至DNA上，關閉基因。另一種作用相近的蛋白質「Trim28」能與其他幾種表觀遺傳蛋白組成複合體，合力為組蛋白加上特定調控標記。這些調控標記會調降該組蛋白附近的基因表現，因此也被稱為「抑制型組蛋白修飾標記」或「抑制型組蛋白標記」。基因體內出現大量抑制型組蛋白標記的區域，大多會發生DNA甲基化，因此Trim28說不定是創造適合DNA甲基化環境的重要推手。

實驗推測，這些表觀遺傳蛋白的角色類似阻尼場（dampening field）。因為「裸露」

的DNA比較容易被隨機啟動，整體效應有點像細胞內的背景噪音——稱為「轉錄雜訊」（transcriptional noise）——表觀遺傳蛋白的作用即是調低這些隨機噪音的音量，而做法是在組蛋白外覆上調控標記，降低基因表現。不同的表觀遺傳蛋白在不同組織內負責抑制不同基因，各有其重要性。

這些抑制作用顯然並非全面性的。如果是，那麼所有近親品系小鼠的每一種表現型都會一模一樣，但我們都知道實情並非如此。就算是近親品系小鼠，每一隻的重量還是不一樣；表觀遺傳蛋白的表現愈受到抑制，小鼠體重的變異程度就愈大。

表觀遺傳蛋白調降轉錄雜訊、但不完全抑制基因表現——如此精巧的平衡機制乃是細胞折衷妥協的結果。它讓細胞有足夠的彈性，因應荷爾蒙、營養、污染物或陽光等新訊號來調整基因表現，又不讓基因在沒有特定作用目標的情況下、持續維持備戰狀態。表觀遺傳讓細胞得以執行艱難的折衷調整，讓細胞在不同類型與多變功能之間擺盪調整，而非固守於單一一種基因表現模式、以免無法因應環境變化。

現在我們愈來愈清楚的是，發育早期是首度建立這個轉錄雜訊控制機轉的關鍵時期；說到底，同源近親品系小鼠的體重差異僅有少部分（百分之二十～三十）能歸咎於後天環境。現在，學界對「發育設定」（developmental programming）現象——也就是胎兒發育期間的遭遇會衝擊成年後的人生——愈來愈感興趣，也更加確認表觀遺傳機制在這個現象背後占有極重要的比例。

這個模式與艾瑪．懷洛探討「Dnmt3a 或 Trim28 調降效應」的小鼠實驗完全一致。體重效應在小鼠僅三周齡時即開始顯現，這也跟「Dnmt3a 減少會增加體重變異程度」的假設相符；但是在艾瑪．懷洛的實驗裡，減少另一相關酵素「Dnmt1」卻不會造成任何影響。Dnmt3a 能把甲基加在尚未甲基化的ＤＮＡ區域，也就是說，Dnmt3a 負責建立細胞內正確的ＤＮＡ甲基化模式；而 Dnmt1 的職責則是維持已建立的甲基化模式。照這樣看來，一開始就建立正確的ＤＮＡ甲基化模式似乎是調降基因表現變異度（至少就體重而言）最重要的特點。

荷蘭饑餓之冬

許多年前，科學家與政策制定者便已意識到，為了提高新生兒體重達到健康標準的比例、使其日後能順利成長茁壯，懷孕期間母體的健康與營養非常重要。隨後幾年，研究人員更加確定，假如母親在懷孕時營養不良，那麼產下不健康的孩子（不僅限於初生嬰兒時期，還包括往後數十年）的風險相對比較高。直到最近，我們才初步了解這個現象至少部分肇因於分子層面的表觀遺傳效應，導致發育設定受損、造成基因表現與細胞功能的終生缺陷。

一如之前強調過的，人類之所以很難作為實驗物種，理由是道德與法規有其極度窒礙難行之處。不過，有些歷史事件在事發當時雖然可悲又可怕，卻意外湊成可進行科學研究的族群；其中最有名的例子就是引言提過的「荷蘭饑餓之冬」。

那是二次世界大戰的最後一個冬天，納粹德國對荷蘭進行燃料與糧食禁運期間，一段恐怖困苦、幾近饑荒的時期。當時有將近兩萬兩千人死亡，絕望的人們將所有能弄到手的東西全吞進肚子裡，從鬱金香花苞到動物血液無一不食。這群遭逢恐怖糧食匱乏的荷蘭人集體造出一群可供科學研究的特異族群：熬過饑荒的倖存者碰巧是一群定義嚴謹的個體：他們一生中只有一段時間營養不良，而且發生的時間全都一樣。

科學家首先切入的面向之一是「饑荒對嬰兒出生體重的影響」。饑荒發生時，這些娃娃都還在母親子宮裡。假如做母親的在受孕前後吃得很好，僅在懷孕最後三個月營養不良，那麼生下來的孩子體型多半小一號；另一方面，做母親的如果只在懷孕最初三個月營養不良（意即寶寶是在饑荒快結束前懷上的）、後來都吃得很好，她產下的孩子原則上體重都正常——也就是胎兒「趕上」增重進度——理由是胎兒在懷孕最後幾個月內拚命長大之故。

但重點來了。傳染病學家繼續研究這群嬰兒數十年，結果有了極驚人的發現：出生時體型較小的孩子，終其一生都比別人小一號、肥胖率也比一般人低。然而更出乎意料的是，懷孕初期營養不良的母親所產下的孩子，他或她在成年後的肥胖機率竟高出正常值。近年有研究報告顯示，某些疾病的發生率——包括部分精神疾患——也跟母體營養有關：假如母親在懷孕初期嚴重營養不良，這個孩子會比一般人更容易出現思覺失調症。科學家不僅在荷蘭饑餓之冬倖存者身上發現這個傾向，也在一九五八至一九六一年間、因毛澤東政策而導致數百萬人餓死的恐怖「中國大饑荒」（Great Chinese Famine）倖存者身上得到印證。

這些個體即使在出生時看似正常得不得了，他們在子宮內發育時的某些遭遇卻會影響之後數十年人生；而且重要的不只事件本身，發生**時間**也很重要。在懷孕頭三個月的階段，雖然胎兒極小，但這段期間內發生的事件卻可能影響他們一輩子。

這跟「發育設定」的模式完全一致，基礎根據正是表觀遺傳。懷孕早期是各類型細胞蓬勃發育的時期，表觀遺傳蛋白說不定就是穩定基因表現模式的重要因素。但別忘了，我們的細胞帶有數千組基因，分散在數十億鹼基對上，就連表觀遺傳蛋白也有幾百種；就算在正常發育情況下，部分表觀蛋白的表現、以及表觀蛋白對染色體特定區域的精確影響還是會出現些許細微變化；可能這邊的DNA甲基化多一點，那邊少一點。

表觀遺傳機制會加強、繼而維持特定調控模式，從而確立基因表現程度；於是，組蛋白和DNA調控最初的一些小波動可能逐漸「固定」下來、傳遞給子代細胞，或持續存在神經細胞等長壽型細胞內，延續數十年。因為表觀基因體被「卡住」了，染色體上特定區域的諸多基因表現模式也跟著卡住。短時間來看，這種效應可能相對輕微；但若跨越數十年，這些由稍微不當的染色體調控所導致的輕微不正常基因表現可能逐漸累積、增強效應，終而導致細胞功能受損。在臨床上，除非這種效應跨過某個看不見的臨界點、使患者開始出現症狀，我們才可能判別出來。

基本上，發育設定期間的表觀遺傳變異絕大多數都是隨機發生的；按理說，連過程也是隨機進行。本章開頭所提那些發生在同卵雙胞胎之間的差異，其中許多或許都能用這個隨機過程來說明。發育初期，表觀遺傳調控的隨機波動會導致基因表現模式不一致；歷經數年，這個模式會固定下來、效應逐漸擴大，最終導致基因型相同的雙胞胎在表現型上完全不同，有時甚至以最誇張的方式顯現。這種在發育初期、因表觀遺傳基因表現輕微波動所造成的隨機過程，其本身也是個非常好的範例，讓我們了解基因型一致 A^{vy}/a 小鼠們何以顯現不同毛色：這是由於 A^{vy} 反轉錄轉位子DNA甲基化的程度不同所致。

這類發生在表觀基因體的隨機變化，很有可能就是環境條件完全相同的同一近親品系小鼠，體重何以還是不一樣的原因。不過，一旦引入更大的環境刺激，這個隨機變異的變動程度可能會因此加劇、變得更顯著。

懷孕初期若遭逢如荷蘭饑餓之冬、嚴重糧食短缺此等重大代謝障礙，胎兒細胞內的表觀遺傳調控程序也會明顯受到影響。細胞會改變代謝方式，試圖讓胎兒在養分供應不足的情況下盡可能健康成長。為因應營養不良，細胞會代償性地改變基因表現，再透過表觀遺傳調控基因，讓這種模式延續下去；因此，那些在懷孕極早期，也就是在胎兒發育設定達最高峰時發生營養不良的母親，她們所產下的孩子在成年後的肥胖機率比較高，這點大概就不令人意外了。細胞透過表觀遺傳調控重編程規畫，將有限供應的食物做最有效利用；即使後來促成細胞重編程的環境條件不再

（如饑荒）、消失已久，這項安排還是會繼續存在、繼續運作。

近來，有研究人員分析荷蘭饑餓之冬倖存者的DNA甲基化模式，顯示他們身上與代謝有關的重要基因確實出現變化。雖然這類關聯無法證實具因果關係，但研究數據仍與「發育初期營養不良會改變關鍵代謝基因的表觀遺傳輪廓」相符[7]。

有一點很重要的是，我們必須認清，即使在荷蘭饑餓之冬的特定族群內，這種表觀遺傳效應仍非以「全有全無」之姿顯現。並非所有在懷孕初期曾經營養不良的母親，都會產下成年後注定肥胖的孩子；科學家在研究這個族群時，只發現他們成年肥胖的**傾向**比較高而已——這又再度與表觀遺傳隨機變異、個體基因型、發育初期環境事件、基因與細胞因應環境變化等因素組合而成的超複雜、超難懂巨型方程式互相呼應。

重度營養不良並非唯一作用在胎兒身上、導致終生受影響的因素。在西方，懷孕期間避免過量飲酒也是防止新生兒生理缺陷與智能障礙「胎兒酒精綜合症」（foetal alcohol syndrome）的重要預防措施[8]。艾瑪・懷洛利用 *agouti* 小鼠建立小鼠的胎兒酒精綜合症實驗模式，探討酒精是否會改變表觀遺傳調控機制。一如先前所讀到的，A^{vy} 基因透過表觀遺傳調控——即反轉錄轉位子DNA甲基化——控制基因表現，因此任何修改反轉錄轉位子DNA甲基化的外來刺激，都可能改變 A^{vy} 基因表現，進而影響毛色。在前述的實驗模式裡，毛色相當於「指標」，代表表觀遺傳調控已發生變化。

實驗組的懷孕母鼠可無限暢飲酒精飲料。科學家將其所產之仔鼠拿來跟不喝酒的母鼠所產之仔鼠做毛色比較：兩組不僅毛色分布不一致，反轉錄轉位子甲基化的程度也一如預期出現差異；這顯示酒精確實會改變小鼠的表觀遺傳調控機制。在懷孕期間過量飲酒的母親所產下的孩童身上，因為表觀遺傳規畫機制受到干擾，或多或少會致使身體衰弱、或出現屬於胎兒酒精綜合症的某些終生症狀。

「雙酚A」（bisphenol A, BPA）這種化合物常用於製造聚碳酸酯塑膠（polycarbonate plastic）。餵給 *agouti* 小鼠雙酚A會導致毛色分布改變，意味這種化學物質會透過表觀遺傳調控機制，影響胎兒的發育設定。二〇一一年，歐盟明文禁止使用雙酚A製造嬰兒奶瓶。

這種「早期發育設定機制」可能也是造成我們難以釐清慢性病環境因素的原因之一。就拿研究某特定表現型不一致——比如多發性硬化症——的同卵雙胞胎來說好了，我們幾乎無法明確指出任何可能影響本病的環境因素；情況極有可能只是雙胞胎之一運氣超差，在生命早期建立基因表現的關鍵模式時，表觀遺傳調控隨機波動了一下。目前，科學家正針對幾種疾病，建立同卵雙胞胎的表觀遺傳變異分布圖譜，找出一致與不一致處，試圖解開組蛋白或DNA調控機制與疾病顯現與否的關聯性。

不論是饑荒期間受孕所產下的嬰兒或黃毛小鼠，兩者皆清楚提示「早期發育設定」的重點、以及表觀遺傳在這個過程中的重要性。更特別的是，這兩組截然不同的族群還教會我們另外一件事：在十九世紀最剛開始的時候，尚・巴提斯特・拉馬克（Jean-Baptiste Lamarck）發表名作《動物哲學》（*Philosophie Zoologique*），他假設後天獲得的性狀（characteristics）可以代代傳遞下去，驅動演化。比方說，脖子短、貌似現代長頸鹿的動物因持續拉長脖子而使頸部愈來愈長，並能將這變長的脖子遺傳給後代。這個理論現已遭大眾摒棄、且多半是錯的，但荷蘭饑餓之冬的倖存者和黃毛小鼠卻令我們震驚地發現，原來拉馬克看似旁門左道的遺傳模式，有時還真說對了。這點我們留待下章分曉。

第六章 父親的原罪

因為我耶和華，你的神，是忌邪的神。恨我的，我必追討他的罪，自父及子，直到三四代。

——《聖經》出埃及記，第20章第5節

英國作家吉卜齡（Rudyard Kipling）在二十世紀初出版的《原來如此的故事》（*Just So stories*）是一本充滿想像力、描述「起源」的寓言故事集；其中最著名的要屬幾則跟動物表現型有關的故事。譬如：〈花豹的斑點是怎麼來的〉、〈第一隻犰狳是怎麼來的〉、〈駱駝的背是怎麼駝的〉；雖然作者純粹以天馬行空的有趣方式呈現，但從科學角度來看，這些幻想都能追溯到一個世紀以前、拉馬克提出的「後天遺傳性狀」演化學說。吉卜齡的故事描述動物如何獲得生理特徵（比如大象的長鼻子）並影射大象的孩子們都遺傳到這個特徵（性狀）；從此以後，每一頭大象都有長鼻子了。

吉卜齡故事說得很高興，但拉馬克可是想盡辦法要建立一套科學理論。如同其他優秀科學家，拉馬克也努力蒐集跟假設相關的數據資料；其中最有名的例子是，根據拉馬克的紀錄，鐵匠（十足的勞動產業）兒子的手臂肌肉明顯要比織布工（不太耗力的工作）兒子的手臂肌肉要粗壯許多。拉馬克將之解讀為：鐵匠的兒子從父親身上遺傳到「粗臂肌」的後天表現型。

現代的解讀卻不是這麼回事。我們發現，若某人的基因傾向賦予他長出粗壯的肌肉，則此人在鐵匠這類勞動市場上會比較占優勢。這種職務會吸引先天（基因型）擅長這項工作的人來應徵，而這個說法也涵蓋「鐵匠的兒子可能遺傳到壯碩二頭肌的基因優勢」的可能性；最後我們還知道的是，在拉馬克發展這個理論的時代，孩子通常被當作家庭勞動力的固定幫手。鐵匠家的孩子可能比織布工家的孩子更早開始擔負粗重的勞力工作，因此他們的手臂也傾向發育得更粗壯、適應環境。這跟舉重練肌肉的道理是一樣的。

回頭看看拉馬克的學說，我們不應只是抹黑他的努力。雖然在科學上，他絕大部分的想法並不為眾人所接受，但我們必須承認，他確實非常認真鑽研這幾個重要問題。不可否認，拉馬克的努力被達爾文（Charles Darwin）這位十九世紀生物學巨擘的光芒給掩蓋了。達爾文的「物競天擇」演化模型是生物學界最有力、最重要的架構。在與孟德爾的遺傳學以及DNA乃遺傳原料的分生概念結合後，達爾文理論的威力更是無遠弗屆。

若要把一個半世紀以來發展的演化理論摘要成一個段落，我們可以這麼說：

基因隨機變異造成個體多變的表現型。有些個體比其他個體更適應某特定環境，因而產出更多子代。這些子代可能遺傳到與親代相同的遺傳變異優勢，因此也同樣提高他們繁衍的成功率；歷經數不清多少代之後，終而演化出各個獨立物種。

基因體DNA序列突變是個體發生隨機變異的基本要素，不論雄性或雌性皆然。一般來說，突變發生的機率極低，因此具優勢的突變性狀通常得花上相當長的時間、才能發展並擴及整個族群；若突變僅賦予個體些微的競爭優勢，情況尤其如此。

這正是拉馬克「後天性狀」馬失前蹄、輸給達爾文遺傳模型的關鍵。後天獲得的性狀必須以某種方式「回饋」DNA腳本，造成戲劇化的改變，如此這些後天性狀才能越過僅僅一代的距離、從親代傳遞至子代。不過，除了DNA偶爾因應化學物或輻射傷害而導致的突變以外，仍有極少數的證據顯示這種狀況確實存在，並造成鹼基序列發生變化；只不過，由於基因體只有少部分基因受突變影響，且模式也隨機不固定，因此難以透過有意義的方式將後天獲得的性狀傳遞下去。

與拉馬克遺傳學說相牴觸的數據呈壓倒性多數，因此科學家幾乎沒有理由重複這類實驗。這點並不意外。假如你是科學家、對太陽系感興趣，你確實可以選擇驗證「少部分月球由起司組成」這個假說；若當真開始做實驗，就代表你有刻意忽略其他已經提出並持相反意見的大量證據，這個做法很難稱得上理性合理。

另外，導致科學家刻意避開後天遺傳性狀實驗可能還有一個非科學的理由。二十世紀上半葉，發生在奧地利的「保羅·卡莫勒事件」（Paul Kammerer）可能是科學史上最難堪的造假事件之一。當時，卡莫勒宣稱他已成功利用「產婆蟾」（midwife toads）驗證後天性狀遺傳。卡莫勒在報告中提到，他改變蟾蜍交配育種的條件，導致蟾蜍衍生「有用」的改變：產婆蟾前肢長出黑色的「婚墊」（nuptial pads）構造。可惜卡莫勒手上的標本大多保存不佳、無法確認；後來終於有互為競爭對手的科學家弄到一隻標本來檢驗，結果發現「婚墊」的黑色竟是注射墨汁得來的；卡莫勒辯稱他對實驗遭污染一事完全不知情，且在事發後不久便以自殺結束生命。這則醜聞使這個原已頗具爭議的領域染上更多污點[1]。

在先前簡化版的演化理論史中，有一句是這麼說的：「後天獲得的性狀必須以某種方式『回饋』DNA腳本，造成戲劇化的改變，如此這些後天性狀才能越過僅僅一代的距離、從親代傳遞至子代。」

要想像環境如何影響細胞、作用在特定基因上，進而改變鹼基序列，這點實在很難。但有一件事相當明顯：表觀遺傳機制的確會因應環境對細胞的影響，對特定基因進行DNA甲基化或組蛋白修飾。前章提及的荷爾蒙訊號即為一例。雌激素這類荷爾蒙會跟細胞上——譬如乳腺細胞——的受器（receptor）結合，然後雌激素與受器組成的複合體開始朝細胞核移動，再和某些基因啟動子上的特定鹼基模組（具特殊A、C、G或T序列）結合，幫忙啟動這些基因。當雌激素與鹼基模組結合時，雌激素受器也會引來各式各樣的表觀遺傳酵素；這些酵素能改變組蛋白修飾模式，移除抑制基因表現的標記物，再加上傾向開啟基因的其他標記物。利用這種方式，環境即可透過荷爾蒙改變特定基因的表觀遺傳調控模式。

表觀遺傳調控不會改變原本的基因序列，但它們確實對基因表現的方式與程度造成影響。說到底，這就是「發育設定」在遺傳疾病的作用基礎。我們知道表觀遺傳調控模式能從親代細胞傳給子代細胞，這也是眼球為何不會長出牙齒的原因。假如某種由環境誘發的表觀遺傳調控模式能透過類似機制傳遞給子代，這個機制或多或少帶有拉馬克遺傳的色彩；意即「表觀遺傳（相對於基因遺傳）變異能從親代傳給子代」。

異端學說與荷蘭饑餓之冬

表觀遺傳到底如何發生？這個問題確實值得思考，但我們真正需要知道的是，後天獲得的性狀是否真能以這種方式遺傳給後代：問題不在**怎麼**發生，而是更基本的**會不會**發生。不尋常的是，在某些特殊情況下，答案是肯定的。這並非表示達爾文和孟德爾的遺傳學有誤，只是一如往常，生物學的世界要比我們想像的複雜許多罷了。

這個領域的科學文獻偶爾會出現語意不明的詞彙。早期有些論文雖提到後天性狀透過表觀遺傳傳遞，但似乎沒有任何DNA甲基化或組蛋白修飾改變的證據。倒不是說論文作者在這部分馬虎帶過，而是因為表述方式不同。早期文獻中，「表觀遺傳」意指「無法以遺傳學解釋的遺傳現象」，描述的是「表觀遺傳現象」，而非「分子機制」。為避免混淆，往後本書將以「跨代遺傳」（transgenerational inheritance）描述後天性狀傳遞的「現象」，「表觀遺傳」僅用於描述分子生物機制。

最強而有力的跨代遺傳證據，部分來自荷蘭饑餓之冬的倖存者。由於荷蘭的醫療基礎設施詳盡完備，病例蒐集與保存的標準極高，讓流行病學家得以在大饑荒結束多年後、繼續追蹤倖存者。更有意義的是，他們不僅能追蹤饑荒倖存者，連倖存者的孩子、孫輩都能一併追蹤。

結果他們發現極驚人的效應。如先前所見，若懷孕婦女在懷孕最初三個月嚴重營養不良，產下的孩子就算出生體重正常，成年後肥胖或罹患其他疾病的風險反而比較高。詭異的是，當這群孩子中的女性成為母親，她們第一個孩子的出生體重通常比平均值要高[2、3]。圖6.1為示意圖。為求清楚好理解，特將嬰兒體型比例放大；圖中女性名稱亦無特別意義。

「卡蜜拉寶寶」（圖6.1左下）的體重效應著實詭異。卡蜜拉在母親「芭絲耶」體內發育時，母體照理說十分健康；而母親芭絲耶這輩子唯一營養不良的時期則發生在二十多年前、她自己的發育初期——在母親子宮內度過的最初三個月。雖然芭絲耶的寶寶在發育早期不曾暴露在營養不良的環境中，但芭絲耶自己的遭遇似乎對她的胎兒造成影響。

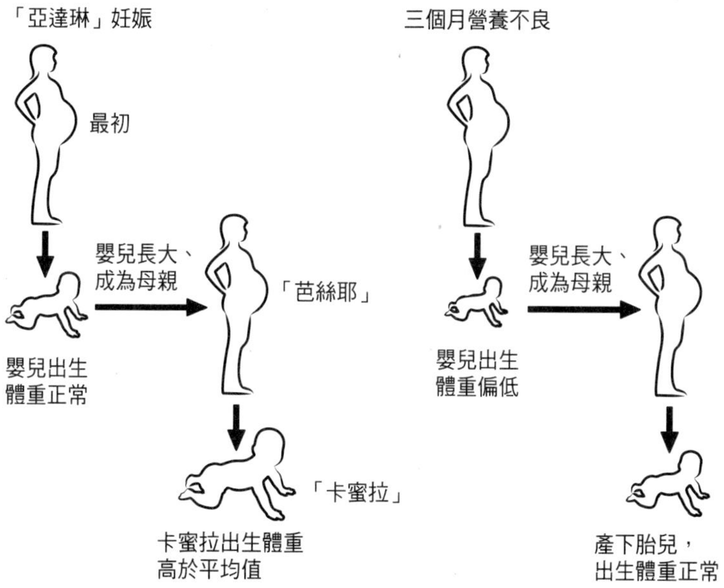

圖 6.1 遭逢荷蘭饑餓之冬大饑荒的懷孕女性，其營養不良的效應跨越兩世代、影響子輩與孫輩。母親營養不良的時間點是影響初生兒體重的關鍵條件。

這個例子看似是拉馬克跨代遺傳的好範例，但它是否真由表觀遺傳調控所造成？芭絲耶當真因為自己在母親子宮內的最初三個月營養不良、出現表觀遺傳變異（改變DNA甲基化或組蛋白修飾），透過自己的卵子傳給孩子？也許吧，但我們仍不能忽視其他可能的解釋。

比方說，發育初期營養不良也許會導致某種不明效應，讓芭絲耶自己在懷孕時將超出正常量的營養透過胎盤傳給胎兒。這也會造成跨代遺傳效應（即卡蜜拉的體型較大），但並非由芭絲耶將表觀遺傳調控模式傳給卡蜜拉所致。這只是卡蜜拉在母親子宮內成長發育時的條件（子宮內環境）所造成的影響。

還有一件事也很重要。別忘了，人類的卵子體積不小，卻有一顆與周遭細胞質相比、容量較小的細胞核；不妨想像一顆葡萄塞在蜜柑裡，如此可對其相對大小稍有概念。卵子受精後，細胞質即負責執行許多功能；也許芭絲耶在發育設定早期發生異狀，導致卵子也帶有某些異常。雖然聽來有些不可思議，不過雌性哺乳動物確實在胚胎發育早期即開始製造卵子。受精卵發育最早期相當仰賴卵細胞質，因此若細胞質異常，極可能刺激胎兒、導致胎兒異常發育。這也會造成跨代遺傳，但並非直接傳遞表觀遺傳調控模式所致。

由此可見，荷蘭饑餓之冬女性倖存者的母系遺傳模式可透過多種機制來解釋。如果能有一套比較不複雜的人類情境、供我們研究，應該有助了解表觀遺傳學在後天遺傳中扮演何種角色。如果可以不必煩惱子宮內環境或卵細胞質的干擾，應該會是比較理想的情境。

咱們來聽聽老爸這邊怎麼說吧。因為男人不會懷孕，對胎兒成長發育的環境毫無貢獻；而雄性也不會供應細胞質給受精卵。精子體型非常小，幾乎滿滿都是核，看起來像長尾巴的子彈；因此，假如我們透過「父到子」來了解跨代遺傳，應該就能排除子宮內環境或細胞質效應的影響。在這種情況下，用表觀遺傳機制來解釋後天性狀跨代遺傳應該會是很吸引人的選項吧。

貪嘴的瑞典佬

另一樁歷史事件的數據顯示，男性也會出現跨代遺傳。瑞典北部有一處在地理上與世隔絕、名叫「上卡利克斯」（Överkalix）的地區。十九世紀末至二十世紀初這段時間，此地曾因土地貧瘠、軍事行動與運量不足導致嚴重的食物短缺；可是其中又穿插幾年作物大豐收。科學家以熬過這段時期的居民後代為對象，研究其死亡模式，還特別分析孩童在「發育緩慢期」（slow growth period, SGP）攝取的食物。儘管所有條件都相同，但孩童一般在進入青春期的前幾年，發育速度最慢；這種現象十分普遍，多數族群都看得到。

研究人員利用歷史紀錄推斷，假如做父親的在發育緩慢期遇上食物短缺，那麼他的兒子死於中風、高血壓、冠心病等心血管疾病的風險較低。另一方面，假如男子在發育緩慢期飲食過量，會提高孫輩死於糖尿病併發症的機率[4]。就像荷蘭饑餓之冬的例子「卡蜜拉」一樣，瑞典人的子輩與孫輩竟然為了因應自己不曾經歷的環境挑戰，改變表現型（改變死於心血管疾病或糖尿病併發症的風險）。

基於稍早簡述過的理由，這些數據不可能是子宮內環境或細胞質效應造成的結果；因此，「祖父輩食物取得充足與否，其後果會透過表觀遺傳調控、傳遞給後代」這個假設似乎挺合理的；如果再想到最早的營養效應發生時，這些男人還只是嘴上無毛、尚未開始製造精子的男孩子，卻依然能將這種效應傳給兒孫輩，實在教人震撼。

不過，針對父系跨代遺傳，我們仍需提醒讀者：單憑老舊死板的數據、透過歷史紀錄延伸推斷，一定會有相當程度的風險。另就是，當時觀察到的某些效應也許程度規模並不大，這是在操作人類族群時會頻繁遇到的難題，連帶還有先前討論過的其他問題——如基因變異、幾乎不可能控制絕大部分的環境條件等等。引用這些數據所歸結的結論永遠會有一定的風險，就跟貿然相信拉馬克的鐵匠家族研究的道理是一樣的。

邪門的老鼠

難道沒有其他方法可以探討跨代遺傳了嗎？假如其他物種也會表現這種現象，或許會讓我們更有信心、相信這種效應真實存在，理由是在做實驗時，我們可以將模型系統設計成符合測試某特定假設的狀態，而非只是利用大自然或歷史所設定的條件歸納推理。

讓我們再回到 *agouti* 小鼠。艾瑪．懷洛的研究顯示，*agouti* 小鼠之所以毛色多變，此乃肇因於表觀遺傳機制、尤其是 *agouti* 基因反轉錄轉位子DNA甲基化。不同毛色的小鼠全都擁有相同的DNA序列，差別只在反轉錄轉位子的表觀遺傳調控程度不同而已。

懷洛教授決定探討小鼠毛色是否可遺傳。如果可以，那就表示從親代傳給子代的不僅只有

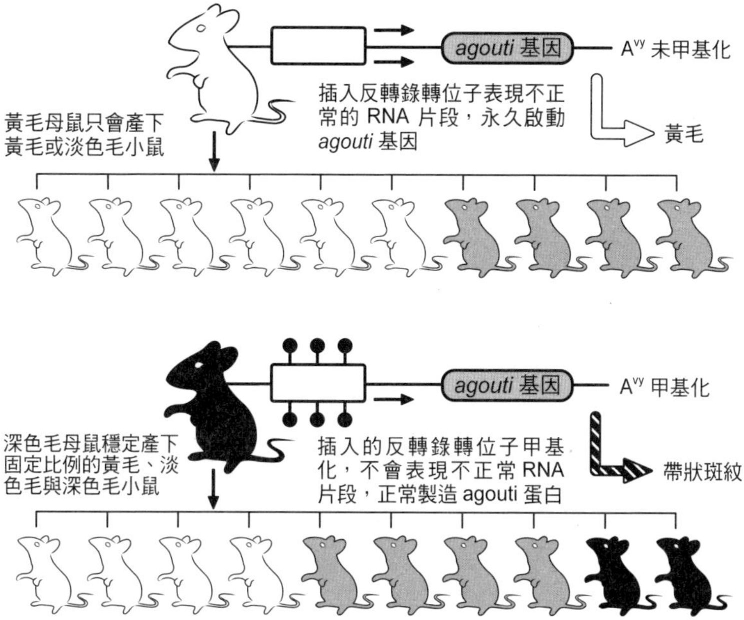
agouti 基因
A^{vy} 未甲基化
插入反轉錄轉位子表現不正常的 RNA 片段，永久啟動 agouti 基因
黃毛
黃毛母鼠只會產下黃毛或淡色毛小鼠
agouti 基因
A^{vy} 甲基化
插入的反轉錄轉位子甲基化，不會表現不正常 RNA 片段，正常製造 agouti 蛋白
帶狀斑紋
深色毛母鼠穩定產下固定比例的黃毛、淡色毛與深色毛小鼠

圖 6.2　基因型相同的母鼠對子代毛色的影響。由於具調節功能的反轉錄轉位子 DNA 甲基化程度低，黃毛母鼠持續表現 *agouti* 基因，從未生產下深色毛小鼠。母體性狀如何影響子代取決於表觀遺傳，而非基因型。

DNA，就連基因體的表觀遺傳調控模式也一併傳下去了。這或許能解釋後天性狀跨代遺傳的潛在機制。

艾瑪．懷洛教授讓 *agouti* 母鼠懷孕，結果發現圖 6.2 的效應。為解說方便，該圖僅呈現自母鼠遺傳到 A^{vy} 反轉錄轉位子的小鼠；橫豎這正好是我們感興趣的部分。

若母鼠帶有未甲基化的 A^{vy} 基因，毛色為黃色，牠產下的所有子代不是黃毛就是微帶斑紋；這類母鼠不曾產下深色毛小鼠——也就是與反轉錄轉位子甲基化有關的毛色。

相對的，假如母鼠帶有的 A^{vy} 基因嚴重甲基化，不僅牠自己一身深色毛，牠產下的部分小鼠也是深色毛；如果祖母輩和母親輩都是深色毛，毛色效應會更明顯——近三分之一的子代都會是深色毛（圖6.2顯示為五分之一）。

由於艾瑪．懷洛用的是近親品系小鼠，因此得以多次重複這個實驗、產出上百隻基因型相同的子代。這點相當重要。實驗數據愈多，結果的可信度愈高。統計顯示，在基因型相同的族群內，表現型的差異程度具明顯意義；換言之，毛色效應隨機發生的可能性極低[5]。

實驗結果顯示，動物的表觀遺傳調節效應——DNA甲基化依賴型毛色效應——確實由親代傳給子代；但小鼠當真直接從母鼠遺傳到表觀遺傳調控模式嗎？

這種毛色效應也有可能透過其他機制傳給子代，不見得直接與 A^{vy} 反轉錄轉位子表觀遺傳調控的遺傳有關。當 *agouti* 基因啟用過頭，不僅導致黃毛，也會錯誤調節其他基因的表現，最終導致黃毛小鼠變胖、罹患糖尿病；因此，也許黃毛與深色毛懷孕母鼠的子宮內環境並不相同，即「胚胎獲得養分」這部分互有差異。而「取得養分」本身即可改變特定表觀遺傳調控標記加掛在子代 A^{vy} 反轉錄轉位子的方式。雖然這看起來像表觀遺傳，但子代實際上並非直接從親代（母鼠）遺傳到DNA甲基化模式，而是為了因應子宮內獲取養分的環境條件，透過其他類似發育設定的程序所完成的。

確實，在艾瑪．懷洛進行相關研究的當時，科學家已經知道飲食會影響 *agouti* 小鼠的毛色。研究人員以富含特定化學成分、可供應甲基給細胞的飼糧（甲基供體）餵食懷孕 *agouti* 母鼠，結果子代毛色變異的比例改變了[6]；這想必是因為細胞能取用更多甲基、加重DNA甲基化程度，因而關閉不正常的 *agouti* 基因表現所致。換言之，懷洛團隊必須格外謹慎控制子宮內環境的干擾條件才行。

研究人員利用小鼠進行許多不可能在人體施行的實驗，其中之一是將黃毛母鼠體內的受精卵移植到深色毛母鼠子宮內，反之亦然。結果兩造子代的毛色皆如預期，和受精卵——也就是「生母」——而非代理孕母一模一樣。這個結果明確顯示，毛色模式並非由子宮內環境控制。另外，研究人員也藉由複雜的育種設計，確認毛色遺傳亦非肇因於卵細胞質遺傳。總地說來，解釋這些數據最直接的說法就是：表觀遺傳。也就是說，表觀遺傳調控模式（可能是DNA甲基化）連同基因密碼、一起從親代傳給子代。

這個將表現型從上一代轉至下一代的過程並不完美，因為並非所有子代都長得跟母親一模一樣，意味著在代代相傳的過程中，控制 *agouti* 表現型的DNA甲基化模式其實並不穩定。這跟我們先前看過的「疑似」人類跨代遺傳效應相當類似（例如荷蘭饑餓之冬）：假如我們研究的族群人數夠多、規模夠大，應該能檢測到不同族群出生體重的差異，但仍無法精確預測每一個體的體重變異。

另外，*agouti* 品系小鼠還有一項奇特的性別專一現象。雖然小鼠毛色明確顯示具跨代遺傳效應，即從母鼠傳給子代；但是從公鼠獲得 A^{vy} 反轉錄轉位子的小鼠卻不見這種現象。公鼠是黃毛、淡斑、深色毛都不重要。當公鼠與母鼠交配、產下後代，則同窩子代的毛色不管哪種組合都有可能發生。

不過，還有一些案例顯示，公、母雙方皆可能將表觀遺傳調控模式傳給子代。「折尾」乃是 $Axin^{Fu}$ 基因反轉錄轉位子甲基化程度不同所致，這種表現型可透過父親或母親傳給後代[7]；由於父親對子宮內環境或細胞質遺傳的貢獻程度極小，因此折尾性狀的跨代遺傳不太可能透過這兩種方式達成。相較之下，親代透過傳遞 $Axin^{Fu}$ 基因表觀遺傳調控模式、將性狀傳給子代，這種可能性比較高。

若要演證非基因性表現型（non-genetic phenotype）的跨代遺傳現象確實存在、且透過表觀遺傳調控達成，前述動物模式非常有用。這是真真切切的革命，證實拉馬克遺傳學在某些特殊情況下確實會發生，背後甚至還有分子生物機制撐腰。不過，*agouti* 毛色和折尾小鼠都需仰賴基因體內出現特定反轉錄轉位子才行。這些現象究竟是特例、還是更普遍的一般現象？讓我們再一次回到跟普羅大眾較切身相關的題目上：食物。

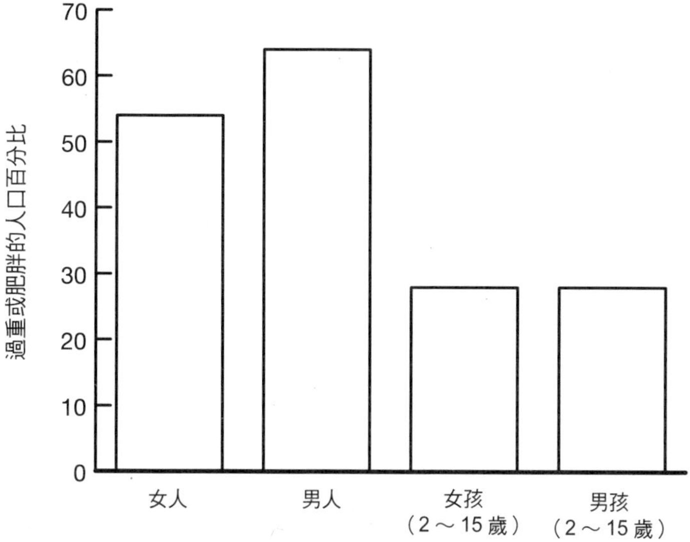

圖 6.3　2007 年，英國過重或肥胖者的人口百分比。

肥胖與表觀遺傳

一如所知，肥胖正在流行。雖然在工業化程度較高的社會，肥胖蔓延的速度較快，但它終歸是個遍及全世界的普遍現象。圖6.3為英國人二〇〇七年的體型分布圖[8]，一目了然得令人心驚：圖表顯示，每三名英國成年人中即有兩人過重（BMI指數大於等於二十五）或肥胖（BMI大於等於三十）。美國的情況甚至更糟。肥胖與許多健康問題密切相關，包括心血管疾病與第二型糖尿病；年過四十以後，肥胖者的平均壽命通常要比非肥胖者短少六至七年[9]。

母體於懷孕期間營養不良，會對子代造成影響，這層影響甚至還會續傳給後代子孫——荷蘭饑餓之冬與其他幾次饑荒留下的數據皆支持這個說法。換言之，營養不良對後代有所謂的表觀遺傳效應。上卡利克斯的數據雖然較難闡釋，但仍暗示男孩若在人生某關鍵時期飲食過量，可能對其後代子孫造成不良影響。人類的肥胖大流行是否可能在子輩、孫輩引發連鎖效應？由於不想枯等四十年才揭曉結果，科學家再度轉向動物模式，試圖獲取些許有用的靈感。

最初取得的動物數據顯示，營養跨代遺傳效應影響不大。*agouti* 母鼠懷孕期間攝取高甲基含量食物會改變子代毛色分布，但這項改變並未再傳給下一代[10]。不過，也有可能是這個模型太特別了。二〇一〇年的兩篇論文或許能讓我們暫時停下來、思考一下。這兩篇論文分別發表在全球最重量級的科學期刊《自然》與《細胞》：兩造的研究人員皆餵食公鼠過量的食物，然後監控公鼠過度採食對子代造成的影響。由於實驗對象僅限公畜，因此無須擔心研究母畜時才會遇到的子宮內環境或細胞質遺傳等種種惱人又複雜的問題。

上述實驗之一用的是一種叫「Sprague-Dawley」的大鼠（簡稱ＳＤ大鼠）。這種大鼠屬於白子品系，脾性極溫馴冷靜，因此非常好操作控制。實驗中，ＳＤ公鼠被餵食高脂飼糧，再令其與飲食正常的母鼠交配。過食的公鼠毫不意外地體重過重，脂肪肌肉比偏高，出現許多類似人類第二型糖尿病的徵狀。過食公鼠的子代出生體重正常，但也帶有與糖尿病相關的異常狀況[11]。許多跟控制代謝有關、與哺乳動物燃燒能量有關的基因皆出現調控異常；因為某些尚無法理解的理由，這種症狀在子代雌鼠身上尤其明顯。

另一組與前者完全無關的研究群則探討飲食對近親品系小鼠的影響。公鼠被餵以蛋白質含量異常低少的飼糧，但額外增加糖類攝取量作為補償。該批公鼠與飲食正常的母鼠交配，產下的小鼠於三周齡時檢驗肝細胞基因表現（肝臟是代謝的主要器官）。在分析大量數據之後，研究人員發現，被餵以異常飼糧的公鼠所得之子代，牠們身上許多與代謝相關的基因皆出現調控異常的現象[12]。研究人員還發現，子代小鼠肝臟的表觀遺傳調控模式與親代並不一致。

前述兩項研究顯示，父親——至少在囓齒動物——的飲食內容會直接影響子代的表觀遺傳調控、基因表現與健康狀況。這層影響與環境無關——這跟「父親只餵小孩超大漢堡與薯條、導致小孩變胖」的情況完全不同。大小鼠實驗所見的影響不僅直接、發生頻率亦頻繁到不可能是飲食誘發突變所致，因為突變的比率絕不可能這麼高。因此，最有可能的解釋是飲食誘發表觀遺傳效應，且這種效應能從父親傳給子代。雖然目前掌握的數據還在初步階段，但小鼠方面的實驗數據尤其支持這套假說。

若把從人類到囓齒動物、從饑荒到飲食過量的數據全部擺在一起來看，肯定會看出某個令人擔憂的模式：或許那句「吃什麼像什麼」的老話已不夠看，說不定連父母、甚至父母的父母吃什麼也得統統算進去了。

這也許會令我們好奇：遵循營養建議、健康養生到底有沒有意義？假如我們都是表觀遺傳決定論的受害者，這豈不表示骰子早已扔出去，我們只能任由祖先的甲基化模式擺布而已。不過，全推給表觀遺傳未免太過簡單。各種數量驚人的資料數據在在顯示，政府部門與福利單位推動的健康宣導策略——吃得健康、蔬果飲食、遠離沙發、拒絕吸菸等等——皆十足完備。人類是複雜的生物體，我們的健康、預期壽命皆受基因體、表觀基因體和環境左右影響。但是別忘了，就算是飼養條件幾近一致的近親品系 *agouti* 小鼠，研究人員也無法準確預估每一窩、每一隻新生小鼠的毛色和胖瘦。既然如此，何不盡己所能、增進健康長壽的機率？若是計畫擁有下一代，又有誰不想多盡點力、讓孩子們更健康？

當然，世事總有無法盡人意、無法控制之處。在環境因子影響表觀遺傳這方面，目前紀錄最詳盡的案例之一是某種名為「免克寧」（Vinclozolin）的環境毒素，至少連續影響四代。免克寧是一種殺菌（黴菌）劑，在釀酒產業似乎用得特別頻繁。這種毒素一旦進入哺乳動物體內，旋即轉成另一種化合物、與「雄激素受器」（androgen receptor）結合；這種受器平素與雄性荷爾蒙「睪固酮」結合，而睪固酮對於性發育、製造精子及許多男性生理至為重要。免克寧與雄激素受器結合後，會阻撓睪固酮將慣常訊號送進細胞內，因而阻斷荷爾蒙誘發的正常效應。

如果在胚胎睪丸發育期間，讓懷孕母鼠接觸免克寧，則產下的雄性後代不僅睪丸先天發育不良、生育能力不佳，且一連三代皆出現相同缺陷[13]。實驗鼠中有近九成的公鼠受影響，若與典型的DNA突變相比，這個比例遠遠高出太多。就算是目前已知發生率最高、特別容易發生突變的區域，基因突變率也不及這個數字的十分之一。在免克寧的大鼠實驗中，僅一代接觸過這種毒物、效應卻延續四代，因此這可謂拉馬克遺傳學說的另一範例；再考量到雄性傳遞性狀的模式，這似乎也是表觀遺傳機制的一記例證。同一研究團隊隨後又延續相同主題繼續發表論文，找出免克寧在基因體內導致DNA異常甲基化的區域[14]。

前述實驗中，研究人員給予大鼠高劑量的免克寧，該劑量遠超過一般認為人類在環境中會接觸到的劑量。儘管如此，上述研究結果仍促使某些單位著手調查，以期了解人造荷爾蒙與環境干擾型荷爾蒙（從服用避孕藥後排出的若干化學成分以至某些殺蟲劑）是否有可能在人類族群造成程度輕微、但可能引致跨代遺傳效應。

第七章　世代遊戲

動物們一對一對進方舟，走喲！走喲！

——兒歌

有時候，最高深的科學往往從最簡單的問題開始。這些問題看似太過明白，以致沒人想到可以提問、更遑論解答。看似不證自明的問題往往都是最乏人問津的題目。不過，有人偶然舉手發問「這怎麼發生的？」時，眾人才恍然大悟，某個看似明白到不行、壓根沒想過要提問的現象，實際上根本是個謎。人類生物學最基本的某個問題也是這樣。這是一個我們幾乎不曾思考過的問題：

哺乳動物（包括人類）在繁殖的時候，為何需要一公一母呢？

在有性繁殖過程中，那小小的、活力充沛的精子瘋狂游向體型較大、相對文靜的卵子。當獲勝的精子突破卵子，兩造細胞核合而為一、變成受精卵，自此分裂形成無數細胞，構成身體。精子、卵子又名「配子」（gamate）。哺乳動物製造配子時，每個配子只會獲得正常數量一半的染色體：以人類來說，配子只有二十三條染色體，意即每一對染色體各取一條，名為「單倍體基因體」（haploid genome）。在精子突入卵子、兩細胞核融合後，染色體的數目再度恢復正常（四十六），這時的基因體稱為「二倍體」（diploid）。精卵必須為單倍體，這點很重要，否則往後每一代的染色體數目都會是親代的兩倍（多出一倍）。

我們可以假設，哺乳動物親代之所以需要父母雙方，是因為我們需要誘引兩組單倍體基因體相遇，創造出新的、具完整基因體的細胞。這點千真萬確，正常情況亦是如此，但這個模型也意味在生物學上，親代之所以需要兩種性別各一，唯一的理由乃「傳遞系統」所致。

康拉德．沃丁頓的徒子徒孫

二〇一〇年，羅伯特．艾德華教授（Robert Edwards）以他在「體外人工受精」（vitro fertilisation）領域的先鋒成就，榮獲諾貝爾生理醫學獎；後來的「試管嬰兒」（test tube babies）即源自這項技術。所謂體外人工受精，即是將卵子自女性體內取出、在實驗室完成受精、再將受精卵植入子宮。體外人工受精是一項艱鉅的挑戰，而艾德華教授更是在實驗鼠身上累積多年細心刻苦的研究經驗之後，終而在人類繁衍的領域上大獲成功。

小鼠模型為後續一連串非凡實驗打下基礎，顯示哺乳動物繁殖除了受傳遞系統影響以外，尚有其他因素。這個領域的重量級人物之一、劍橋大學阿齊姆．蘇倫尼教授的科學生涯即始於羅伯特．艾德華教授門下（博士論文指導教授）；由於艾德華教授早期曾在康拉德．沃丁頓的實驗室接受研究訓練，我們多少可以將阿齊姆．蘇倫尼教授視為康拉德．沃丁頓在學術智識上的徒孫輩人物。

儘管地位崇高，阿齊姆．蘇倫尼也是英國學界數一數二視名聲如浮雲的人物。他是英國皇家學會成員、獲頒「大英帝國司令勳章」（CBE）以及極高榮譽的「蓋博獎章」（Gaboe Medal）與英國皇家學會獎章。蘇倫尼教授和約翰．戈登、阿德里安．博德一樣，仍繼續在他於四分之一個世紀前打造的領域上有所突破、創新建樹。

約莫在一九八〇年代中期，阿齊姆．蘇倫尼教授著手進行一套實驗計畫，結果證明哺乳動物的繁殖生理遠比傳遞基因訊息更複雜。人類不只需要生物學上的母親父親，因為兩個單倍體配子基因體就是透過這種方式融合成二倍體細胞核的；我們從父母雙方身上各繼承了一半的DNA，這才是真正至關重要的大事。

圖7.1是卵子剛受精時的模樣，這時兩配子還未結合；為切合需要，該圖以簡化、誇張的方式顯示。卵子與精子的單倍體細胞核稱「原核仁」（pro-nuclei）。

由圖可知，雌性原核仁比雄性原核仁大上許多。這點在實驗上非常重要，因為這代表我們

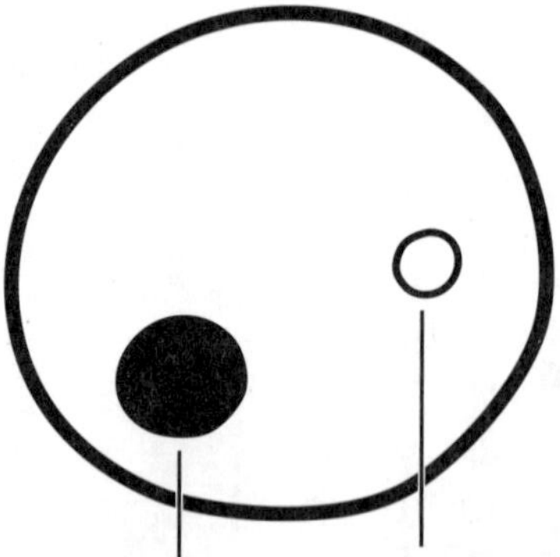

圖 7.1 哺乳動物精子剛突入卵子、兩單倍體原核仁（染色體數量為正常的一半）融合之前。請注意精、卵兩原核仁在體積上的差距。

可以明確區分兩造原核仁。正因為可以區分，科學家才能轉移細胞內的原核仁、並確認哪一方為轉移而來：即確認轉移的原核仁來自精子（雄性原核仁）或卵子（雌性原核仁）。

許多年前，戈登教授利用微量吸管將蟾蜍的體細胞核轉移至蟾蜍卵子內。阿齊姆．蘇倫尼利用該技術的精進版，移植兩小鼠受精卵的原核仁。這些經人為操作過的受精卵最後重新置入小鼠子宮內，繼續發育成長。

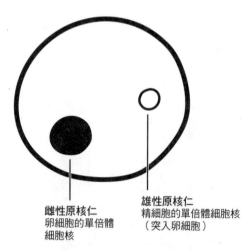

蘇倫尼教授於一九八四至一九八七年間大量發表的論文顯示，為繁衍新一代活蹦亂跳的小鼠，一公一母（原核仁）為基本必要條件。圖7.2為實驗示意圖。

為了控制DNA基因體差異可能導致的其他效應，研究人員同樣採用近親品系小鼠，如此可確保圖7.2呈現的三種受精卵基因型完

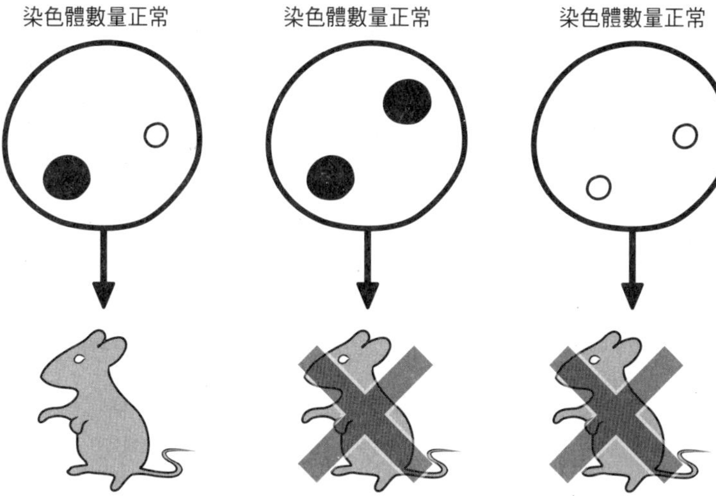

圖7.2　阿齊姆·蘇倫尼早期實驗的結果摘要。先移除小鼠卵子原核仁，再將此卵子注入兩個單倍體原核仁、組成二倍體卵子，再植入代理孕母小鼠體內。唯有由一公一母原核仁組成的卵子可成功繁衍後代。由兩雄性原核仁或兩雌性原核仁組成的卵子無法發育成正常胚胎。胚胎於發育期間即死亡。

全一致。儘管基因型相同，阿齊姆·蘇倫尼團隊所做的一系列實驗[1、2、3]、連同其他實驗室如達佛·索特[4]（Davor Solter）、布魯斯·卡塔納赫[5]（Bruce Cattanach）等所得的結果皆證實：假如受精卵僅含兩枚雌性原核仁或兩枚雄性原核仁，母鼠絕不可能產下活鼠；想生小鼠，非得兩種性別各一枚原核仁才辦得到。

這絕對是一項了不起的發現。在圖7.2呈現的三種情境中，受精卵最後帶有的遺傳物質數目皆相同。每一受精卵都帶有二倍體基因體（每號染色體各一對）。假如DNA**數量**是創造新生命時唯一重要的變因，那麼照理說，這三種受精卵應該都能順利發育成新個體才是。

數量不是一切

這項實驗導出一項革命性的概念：父母雙方的基因體雖帶有完全相同的DNA，兩造的功能卻不完全相等。因此繁衍並非只需正確數量的正確DNA序列而已。我們必須自父母雙方分別承襲某些物質才行。不知怎麼著，我們的基因會**記得**自己來自何方；唯有來自正確的親代，他們才能發揮正常功能。光是擁有正確數目的基因拷貝並無法滿足正常發展、健康發育的需求。

我們知道前述結果並非僅限於小鼠，理由是人類也會自然發生類似狀況：舉例來說，在一千五百名懷孕女性中，約有一名女性的子宮內有胎盤、但無胎兒。胎盤構造也不正常，表面覆滿外形像葡萄、內部充滿液體的瘤狀物。這個構造名為「葡萄胎」（hydatidiform mole），某些亞裔族群發生葡萄胎的比例可能高達一比兩百。這些外觀妊娠的女子體重會增加，增重速度通常比正常懷孕女子要快得多；她們也會孕吐，且症狀多半相當淒慘。這個快速生長的胎盤構造會分泌異常高量的荷爾蒙，一般認為孕婦噁心不適大多肇因於此。

在醫療基礎建設較健全的國家，葡萄胎通常會在第一次超音波掃描時即檢查出來，然後透過醫療團隊協助施行人工流產。若超音波未檢查出來，葡萄胎多半會在受精後四至五個月自然流產。早期檢出葡萄胎相當重要，若未檢出移除，葡萄胎有可能發展成惡性腫瘤。

葡萄胎乃是失去卵核的卵子受精發育而成。百分之八十的葡萄胎由無核卵子與單一精細胞結合而成，精子的單倍體基因體複製拷貝、變成二倍體基因體；另外百分之二十的無核卵子則是與兩隻精子自然結合。這兩種受精卵都帶有正確數目的染色體（四十六條），但所有DNA皆來自父親，因此沒有胎兒發育形成。人類就像實驗鼠一樣，需要父母雙方的染色體才能正常發育生長。

人類葡萄胎與前述的小鼠實驗不太可能單以DNA密碼來解釋。DNA不僅是裸露的分子，承載的訊息亦僅有A、C、G、T鹼基序列；光憑DNA不可能攜帶創造新生命所需的所有完整資訊。除了基因密碼，應該還需要其他額外資訊才行——譬如表觀遺傳訊息。

精子與卵子皆屬高度分化的細胞，兩者皆已抵達沃丁頓溝渠底部。除了精子或卵子，這兩種細胞不可能再變成其他細胞，除非二者融合。一旦融合，這兩種高度分化的細胞即形成另一個完全未分化、具全能分化性分化能力的細胞，並繼續分裂成組成人體與胎盤的各種細胞。這個具全能分化性分化能力的細胞叫受精卵，位於沃丁頓表觀遺傳地貌圖的最頂端。受精卵開始分裂，細胞分化的程度也愈來愈高，進而構成全身各種組織。有些組織最後會生成精子或卵子（依性別而定），然後整個周期再重新開始。在發育生物學上，這個周期周而復始、生生不息。

精、卵原核仁內的染色體帶有大量表觀遺傳調控訊息。這是配子之所以表現得像配子、未轉成其他類型細胞的部分原因。不過，這些配子無法將所帶有的表觀遺傳調控訊息直接傳遞下去。因為，假若如此，則受精形成的受精卵會是某種半精子半卵子的混種細胞，可實際上顯然不是這麼回事：受精卵是另一種截然不同、具有全能分化性分化能力的細胞，得以發展成全新的個體。透過某種方式，精卵所帶的調控模式會轉變成另一套調控訊息，驅動受精卵進入不同的細胞狀態、來到沃丁頓表觀遺傳地貌圖上的另一位置。這是生物體的正常發育過程。

重灌作業系統

就在精子突入卵子之後，幾乎是立刻發生以下的戲劇性變化：雄性原核仁（源自精子）的DNA甲基化標記幾乎盡數褪盡，速度快得不可思議；同樣的情況也發生在雌性原核仁（源自卵子）身上，只是過程緩慢許多。也就是說，精卵雙方所帶的表觀遺傳記憶絕大多數都從基因體抹除了；若要將受精卵放回沃丁頓表觀遺傳地貌圖的最頂點，這點極為重要。受精卵自此開始分裂，迅速形成胚囊（第二章提到的「網球包高爾夫球」構造）；組成高爾夫球的細胞群——即所謂的內細胞團（ICM）——具超多能分化性，這群細胞可發展為實驗室所用的胚胎幹細胞。

內細胞團迅速分化，開始變成我們身上各式不同類別的細胞；這個過程必須透過嚴密調控幾個關鍵基因的表現程度，才得以完成。舉例來說，有種特別的蛋白質叫「OCT4」。OCT4蛋白能啟動另一組基因、引發一連串基因表現連鎖效應。咱們在前面幾章見過 *OCT4* 基因，它是山中教授重編程體細胞發育所使用的基因中、爭議最大的一個。這些基因表現連鎖效應與基因體的表觀遺傳調控互有關聯，透過改變DNA或組蛋白上的標記物，讓某些基因持續啟動、或適時關閉。以下是在胚胎發育極早期，表觀遺傳調控事件的發生順序：

1. 雄性原核仁與雌性原核仁（分別來自精子與卵子）攜帶表觀遺傳調控訊息。
2. 卵子受精形成受精卵後，兩原核仁的表觀遺傳調控訊息立刻摘除。
3. 加置新的表觀遺傳調控訊息，細胞開始分裂分化。

以上三點稍嫌簡化。研究人員確實能在第二階段檢出DNA大量去甲基化的反應，但實際情況要比這複雜許多，尤其是組蛋白修飾的部分；某些組蛋白修飾標記遭移除，但也有部分新增建立。在抑制型DNA甲基化遭移除的同時，有些屬於抑制基因表現的組蛋白標記也一併清除；其他負責加強基因表現的組蛋白修飾機制則順勢發生。因此，若僅將表觀遺傳調控視為「加置或移除表觀遺傳調控訊息」，未免太過天真；事實上，整個表觀基因體皆順勢重編程過了。

「重新編排」正是當年約翰．戈登透過轉殖蟾蜍卵——將成蟾細胞核植入蟾蜍卵內——呈現的創新概念。凱思・坎貝爾與伊恩・魏爾邁複製「桃莉羊」的時候，同樣也是把乳腺細胞核植入綿羊卵。山中教授用四個載有特殊蛋白質密碼的基因調教體細胞——這些蛋白質在重新編排階段會自然大量表現——最後同樣達到這個目標。

卵子實在是個神奇玩意兒，經過億萬年演化，終而得以透過數十億鹼基對、出神入化且有效率地演繹大量表觀遺傳變化；任何重新編排細胞發育的人為方法皆遠不及自然發生來得快速有效率。但卵子不太可能獨力完成一切。至少，精子攜帶的表觀遺傳調控模式讓雄性原核仁可以相對容易完成重新編排。精子的表觀基因體對後續的重新編排工作至為重要[6]。

不幸的是，如果將**成年**細胞核植入受精卵、令其重新編排，那麼這些相當重要的染色體調控模式（連同其他精核特徵）都會消失；利用四個「山中因子」處理成年細胞核、將之重新編排成為 iPS 細胞（誘導型超多能幹細胞）的下場也一樣。在這兩種環境條件下，若想完全重設成年細胞核的表觀基因體，確實是相當大的挑戰。這個任務實在太艱鉅了。

這大概也是複製而來的動物大多生理異常、壽命不長的原因之一。複製動物的身體缺陷只是另一種實證，證明如果早期表觀遺傳調控出錯，接下來會錯一輩子。不正常的表觀遺傳調控模式會造成基因表現永久異常、健康狀況長期不佳。

發生在正常發育早期的「基因體重新編排」會改變配子的表觀遺傳調控模式，創造屬於受精卵的新表觀基因體。該過程能確保受精卵完全取代精卵原本的基因表現模式，順利進入後續的生長發育階段。不過，重新編排的意義不只這些：有些細胞會在多個基因上堆積不適當或不正常的表觀遺傳調控標記，進而阻撓基因正常表現、甚至引發疾病（這點容後再提）；而重新編排程序能防止精卵將親代累積的不良表觀遺傳調控訊息傳給下一代。與其說是硬碟格式化，這個過程還比較像重灌作業系統。

製作機關

不過這也引出一項矛盾。阿齊姆．蘇倫尼的實驗顯示，雌、雄原核仁的功能並不均等，我們卻仍需一公一母才能造出新的哺乳動物。這個現象稱為「親源效應」（parent-of-origin effect）。因為該效應顯示，基本上，不論是受精卵或其衍生出的所有子細胞，皆能透過某種方法分辨母系或父系染色體；靠的不是基因，而是表觀遺傳效應，因此兩代之間必定存在某種方式，讓表觀遺傳調控模式能從上一代傳給下一代。

一九八七年，蘇倫尼的實驗室發表一篇論文，該論文是首批能讓學界一窺這神祕機制的論述之一。蘇倫尼等人假設：ＤＮＡ甲基化能引致親源效應。在當時，ＤＮＡ甲基化是唯一被鑑定出來的染色體調控標記，因此從這裡起步可說相當完美。研究人員先做出基因型一致的小鼠，這些小鼠身上多帶了一小段ＤＮＡ，這段ＤＮＡ可隨機插入基因體上的任一位置。對實驗者來說，

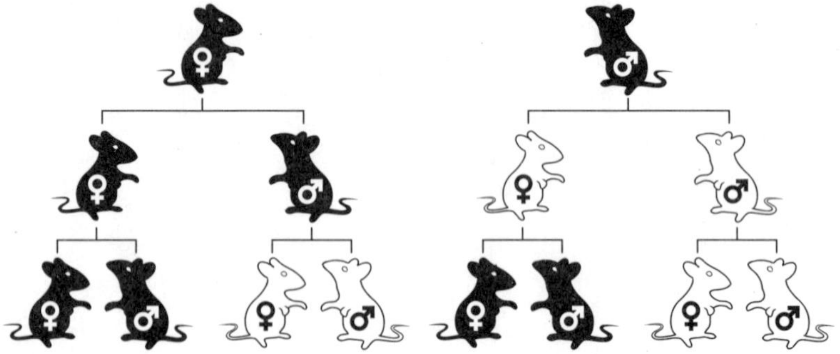

圖 7.3 小鼠繁衍圖。圖中小鼠身上皆帶有外來DNA片段，有些甲基化、有些未甲基化。黑色小鼠代表帶有甲基化的DNA，白色代表DNA未甲基化。當外來DNA片段由母親傳給子代時，母親自身不論「黑白」，子代身上的這段外來DNA往往嚴重甲基化（黑色）；然而這種情況在父親身上則恰恰相反—小鼠身上的外來DNA大多未甲基化（白色）。這是科學家首度以實驗證明：基因體的某些區域可添加標記，指明其傳承自母系或父系。

這一小段DNA序列為何其實並不重要，重要的是，他們可以輕易算出這段DNA有多少地方被甲基化、以及親代是否將相同數量的甲基標記忠實傳給子代。

阿齊姆・蘇倫尼與同事選了七個品系的小鼠做實驗，檢驗牠們身上的隨機DNA片段；結果，其中一個品系發生非常奇怪的現象：當母親這一方將插入的DNA片段傳給子代，這段DNA總是嚴重甲基化；然而當給予外來DNA片段的一方為公鼠（父親）時，子代得到的這段DNA，甲基化程度大多偏低。現象如圖7.3所示。

黑色代表插入DNA遭甲基化的小鼠，白色則代表DNA未甲基化。父親給孩子的總是「白色」、未甲基化的DNA，而母親給的永遠是「黑色」、甲基化的DNA。換言之，子代的外來DNA是否甲基化，取決於該DNA承襲自父親或母親——也就是親帶的**性別**。這跟親代DNA甲基化的狀況毫無干係。譬如，「黑色DNA」公鼠永遠只會產下「白色DNA」後代。

阿齊姆・蘇倫尼的這篇論文[7]、以及這段期間內發表的其他論文[8]，在在顯示哺乳動物在製造精子卵子時，不知透過什麼方式、設法為細胞內的DNA加了「條碼」。這就好比染色體插了小旗子一樣：在精子上標識「我來自老爸」、在卵子上標識「我來自老媽」；而DNA甲基化正是製作這些小旗子的布料。

這種現象稱作「銘印」（imprinting），也就是染色體被印上源自父系或母系的相關資訊。我們會在下一章進一步詳細探討銘印和親源效應。

小鼠身上的外來DNA到底發生什麼事？從親代傳至子代的過程中，它們似乎一直在改變甲基化狀態。這些DNA幾乎是碰巧被插進小鼠DNA上帶有旗幟的區域；於是，當外來DNA隨小鼠DNA傳給下一代，它們也開始被黏上這些甲基化小旗子了。

在實驗的七個品系中，只有一個品系出現這種效應，這顯示並非所有基因體皆帶有這類旗幟。如果所有基因體都以這種方式標記DNA，照理說，我們應該可以預見所有受試小鼠都會顯現這種效應才是。事實上，這個「一比七」的結果可能意味這種現象並非規則，而是特例。

在第六章，我們知道有些動物確實會遺傳到親代的後天性狀。艾瑪．懷洛和其他人的研究都顯示，某些表觀遺傳調控模式的確能透過精卵、在兩代之間傳遞。這種遺傳型式相當罕見，但確實更令我們堅信，一定有某些表觀遺傳調控是比較特別的：它們在精卵融合成受精卵時並不會被取代。因此，雖然哺乳動物的基因體在精卵融合時絕大多數都會重新編排、重新設定，應該仍有一小部分對這個過程免疫。

表觀遺傳武器競賽

我們的基因體只有百分之二載有蛋白質密碼，另有高達百分之四十二由反轉錄轉位子組成。反轉錄轉位子是一群序列奇特的DNA，可能是演化過程中、由病毒DNA插入而來。有些反轉錄轉位子可轉錄生成RNA，影響鄰近基因的表現——這對細胞本身可能造成嚴重後果：比方說，若反轉錄轉位子驅動基因表現、導致細胞過度增殖，可能引致細胞走上癌化的道路。

演化是一場永不停歇的武器競賽，而細胞裡的各種機制已進化到足以控制這類反轉錄轉位子的活性，表觀遺傳即為這類機制之一。細胞將反轉錄轉位子DNA甲基化，不讓反轉錄轉位子RNA表現，防止這種RNA阻撓鄰近基因表現。有一類地位特殊、名為「整合素相關蛋白」（integrin-associated protein, IAP）的反轉錄轉位子，這組反轉錄轉位子似乎就是這個控制機制的特定標靶。

受精卵早期進行重新編排期間，DNA上大部分的甲基化標記都會遭移除；但IAP反轉錄轉位子除外。重新編排機制已進化到能跳過這組流氓、讓它們保留DNA甲基化標記，讓這組反轉錄轉位子在表觀遺傳調控上持續維持關閉狀態；這說不定是演化而來的某種機制，目的是降低這種危險IAP反轉錄轉位子意外重新活化的風險。

這些機制彼此息息相關。在非基因性表現型跨代遺傳研究中，研究最透徹的是在前幾章讀過的 *agouti*（毛色）與 *Axin*[Fu]（折尾）小鼠。這兩個模型的表現型都是基因上游的IAP反轉錄轉位子甲基化程度不同所造成的。不僅親代DNA的甲基化模式會傳給子代，因反轉錄轉位子表現差異所造成的表現型也會一併傳遞下去。

我們在第六章認識了後天性狀的跨代遺傳，包括營養對後代的影響、以及環境污染物——如免克寧——的跨代遺傳效應。研究人員目前正在探討一項假設，假設環境刺激可能改變配子染色體的表觀遺傳訊息，發生變異的部位可能就在發育早期受到保護、不受精卵結合重新編排影響的區域內。

如同約翰．戈登，阿齊姆．蘇倫尼也在他開創的領域中繼續發表質量俱佳的研究成果。他把研究重點放在精卵如何給DNA上條碼，讓分子層級的記憶能傳給下一代。阿齊姆．蘇倫尼最初的創新之舉大多仰賴操作哺乳動物細胞核、也就是利用微量吸管轉植細胞核來完成。這是十五年前協助約翰．戈登大放異彩的技術精進版。現在蘇倫尼教授的研究基地正是劍橋大學以戈登教授為名的研究機構，而且他倆不時還會在走廊或咖啡間相遇，想來實在奇妙又欣喜。

第八章 兩性戰爭

兩性戰爭沒有贏家。通敵的人太多了。

——亨利．季辛吉

實驗昆蟲「印度竹節蟲」（Carausius morosus）算是挺受歡迎的寵物。只要扔幾片橄欖葉讓牠大嚼特嚼，牠就開心了，然後幾個月之後便開始產卵。來到適當時機，這些卵會孵化成一隻隻小竹節蟲，看起來就像成蟲的縮小版。假如小竹節蟲一出生就被移出、單獨飼養，儘管這隻小竹節蟲從頭到尾沒交配過，牠也會自然產卵，牠的卵也會再孵化成下一代小小竹節蟲。

竹節蟲經常以這種方式繁殖，這種機制名為「孤雌生殖」（parthenogenesis），原文來自希臘文「處女產子」。雌性不曾與雄性交配、卻產下受精卵，且每一顆受精卵皆能孵出一隻隻健康正常的小竹節蟲；這類昆蟲已經演化出一種特殊機制，確保子代能獲得正確數量的染色體，但牠們的染色體全來自母親。

誠如我們在前一章讀到的，孤雌生殖對小鼠與人類來說非常困難；因為我們和我們的遠親囓齒類產下子代的唯一方式是從父、母雙方各取得一部分DNA。若把竹節蟲當成特例，這個推測雖誘人卻不是真的：哺乳動物才是例外。昆蟲、魚類、兩棲爬蟲類、甚至鳥類都有不少品種具有孤雌生殖能力，辦不到的只有哺乳動物而已。在動物界中，咱們哺乳綱才是最奇怪、被排除在外的一群。為什麼會這樣？提出這個問題實在合理。我們或可從哺乳動物的特有表徵開始講起：呃，我們有毛髮，中耳有三塊骨頭，這在其他綱別是找不到的；可是這似乎不是導致哺乳動物必須放棄孤雌生殖的關鍵特徵。應該還有其他更重要的性狀才是。

最原始的哺乳動物（如鴨嘴獸或針鼴）數量不多、而且會產卵。若以繁殖複雜度來看，排在牠們後面的應該是袋鼠、袋獾等有袋類動物，這類動物會產下發育程度極低（還未發育完成）的胎兒。有袋動物胎兒絕大部分的發育期都在母體外、即育兒袋裡度過。這個袋狀構造在母體前方，像個前口袋。

目前，哺乳綱內數目最多的動物是「胎盤哺乳動物」（placental mammals）或「真獸類」（eutherian）；舉凡人類、老虎、小鼠、藍鯨都是，大家都以同樣的方式育養子代。我們的子代在母體內——即子宮——度過一段相當漫長的發育期，發育期間，子代透過胎盤獲得養分。這個大大的、外形像煎餅的構造是胎兒血行系統與母體血行系統的交界面，但實際上血液並未直接交流。由於母子兩邊的血管靠得很近，因此醣、維生素、礦物質、胺基酸等分子皆能從母體傳遞給胎兒。氧氣也透過相同的方式，從母體進入胎兒的血行系統；同時，胎兒也透過交換的方式、將代謝廢物及其他潛在有害毒物透過血行送回母體循環。

這個系統實在教人讚歎，它讓哺乳動物在發育早期可長時間、細心呵護子代。母體每一次懷孕都會製造一副新的胎盤，但製造胎盤的密碼並未寫在母親身上——全都在胎兒身上。請試著回想我們在第二章讀到的早期胚囊。胚囊的所有細胞皆衍生自受精形成的單細胞「受精卵」，而胚囊外圈（網球）那層細胞最後會變成胎盤。事實上，胚胎最早做的抉擇之一、在即將滾下沃丁頓表觀遺傳地貌圖的那一刻，是決定它們到底要變成未來的胎盤細胞、還是未來的個體細胞。

過去無可逃避，演化亦然

胎盤雖是個育養胎兒的好辦法，但這個系統不是沒有問題——以商業或政治術語來說，就是「利益衝突」；因為就演化而言，我們碰上一個進退兩難的困境。

對雄性哺乳動物來說，以下演化趨勢勢在必行（在此以擬人化方式說明）：

懷孕的雌性動物以懷胎的形式帶著我的基因。往後我可能沒機會再跟她交配，所以我希望胎兒盡可能長得愈大愈好，如此才有最大的勝算將我的基因傳遞下去。

而雌性哺乳動物在演化上則另有盤算：

我希望胎兒順利存活、傳遞我的基因。但我不希望胎兒榨乾我、害我無法再懷孕。我希望往後還有其他機會能把我的基因傳下去。

在演化上，這場哺乳動物的兩性戰爭已達到某種恐怖平衡；歷經一連串評估權衡，終於確保雄配子或雌配子沒有哪一方占上風、也沒有哪一方居於劣勢。若再回過頭重看一次阿齊姆・蘇倫尼、達佛・索特與布魯斯・卡塔納赫等人的研究——也就是科學家做出僅含母系或父系DNA的小鼠受精卵——應該就能更明白這一切到底是怎麼運作的了。

科學家做出這些「試管受精卵」後，將其植入小鼠子宮內。前述提到的實驗室沒有一個從這些受精卵成功孕育小鼠，不過這些受精卵倒是在小鼠子宮內發育了一段時間，只是發育型態相當不正常。這些試管受精卵的不正常發展彼此互異，端看其染色體來自父親或母親而定。

這兩種受精卵若形成胚胎，不但數目不多，體型也小、且發育遲緩。若受精卵的染色體全數來自母親，則胎盤組織極度發育不全[1]；若染色體全數來自父親，則胚胎發育更為遲緩，但胎盤結構優於前者[2]。科學家再做出混合這兩種細胞（只遺傳到母親染色體和只遺傳到父親染色體的細胞）所形成的胚胎，這些胚胎亦無法一路成長發育、順利出生；惟研究人員經檢驗分析，發現胚胎內所有細胞皆來自僅遺傳到母親染色體的細胞，而胎盤組織則由純父系細胞構成[3]。

綜合以上資料，科學家推測雄性染色體傾向推動胎盤的發育設定，而母系基因體（雌性染色體）對胎盤著力較少、比較偏重胚胎自身發育。這種傾向要如何與本章開頭提到的利益衝突或演化必然趨勢的說法維持一貫性？這麼說吧。胎盤是從母體汲取養分、運至胎兒的關口。父系染色體促進胎盤發育，因而創造一系列盡可能大量轉運母體血中營養的機制，而母系染色體的作用機制正好相反，因此在正常懷孕的情況下，這兩種機制逐漸發展形成巧妙精緻的平衡狀態。

眼前有個非黑即白的問題：在前述效應中，所有的染色體都很重要嗎？布魯斯・卡塔納赫透過複雜的基因實驗，藉由小鼠探討這個問題。實驗小鼠身上帶有以不同方式調整、重排過的染色體；最簡單的說法是：每隻小鼠身上的染色體數目都正確，但卡塔納赫以不尋常的方式將這些染色體「黏在一起」。他能精準控制小鼠染色體遺傳的異常模式，比方說，做出「某號染色體的兩條拷貝皆遺傳自父親或母親」的小鼠。

卡塔納赫發表的第一套實驗挑上小鼠第十一號染色體。除了第十一號以外，他讓小鼠從父母雙方各取得半套染色體；至於第十一號染色體的兩份拷貝全部來自母親、或者全部來自父親。結果如圖8.1所示[4]。

實驗結果再度與前述概念一致，即父系染色體帶有能促進子代朝「大型個體」發育的因子，而母系染色體所帶的因子要不作用與父系相反、要不保持中立。

第 11 號染色體源自：
兩份拷貝皆源自母親。子代體型較正常嬌小。
自父母雙方各取得一份拷貝。子代體型正常。
兩份拷貝皆源自父親。子代體型比正常大一些。

圖 8.1 布魯斯．卡塔納赫的遺傳變異小鼠。他能控制小鼠遺傳第 11 號染色體特定區域的方式。中間的小鼠自父母雙方各取得一條染色體，體型正常。兩條染色體皆源自母方者的體型較正常嬌小；相對的，兩條染色體皆源自父方的小鼠體型較正常巨大。

誠如我們在上一章所揭示的，這些因子屬於表觀遺傳調控、而非基因調控。以這個範例來說，我們先假定父母雙方皆來自相同的近親品系小鼠，因此所帶的基因型完全一致；若將實驗所得的三種子代的第十一號染色體拿來定序，肯定會得到一模一樣的結果。牠們會擁有上百萬但一樣多的A、C、G、T，排列順序也一致；然而照結果看來，兩條十一號染色體的功能顯然截然不同：因為拷貝組合不同、體型也不一樣。因此，母系或父系的第十一號染色體拷貝在表觀遺傳方面鐵定有所不同。

性別歧視

由於第十一號染色體的兩條拷貝依親源不同而導致表現有所差異，因此這對染色體被歸類為「銘印染色體」——即染色體被烙上「產地履歷」。隨著學界對遺傳學的了解愈來愈進步，目前已知第十一號染色體僅特定幾股（stretches）有銘印。染色體中有幾大塊區域不分來源、來自父母任一方均可，也有一些是來自父母雙方功能相當的區域。當然還有一些完全沒有銘印的染色體。

目前，我們大多以現象學字彙描述銘印現象。所謂「銘印區」即是我們可在子代基因體上測定親源的區域（股）。但這些區域用什麼方式攜帶印記？在銘印區內，有些基因被開啟、有些被關閉，全依遺傳到的模式而定。以小鼠第十一號染色體為例，不僅與胎盤發育有關的基因被開啟，位於父系拷貝上的基因表現甚至更活躍；然而這對懷有胎兒的母體來說可能導致養分耗竭，因而衍生代償機制：意即母系拷貝上的同一組基因大多傾向關閉，限制胎盤發育。除此之外，可能還有其他基因能抗衡父系基因引發的效應，而這些抗衡基因大多會表現母系染色體所帶的性狀。

從分子生物學的層次來看，科學家對親源效應的了解已有長足、重大的進展。譬如，後繼研究人員研究小鼠第七號染色體上的某個區域，發現此區有一段名為「類胰島素生長因子２」（*insulin-like growth factor 2, Igf2*）的基因。Igf2 蛋白會促進胚胎發育，在正常情況下，通常只有父系第七號染色體拷貝上的基因會表現。實驗人員誘導該基因突變、阻止基因轉譯成有功能的 Igf2 蛋白，再研究突變對子代的影響。若突變從母親傳給子代，則子代與其他小鼠並無二致，這是因為母系染色體的 *Igf2* 基因通常關閉不表現，因此不論基因是否突變都不會對子代造成影響；然而當突變的 *Igf2* 基因由父親傳給子代，同窩小鼠的體型會比正常嬌小，原因是子代賴以強健胎盤發育的父系 *Igf2* 基因因突變、導致該基因被關閉所致[5]。

小鼠第十七對染色體上另有個名為「類胰島素生長**抑制**因子2」（*Igf2r*）的基因。這個基因所載的蛋白質能清除 Igf2 蛋白，遏阻其「促進生長」的作用。這個 *Igf2* 基因也是銘印而來。由於 Igf2r 蛋白對胎兒發育的作用與 Igf2 恰恰相反，因此這個基因通常只有母系拷貝才會表現，這點並不意外[6]。

科學家已在小鼠身上找到一百個銘印基因，人類的話約莫只有一半。目前仍不清楚人類的銘印基因是否生來就比小鼠少，又或者人類的銘印基因是否較難透過實驗檢測出來。銘印演化至今已有一億五千萬年歷史[7]，而且僅有胎盤哺乳動物才有此現象（非全部都有，但占大多數）。目前科學家並未在具孤雌生殖能力的物種身上發現銘印現象。

銘印系統相當複雜。就像所有構造複雜的機器一樣，銘印也有壞掉出錯的時候。現在我們已經知道，人類的某些生理異常即是銘印機制出問題所造成的。

印錯的下場

「普拉德威利症候群」（Prader-Willi syndrome, PWS，又稱「小胖威利症候群」）以最早描述該病症的兩位醫師命名[8]。每兩萬名新生嬰兒中，大概就有一人受此症影響。PWS嬰兒出生體重偏低，肌肉鬆垮垮；在嬰兒期早期，這些孩子可能因餵養不易而導致活動力低下，但這種情況來到兒童期卻出現戲劇性反轉。PWS兒童總是感到饑餓，以致飲食異常過量、身體過度肥胖至危害健康的程度。除此之外，PWS兒童還有小手小腳、語言發展遲緩、性功能發育不全等特徵，智力常呈現輕度至中度障礙。這些孩子偶爾也有行為障礙，包括情緒不穩、易怒暴怒等狀況[9]。

人類還有另一種影響程度（人數）與PWS相當的病症，名為「安格曼症候群」（Angelman syndrome. AS，又稱「天使症候群」）。AS和PWS一樣，也是以第一位描述病徵的醫師來命名[10]。AS病童除重度智能障礙以外，還有小腦症、語言能力幾近零的徵狀。AS病童經常沒來由地突然大笑，這種對周遭環境感覺遲鈍的臨床症狀為他們得來「快樂小木偶」這個童話般的稱號[11]。

不論是PWS或AS病童，他們的父母通常都健康正常得不得了。研究顯示，病童遺傳到有缺陷的染色體可能是導致這種病症的根本原因。由於父母雙方皆未受影響，因此該染色體缺陷可能是在精子或卵子形成時發生的。

一九八〇年代，研究人員透過多種實驗室技術研究PWS，期望找出潛藏的病因。他們比對健康兒童與病童的基因體，尋找彼此互異的區域；對AS感興趣的科學家也差不多如法炮製。到了八〇年代中期，這兩群科學家逐漸明白，他們研究的是同一區域、也就是第十五號染色體上的特定股：不論是PWS或AS，病童父母的十五號染色體都少了同一段區域。

然而，這兩種病症在臨床上的表現差異極大，任誰都不會把PWS和AS病童搞混。既是同一段基因出問題（十五號染色體落失關鍵區域），為何會造成如此截然不同的徵狀？

一九八九年，波士頓兒童醫院的研究團隊發現，問題重點不在基因缺損，而是這種缺損如何遺傳給後代（總結如圖8.2）。當子代從父親遺傳到缺損的基因，那麼孩子會顯現PWS；若缺損的基因來自母親，則為AS[12]。

這是一個明確顯示為表觀遺傳遺傳異常的案例。PWS病童與AS病童基因出錯的位置完全相同，都是第十五對染色體缺了一段特定區域；二者唯一的差別是獲得異常染色體的方式，這也是親源效應的另一例證。

病童也可能透過另一種方式遺傳PWS與AS。有些孩童的兩條十五號染色體都正常、沒有缺損，也沒有其他任何形式的突變，卻仍表現這兩種病徵。為了解箇中原由，不妨回想一下從單親（父或母）獲得兩條十一號染色體的小鼠，應該幫助不小。某些解開PWS之謎的研究人

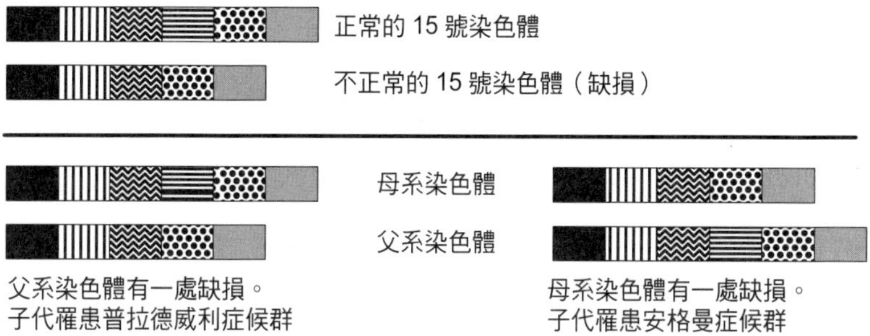
正常的 15 號染色體
不正常的 15 號染色體（缺損）
母系染色體
父系染色體
父系染色體有一處缺損。
子代罹患普拉德威利症候群
母系染色體有一處缺損。
子代罹患安格曼症候群

圖 8.2 兩名孩童的 15 號染色體皆有一處缺損、且缺損部位相同（圖中以「橫條方格」表示）。兩名孩童的表現型依其獲得缺損染色體的方式而定。若有缺損的染色體來自父親，則孩童會罹患「普拉德威利症候群」；若缺損的染色體來自母親，則罹患「安格曼症候群」。兩者症狀差異極大。

員發現，有些病例的兩條十五號染色體完全正常，但問題是兩條拷貝皆遺傳自母親、沒有一條來自父親。這種情況稱為「單親二倍體症」（uniparental disomy）——由父親或母親單方貢獻兩條染色體[13]。一九九一年，倫敦兒童健康研究院（Institute of Children Health）的團隊發現，有些AS病例也屬於「單親二倍體症」，只是遺傳形式與PWS相反；這些AS病童擁有兩條正常十五號染色體，只是兩條都來自父親[14]。

上述結果再次凸顯一件事：PWS與AS都是表觀遺傳疾病的一種。這些帶有十五號染色體單親二倍體症的孩童，他們遺傳到的DNA數目完全正確，差別只在他們並未從父母雙方各取得一半而已。病童的細胞帶有完全正確的基因，數量也正確，卻深受如此嚴重的生理疾患所苦。

對人類而言，以正確方式遺傳十五號染色體

這一小段區域確實非常重要，因為這段區域通常帶有銘印記號；在這段區域裡，有些只表現來自父系染色體的基因、有些只表現母系基因。其中有個基因名為「*UBE3A*」，這個基因對大腦正常運作極為重要，但僅有來自母親的基因會表現。但是，萬一孩子並未從母親遺傳到 *UBE3A* 基因怎麼辦？這種情況不無可能，因為十五號染色體單親二倍體症的關係，子代的兩份基因拷貝可能都來自父親；此外，子代也可能得到一條來自母親、卻缺少 *UBE3A* 基因的十五號染色體，因為這條染色體正好缺了帶有 *UBE3A* 基因的區段。在這種情況下，孩子的大腦無法表現 UBE3A 蛋白，因而逐漸發展安格曼症候群的徵狀。

相反的，也有基因（在第十五號染色體的特定股上）在正常情況下只會表現父系版本，其中包括「*SNORD116*」基因；但該股上的其他基因可能也很重要。*SNORD116* 基因上演的戲碼跟 *UBE3A* 很像，差別只在把母系換成父系而已。假如子代未從父親身上遺傳到十五號染色體的這一段，就會發展成普拉德威利症候群。

人類銘印失調的例子不只這些，其中最有名的是「貝克威斯韋德曼氏症」（Beckwith-Wiedermann syndrome, BWS），同樣也是依首位針對該病症提出醫學報告的醫師命名[15、16]。這種失調症的特徵是組織過度生長，因此寶寶出生時，全身的肌肉——包括舌頭——皆明顯過度發育，另外還包括其他多種徵狀[17]。BWS致病機轉與前面提到的機制稍有不同：導致BWS的銘印出錯時，來自父母雙方第十一號染色體的某個基因都會被開啟，但正常情況下應該只有源自父親的基因表現才行。與BWS密切相關的關鍵基因可能是「*IGF2*」，這個基因載有某種生長因子的蛋白質密碼（我們已在前面的章節讀過，小鼠的 *IGF2* 基因在七號染色體上）。因為父母雙方的基因都表現了、而非只有單方表現，因此 IGF2 蛋白的量也變成平常的兩倍，導致胎兒成長過快。

「羅素西佛氏症」（Russell-Silver syndrome, SRS）的表現型正好與貝克威斯韋德曼氏症相反[18、19]。SRS病童出生前後明顯成長遲緩，另外還有一些與發育遲緩有關的徵狀[20]。大部分SRS病例也是因為十一號染色體某個段落出問題所致，位置跟BWS一模一樣；只不過，羅素西佛症是 IGF2 蛋白的表現受抑制，因而導致胎兒發育受阻。

表觀遺傳銘印

因此，「銘印」是指「在一對基因中，只有其中一方——源自父方或母方——會表現」。那麼，誰來控制哪個基因開、哪個基因關？若說DNA甲基化在此位居要角，恐怕不會令人太意外。DNA甲基化能使基因關閉。因此，假如遺傳自父親的染色體有某個區域發生甲基化，那麼這個區域的父系基因就會受到抑制。

就拿先前討論普拉德威利症候群（PWS）與安格曼症候群（AS）時提到的 *UBE3A* 基因

為例。通常，遺傳自父親的染色體拷貝帶有甲基化的DNA、*UBE3A* 基因關閉；來自母親的染色體拷貝不帶有甲基化標記，故基因呈開啟狀態。小鼠的 *Igfr2* 基因也有類似的狀況：父系版通常被甲基化，基因不活化；母系版未甲基化，基因表現。

雖然甲基化DNA的角色不令人意外，不過，「甲基化通常不會發生在基因密碼上」*可能會讓各位大吃一驚。若拿父母雙方的染色體來比較，會發現載有蛋白質密碼的部分受到表觀遺傳調控的程度幾乎一模一樣；在兩套甲基化程度不同的基因體之間，基因表現與否由染色體的某些特定段落所控制。

想像一場在朋友家院子辦的夜間派對。植栽間燭光搖曳、燈光美氣氛佳。令人扼腕的是，由於賓客移動時頻頻觸動安全系統的動作感應器，導致泛光燈不時啟動、破壞氣氛。泛光燈裝設的位置太高、罩不住，不過最後賓客終於領悟，他們其實不需要遮住泛光燈，只要把啟動泛光燈的感應器遮住就好了。這點與銘印調控的過程頗為相似。

DNA甲基化（或未甲基化）發生在一段名為「銘印控制區」（ICRs）的區域內。有些銘印控制機制非常直接好懂：遺傳自父方或母方的基因啟動子區域甲基化、另一方則否，這時甲基化能使基因持續關閉。若染色體銘印區內只有一個基因，這個機制是管用的；可是許多銘印基因經常一簇簇聚在一起，可能都在同一股上、彼此非常靠近。同一基因簇（gene cluster）裡可能有些表現源自母親染色體的基因、有些表現源自父親的；雖然DNA甲基化仍是這項機能的關鍵特徵，但還有其他輔助因子一同參與。

銘印控制區可運作的距離相當長，部分特定股亦可能與大量蛋白質結合。這些蛋白質就像城市裡的路障，將染色體各股區隔開來；基因與基因夾雜這種類似導流體的構造，使銘印過程更複雜。因為如此，一個銘印控制區可能跨越數千鹼基對，但不代表數千鹼基對中的每一個基因都會受到相同的影響。染色體某特定銘印股上的數個基因可能鬆開，彼此接觸、堆擠在一起，以類似「染色體結」的方式抑制基因表現。而同一股上的活化基因則可能以另一種方式彼此糾結[21]。

銘印的影響依組織而異，胎盤的銘印基因表現特別積極。銘印在此作為平衡「胎兒向母體需索資源」的手段，與我們對這個模式的期望相符。大腦對銘印效應亦十分敏感，惟目前仍不清楚來龍去脈；就「營養戰爭」而言，要找到父方控制子代大腦基因表現的方式，相對困難。倫敦大學學院（University College London）的葛敦・莫爾（Gudrun Moore）對此提出一個非常有趣的看法：她認為，大腦銘印基因的高度活躍，象徵兩性戰爭從母體內延續到出生後。她推測，大腦某些銘印基因是父版基因體所做的最後努力，旨在敦促子代開始行動、刺激母體繼續榨乾自身資源——譬如延長哺乳時間[22]。

銘印基因的數目相當少，占不到蛋白質編碼基因的百分之一；即使所占比率極低，卻也不是

---

*現在從全基因體甲基序列定序知道的剛好相反。

所有組織都帶有銘印記號，許多細胞帶有的父系、母系基因拷貝表現完全一致。造成這種現象的原因並非各組織甲基化模式不同，而是細胞「讀取」甲基化資訊的方式不同所致。

全身所有細胞的銘印控制區都有固定的DNA甲基化模式，也會顯示該模式承襲自父系或母系染色體。這給我們某種啟示：銘印區想必成功閃過精卵融合後的重新編排過程，否則DNA上的甲基調控標記一定會被摘掉、細胞也無從釐清哪份染色體拷貝源自父母雙方的哪一方。如同整合素相關蛋白（IAP）反轉錄轉位子在受精卵重新編排過程中持續維持甲基化一樣，還有多種機制持續演化、保護銘印區免遭大筆一揮、移除甲基化標記。雖然科學家還不清楚這一切究竟是怎麼發生的，不過這的確是個體正常發育、健康成長的基本要素。

蓋上銘印、摘除銘印……

然而這卻凸顯另一個小問題：假如銘印的DNA甲基化標記當真如此穩固，那麼在從親代傳給子代的過程中，要如何改變這些標記？我們知道這些標記會變，這在前一章阿齊姆·蘇倫尼的小鼠實驗就證實過了：實驗顯示，一段帶有實驗目的的甲基化序列如何在代代傳遞過程中發生變化。在前一章裡，實驗小鼠所帶的DNA以「黑色」、「白色」表示。

事實上，當科學家意識到親源效應存在，旋即預測一定有某種方式能重設表觀遺傳調控標記；只是當時他們還不知道這些標記是什麼。就拿十五號染色體來說吧。我從父母雙方分別遺傳到一條染色體，源自母親的染色體 *UBE3A* 銘印控制區未甲基化，而父親那條染色體的同一區域已甲基化。如此組合確保我大腦裡的 UBE3A 蛋白能適切、正確表現。

而我的卵巢在製造卵子的時候，每顆卵子都只會得到一條十五號染色體——這條染色體將隨著卵子傳給我的孩子。因為我是女性，每條十五號染色體上的 *UBE3A* 必定都帶有母親的銘印標記；可是我從我父親遺傳到的那條十五號染色體也必定帶有父系銘印標記，因此，唯一能確保我會把帶有正確母親銘印標記的十五號染色體傳給孩子的方法是：我的細胞能移除父系標記、換上母系標記。

男性在製造精子時，也會發生極類似的過程：銘印基因上所有源自母親的標記物都必須移除、再換上父系標記。這是真真切切在我們細胞內上演的戲碼，而且限制相當嚴格，這齣戲只會在未來將成為生殖細胞的細胞內上演。

這個過程的大原則如圖8.3所示。

精卵融合後形成胚囊，基因體內絕大部分的區域皆重新編排設定。細胞開始分化，部分形成胎盤的前驅細胞、部分形成各式各樣、構成身體的細胞。因此，在這個時間點，內細胞團的所有細胞皆聽從相同的節奏成長發育，朝沃丁頓表觀遺傳地貌圖上諸多溝渠邁步前進；可是有一小撮細胞（數量不到一百）卻踩著不同的節奏行進：這些細胞裡的「*Blimp1* 基因」打開了。Blimp1

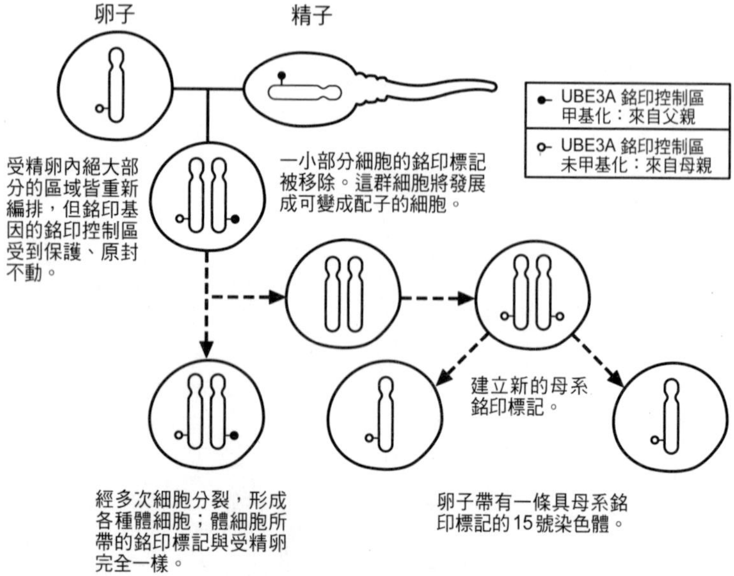
卵子
精子
UBE3A 銘印控制區
甲基化：來自父親
UBE3A 銘印控制區
未甲基化：來自母親
受精卵內絕大部分的區域皆重新編排，但銘印基因的銘印控制區受到保護、原封不動。
一小部分細胞的銘印標記被移除。這群細胞將發展成可變成配子的細胞。
建立新的母系銘印標記。
經多次細胞分裂，形成各種體細胞；體細胞所帶的銘印標記與受精卵完全一樣。
卵子帶有一條具母系銘印標記的15號染色體。

圖 8.3　上圖顯示受精的受精卵如何發育成體細胞。受精卵銘印基因的甲基化模式原本完全相同，但在生殖細胞內，甲基化的銘印標記會遭移除並取代。這個步驟確保女性僅會傳遞母系標記給子代、男性也只會傳遞父系標記給後代。

蛋白會建立一套新的訊息傳遞鏈，阻止這一小撮細胞朝「體細胞」的分化終點邁進；於是這群細胞開始往回走，回到沃丁頓溝渠起點[23]，連同告知細胞哪條染色體源自父親或母親的銘印標記也一併喪失。

歷經這段過程的一小丁點細胞名為「原始生殖細胞」（primordial germ cells），這些細胞最終落腳處是發育中的性腺（gonads）——即睪丸或卵巢，成為生成配子（精子或卵子）的幹細胞。在前段描述的階段中，原始生殖細胞還原至接近內細胞團的原始狀態；

它們在本質上化為具超多能分化能力的細胞，擁有變身為全身大多數組織細胞的潛力。這個階段轉瞬即逝。原始生殖細胞迅速轉向切入另一條新的發育途徑，進而分化為最後可發展成精子或卵子的幹細胞。為了達到這個目的，它們獲得一批新的表觀遺傳調控標記。有些標記用於「定義細胞身分」，譬如開啟某些基因、使卵子成為卵子；但有一小部分標記的用途是「標識親源」，讓下一代的細胞能透過基因體銘印區辨識其親屬來源。

這一切看起來實在複雜。如果我們依循「精卵結合成受精卵，受精卵發育成雄性子代並產生新的精子」這條脈絡來看，發生順序概略如下：

1. 精子進入帶有表觀遺傳調控標記的卵細胞。
2. 受精卵（受精卵）形成後的瞬間，表觀遺傳調控標記被摘除，但銘印區除外。
3. 內細胞團的細胞開始分化、加掛表觀遺傳調控標記。
4. 原始生殖細胞與一般體細胞分道揚鑣，摘除表觀遺傳調控標記（包括銘印區）。
5. 精子發育生長、加掛表觀遺傳調控標記。

為了回到起點，這段過程乍看之下似乎複雜得沒有必要；但其實相當重要。那些讓精子所以為精子、卵子所以為卵子的標記必須在步驟二先行卸除，否則受精卵無法變成具全能分化性分化能力的細胞、而會成為某種帶著「半另子基因體」的細胞——不陰不陽、半精半卵；只要還留著遺傳得來的表觀遺傳調控標記，受精卵就不可能正常發育。為了製造原始生殖細胞，源自內細胞團的部分細胞必須放棄表觀遺傳調控標記；唯有如此，它們才能暫時變得更趨近超多能分化，失去銘印記號、轉入生殖細胞的發育譜系。

原始生殖細胞一旦轉向，基因體旋即被附上表觀遺傳調控標記；部分原因是在多細胞生物的發育過程中，超多能分化型細胞極具危險性。咱們體內有這種可以反覆分裂、長成其他類型細胞的細胞好像相當不賴，實則不然：我們在癌變部位發現的就是這種細胞。演化傾向讓原始生殖細胞暫時重獲超多能分化能力，但這種能力隨後將再一次被表觀遺傳調控抑制關閉。綜合以上兩點可知，清除銘印也代表染色體能重新標上屬於自己的親源記號。

有時候，這個為精卵原始細胞建立新銘印的過程也會出錯；像安格曼症候群和普拉德威利症候群就是精卵在原始生殖細胞時期未正確移除銘印記號所致[24]。舉例來說，某位女性製造的卵子的十五號染色體可能還帶有她遺傳自父親的銘印記號，而非正確的母親標記。當這顆卵子與精子結合，兩條十五號染色體拷貝都會發揮「父系染色體」的作用，因而產生像單親二倍體症這樣的表現型。

目前科學家正在研究這整套程序是怎麼控制的。我們既未完全搞懂銘印何以能毫髮無傷、成功躲過精卵融合後的重新編排程序，不清楚銘印在原始生殖細胞階段如何失去這層保護，也不十分確定銘印記號如何放回正確位置。雖然部分細節已漸漸浮現，但整體圖像仍有如陰霾覆頂、朦朧未明。

這個現象可能部分要歸因於精子基因體裡的一小撮組蛋白。這些組蛋白大多位於銘印控制區，可能會在精卵結合時、保護這些區域不進入重新編排程序[25]。在製造配子、建立新銘印標記的過程中，組蛋白修飾也參了一腳：銘印控制區會喪失所有與「基因開啟」有關的組蛋白修飾因子——這點似乎非常重要。唯有如此，ＤＮＡ才能添上永久甲基化的標識[26]。ＤＮＡ永久甲基化正是基因抑制的銘印標記。

桃莉羊和牠的女兒們

受精卵與原始生殖細胞的重新編排程序，對表觀遺傳現象造成相當程度的衝擊，影響層面令人意外。研究人員在實驗室利用山中因子重新編排體細胞，結果只有一小部分形成iPS細胞（誘導型超多能幹細胞），怎麼看都不像胚胎幹細胞（ＥＳ）、即胚囊內細胞團自然生成的超多能分化型細胞。來自波士頓、出身麻州綜合醫院（Massachusetts General Hospital）與哈佛大學的研究團隊以小鼠為對象，分析基因型相同的iPS細胞與胚胎幹細胞。他們想在這兩種細胞裡，找出表現程度不同的基因，結果發現唯一重要差異發生在染色體上「*Dlk1-Dio3*」[27]這個基因。不少iPS

細胞會表現這個區域的基因，表現方式與胚胎幹細胞極為接近；這些是最理想、最適合製造全身各類型組織細胞的 iPS 細胞。

Dlk1-Dio3 是小鼠第十二號染色體上的一處銘印區。單單一個銘印區竟位居要角，也許沒啥好意外的。山中教授的技術能誘發通常只會在精卵融合後才出現的重新編排程序。在正常發育過程中，基因體銘印區能抵抗重新編排；在「山中法」建立的人工環境下，銘印區往往呈現「障礙過高以致無法重新編排」的狀態。

研究人員對 *Dlk1-Dio3* 區感興趣已有好一段時間。人類與這個區域有關的單親二倍體症多為成長發育障礙，另外還包括其他諸多病徵[28]。此外，這個區域也是防止「孤雌生殖」的關鍵部位，至少在小鼠是如此。日本與南韓的科學家針對小鼠基因體的這個區域進行遺傳工程實驗：他們用兩個雌性原核仁重組一顆受精卵，其中一顆原核仁的 *Dlk1-Dio3* 區已先行調整過，因此不帶母系銘印、而是帶有分量相當的父系銘印標記。這項實驗產出的存活小鼠是胎盤哺乳動物帶有兩副母系基因體的首例[29]。

原始生殖細胞的重新編排程序並非百分百縝密周全。某些整合素相關蛋白（IAP）反轉錄轉位子的甲基標記幾乎完好如初，精子 *Axin*^{Fu} 反轉錄轉位子的甲基化程度幾乎與該系小鼠體細胞同部位的甲基化程度一致。這顯示原始生殖細胞在進行重新編排時，並未移除這些甲基標記，但基因體多數區域的這類標記卻幾乎盡數喪失。*Axin*^{Fu} 反轉錄轉位子挺過兩輪表觀遺傳重新編排程序（分別在受精卵與原始生殖細胞形成時），這份抗性成為某種機制，讓我們得以解釋前幾章讀到的折尾性狀跨代遺傳。

我們知道，並非所有跨代遺傳性狀皆以同樣方式發生。*agouti* 小鼠的表現型傳承自母親，不會透過父親遺傳。在這個範例中，原始生殖細胞進行重新編排期間，來自父母雙方的ＩＡＰ反轉錄轉位子甲基化標記雙雙遭移除；然而，反轉錄轉位子原本即帶有甲基化標記的母鼠會傳給子代某種特別的組蛋白標記。這個抑制型組蛋白標記猶如ＤＮＡ甲基化調控機制的提示訊號，能引來特定酵素，將抑制型ＤＮＡ甲基化標記裝載至染色體特定區域。此所謂殊途同歸，母系原本的ＤＮＡ甲基化標記重新出現在子代身上。至於 *agouti* 公鼠則不會將ＤＮＡ甲基化標記或抑制型組蛋白標記傳至子代的反轉錄轉位子區域，這也就是 *agouti* 小鼠表現型只會透過母系傳承的原因[30]。

這種傳遞表觀遺傳資訊的方式稍微迂迴了些，它不使用直接轉移ＤＮＡ甲基化標記的方式，而是利用「間接代理」（intermediate surrogate）、透過抑制型組蛋白修飾來完成。這大概也是母系遺傳的 *agouti* 性狀之所以有些「隱晦不明」的原因吧。並非所有子代都長得跟母親一模一樣，這是子代重建ＤＮＡ甲基化的過程尚有些許彈性所致。

二〇一〇年夏天，英國媒體刊出幾篇有關複製家畜的報導。某複製牛的子代變成食用肉品，流入人類食物鏈[31]。流入市面的不是複製牛本身，而是牠透過傳統育種方式產下的子代。儘管仍有不少危言聳聽、渲染人類在不知情的情況下吃到「科學怪牛」的新聞軼事，主流媒體在這方面的報導倒是挺中肯的。

就某種程度而言，這可能是因為以下這個耐人尋味的現象稍微消解科學家最初對複製後果的憂懼所致：當複製動物透過交配方式產下子代，子代通常會比原本的複製動物健康許多；理由是原始生殖細胞的重新編排效應，這點幾乎不需要懷疑。最初的複製動物乃是透過體細胞核轉植（植入卵子）做出來的。這個細胞核僅經歷第一輪重新編排（也就是發生在精卵結合、受精後的那一次）。這種程度的表觀遺傳重新編排多半無法達到百分之百的效果：卵子該如何重新編排一個「有問題」的細胞核？這項要求實在困難。或許這也是複製動物往往不太健康的原因。

複製動物在配種時會貢獻精子或卵子。這些動物在製造配子細胞（精卵）前，牠們的原始生殖細胞會經歷第二輪重新編排，這也是正常動物原始生殖細胞發育過程的一部分。這個二次重排階段的目的似乎是為了正確重設表觀基因體，讓配子失去源自親代（複製動物）的不正常表觀遺傳調控標記。表觀遺傳學可解釋複製動物何以會有先天健康問題，也能解釋牠們的子代何以比親代來得健康。事實上，複製動物的子代與動物自然產下的後代幾乎沒有區別。

在技術層面上，人類的輔助生育技術（assisted reproductive technologies）與複製動物技術有若干雷同之處，特別是超多能分化型細胞核在兩個細胞之間的移轉技術、以及細胞（受精卵）先在實驗室環境培養、再植入子宮的操作方式。目前探究這類技術的異常率的期刊論文數量龐大，但看法互異[32]。有些科學家認為，輔助生育技術導致的銘印異常率有增加的趨勢；這也許意味「體外培養受精卵」會打斷細胞控制重新編排所精心安排的步驟，尤其是銘印區的部分。然而，有一點很重要的是，前述論點在臨床上是否真有意義，目前尚無共識。

基因體在發育早期歷經的重新編排程序具有多重效應。重新編排能讓兩枚高度分化的細胞彼此融合、形成一個超多能分化型細胞，也能平衡父系、母系基因體之間的競爭需求，確保這個平衡設定能延續下去、代代重建。重新編排也能防止不正確的表觀遺傳調控標記從親代傳至子代，也就是說，就算細胞累積達潛在危險性的表觀遺傳變異，也能在傳遞給子代前先行移除。

這正是我們通常不會遺傳後天性狀的原因。不過基因體仍有些區域（如整合素相關蛋白反轉錄轉位子）對重新編排過程較有抵抗力。如果我們想釐清某些後天性狀究竟如何傳給子代——譬如對毒素（免克寧）或親代養分供應的反應模式——這些整合素相關蛋白反轉錄轉位子也許是不錯的切入點。

第九章　X世代

親吻的聲音雖不如加農砲響亮，但回音更持久。

——老奧立佛・溫德爾・霍姆斯

就純生物學來看——尤其是解剖學層次——男人和女人是不一樣的。儘管一般人對侵略性、領域行為等表現是否與性別相關，仍時有爭論，但確實有不少生理特徵毫無疑問與性別有關。兩性之間最根本的不同點之一是生殖器官：女性有卵巢，男性有睪丸；女性有陰道和子宮，男性則有陰莖。

這些都有明確的生物學依據。也許不意外的是，這一切可追溯至基因與染色體。人類細胞內有二十三對染色體，每一對皆從父母雙方各遺傳到一條拷貝。在這二十三對中，有二十二對稱為「體染色體」（autosomes），請想像從一號編到二十二號；而且這二十二對的每一段看起來都很像。這裡說的「看起來」真的就是字面上的「看」。在細胞分裂的某個階段，染色體DNA會緊緊纏繞在一起；如果方法正確，我們甚至可以在顯微鏡下「看見」染色體，並且替它們照相。在早年還沒有數位技術的時代，臨床遺傳學家會把每一條染色體的照片用剪刀剪下來，一對對重新排列，做出一張整齊有順序的圖像。現在我們可以用電腦進行影像加工，但不論用哪一種方法，其結果都是細胞內所有染色體的大合照。這張照片稱為「核型」（karyotype）。

科學家最初即是透過核型分析，發現唐氏症（Down's syndrome）患者細胞的第二十一號染色體有三條拷貝，稱為「21三倍體症」（trisomy 21）。

若我們做出一份女性核型圖，圖上會顯示二十三對彼此對稱的染色體；但是男性的核型圖不同。如圖9.1所示，我們看見二十二對外觀明顯一致的染色體（體染色體），但另外還有兩條長相完全不同的染色體。其中一條非常大，另一條異常小。這一組叫做「性染色體」，大的叫「X染色體」，小的叫「Y染色體」。正常男性染色體的注記方式是「46,XY」，女性則為「46,XX」；女性沒有Y染色體，但是有兩條X染色體。

Y染色體帶有極少量的活化基因（active gene），頂多只有四十到五十組記載蛋白質密碼的基因，而且其中有半數全是「男性限定」。由於男性限定基因只出現在Y染色體上，故女性沒有這些基因拷貝。這些基因絕大多數都是男性在繁殖過程中、特有且特定需要的基因；其中，與決定性別有關、最重要的基因叫「*SRY*」。SRY蛋白可活化胚胎的「睪丸發育路徑」（testis-determining pathway），引導胚胎開始製造睪固酮（testosterone）——也就是男性荷爾蒙的原型

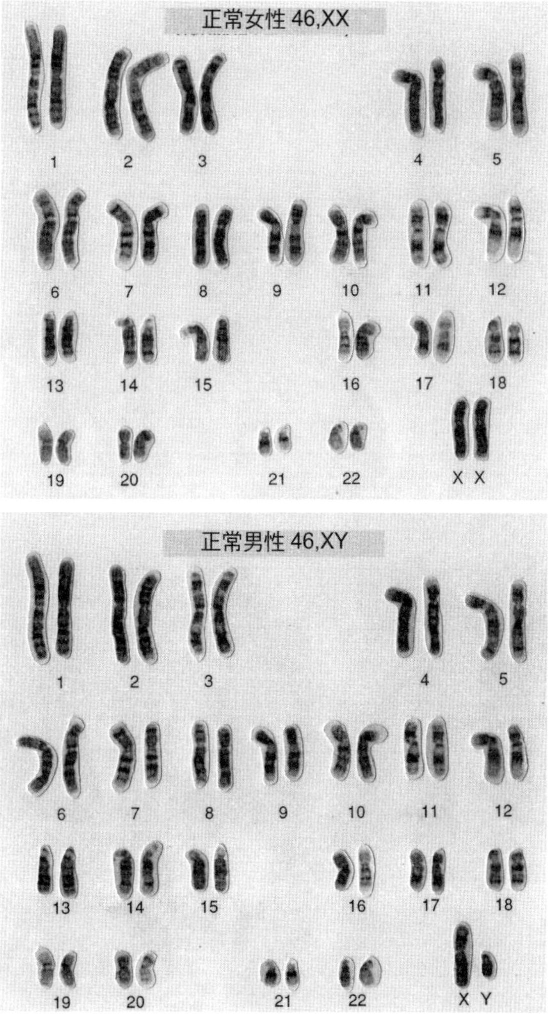

圖 9.1　男性／雄性（上）與女性／雌性（下）的體染色體核型。雌性細胞有兩條 X 染色體，沒有 Y 染色體；男性細胞各有一條 X 染色體及 Y 染色體。此外，請注意 X 染色體和 Y 染色體在尺寸上的明顯差異。（照片來源：威克賽斯地方遺傳中心 Wessex Reg. Genetics Centre）

——並導致胚胎雄性化。

外表（表現型）為女孩的個體，偶爾會擁有男性「46,XY」核型。這類個體的 *SRY* 基因多半遭移除、或處於不活化狀態，因而導致胎兒朝女性的預設發育模式成長[1]。類似情況不只這一種。有時候，外表顯現為男孩的個體可能帶有典型的女性核型「46,XX」；這類個體多半是父親在製造精子時，將一小段帶有 *SRY* 基因的Y染色體轉移至其他染色體所致，但如此便足以驅使胎兒雄性化[2]。而那段轉移的Y染色體因為體型太小，以致無法在勘定核型時偵測出來。

X染色體則完全不同。X染色體體型巨大，載有約莫一千三百個基因，其中絕大多數都與大腦功能有關。X染色體上也有不少基因為卵巢或睪丸發育形成所需，還有一些則和兩性生育力有關[3]。

抓對劑量

X染色體約有一千三百個基因。這衍生出一個有趣問題：女性有兩條X染色體，但男性只有一條；也就是說，這一千三百個位在X染色體上的基因，女性有兩份拷貝、男性只有一份。基於這一點，也許有人會推測，女性照這一千三百個X染色體基因做出來的蛋白質量會是男性的兩倍。

然而，以我們對唐氏症的了解來看，情況似乎並非如此。人體細胞若帶有三條二十一號染色體（正常為兩條），會導致唐氏症，一種常見的先天病症。發生在其他染色體的三倍體症大多因為異常太過嚴重、導致胚胎無法正常發育，因而永遠不會長成胎兒以至出生；「世上不曾有過細胞內帶有三條一號染色體的孩子」即為一例。假如體染色體只不過多表現百分之五十，就造成三倍體症這種問題，那麼我們又該如何解釋X染色體的情形？女性的X染色體基因硬是比男性多出一倍，她們怎麼可能存活下來？又或者，咱們換個方式說：為什麼男性的X染色體基因量可以只有女性的一半？

答案是，雖然染色體數目不同，但兩性的「X性聯基因」（X-linked genes）表現程度其實差不多。這個現象稱為「劑量補償效應」（dosage compensation）。其他動物綱並非由XY系統決定性別，因此僅有胎盤哺乳動物才有X染色體劑量補償效應效應。

在一九六〇年代早期，一位名叫瑪麗．里昂（Mary Lyon）的英國遺傳學家提出假設，描述X染色體如何進行劑量補償效應。以下是她的推測：

1. 正常女性細胞只會帶有一條具活性的X染色體。
2. X染色體不活化的發生時間可能在發育初期。
3. 不活化的X染色體可能源自父親、亦可能源自母親。細胞不活化哪一條X染色體也是隨機決定的。

4. 在體細胞及其子代（descendent）細胞內，X染色體不活化的程序不可逆。

經證明，上述預測極具先見之明[4、5]。里昂的預測精準到後世有許多教科書都將X染色體不活化稱為「里昂化作用」（Lyonisation）。以下逐一解釋她的預測：

1. 正常女性的細胞確實只表現一條X染色體的基因。實際說來，另一條X染色體被「關閉」了。
2. X染色體不活化發生在發育早期，約莫是胚胎內細胞團的超多能分化型細胞開始分化、進入不同細胞系的階段（位置差不多在沃丁頓表觀遺傳地貌圖頂端）。
3. 女性身上不活化的X染色體平均有一半來自母親，另一半源自父親。
4. 細胞一旦「關閉」其中一條X染色體，該細胞所有子細胞的該染色體拷貝將終生處於關閉狀態，即使該女性長壽超過一百歲也一樣。

X染色體不活化並非突變造成，染色體上的ＤＮＡ序列仍完好無缺。X染色體不活化乃是表觀遺傳學最卓越精采的一頁。

X染色體不活化已證明是一塊尚待開墾的肥沃領域。其中涉及的機制，有些也能在不少表觀遺傳程序或細胞生理機制中找到。X染色體不活化對人類的多種先天異常與治療性複製技術（therapeutic cloning）具有相當重要的影響；即使在今天、距瑪麗．里昂提出重大突破見解已歷經半個世紀，X染色體不活化究竟怎麼發生，其中尚有許多神祕未解之處。

我們愈是斟酌X染色體不活化現象，就愈見其偉大非凡之處。首先，這個不活化過程僅發生在X染色體、不會在其他體染色體上，因此細胞鐵定有一套辨別X染色體與體染色體的方法。再者，X染色體不活化不只影響一個或少數幾個基因，與銘印完全不同；事實上，X染色體不活化時有超過一千個基因被關閉，且關閉時間長達數十年。

試想某廠牌的汽車在日本和德國各有一座車廠。銘印相當於為因應不同市場而改變部分規格：德國車廠可能會開啟在方向盤附近加裝暖氣的生產線、關閉插入自動空氣濾淨機的機器手臂，而日本車廠正好相反。X染色體不活化則相當於關閉、封存一整座車廠，除非該公司被其他製造商買下，否則該車廠永遠不再重新啟用。

隨機不活化

X染色體不活化與銘印的另一個主要差異是，X染色體的銘印作用不具所謂的親源效應。體細胞的X染色體不論遺傳自父親或母親，二者被不活化的機率皆為百分之五十，沒有差異。背後

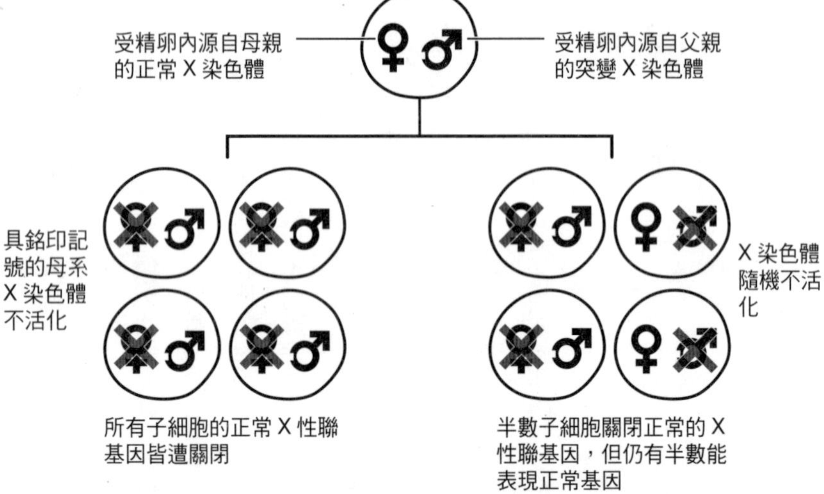

圖 9.2　每個圈圈均代表一枚女性細胞，內含兩條 X 染色體。從母親遺傳得來的 X 染色體以女性符號表示，從父親遺傳得來的 X 染色體以男性符號表示、並有一處突變（以白色小缺口表示）。圖左顯示具銘印標記、遺傳自母親的不活化 X 染色體會導致全身所有細胞僅表現帶突變的 X 染色體，也就是承襲自父親的 X 染色體。圖右顯示，由於 X 染色體隨機不活化，不受親源效應影響，因此平均會有半數的體細胞表現正常版的 X 染色體。就演化策略而言，隨機不活化 X 染色體的風險比不活化銘印 X 染色體為低。

的理由完全符合演化概念。

銘印的主要功能在平衡父、母雙方基因體之間的競爭需求，尤其是在胚胎及胎兒發育階段。銘印機制已演化到可專門鎖定某些會影響胎兒成長的特定基因、或一小撮基因簇。但話說回來，哺乳動物基因體內的銘印基因也不過五十至一百個而已。

但X染色體不活化運作的層面更廣。這個機制可一次且永久關閉上千個基因。一千個基因可不少，約莫占總蛋白質編碼基因的百分之五，因此X染色體上的任何一個基因都可能發生突變。圖9.2比較具銘印記號的不活化X染色體（左）與隨機不活化的X染色體（右）。為求簡明扼要，圖中僅將突變置於父系基因，將具銘印記號的不活化X染色體設定遺傳自母親。

細胞可藉由隨機不活化X染色體，縮小X性聯基因的突變效應。

務必切記的是：不活化的X染色體是真的不活化、不作用的。這點很重要。這條染色體上幾乎所有基因永久關閉*，且不活化的狀態通常不可能再破除開啟。在提到「活化的X染色體」時，這個說法其實有些曖昧；因為這並不代表每個細胞的X性聯基因隨時都處於活化狀態，而是「具活化潛能」。所有正常的表觀遺傳調控機制都可能作用在這些基因上、控制基因表現，透過開啟或關閉選中的基因，反應發育指引或環境訊號。

女人當真比男人複雜

X染色體不活化導致的有趣後果是：把女人變得比男人複雜，至少就表觀遺傳而言是如此。

---

*有一部分的基因不會被關閉，而且多於pseudoautosomal region。

男性細胞只有一條X染色體，所以不會進行X染色體不活化；但女性的所有細胞皆需執行X染色體隨機不活化，其結果是，從根本層次來看，女性身上的細胞皆可依不活化哪一條X染色體、拆成兩個陣營。用一句話來說，女性就像表觀遺傳馬賽克磚。

女性的表觀遺傳控制極複雜微妙，過程管控相當嚴密，這時瑪麗・里昂的預測正好派上用場，給我們一個概念架構。我們將這個架構簡化為以下四個步驟：

1. 計算（counting）。正常女性細胞僅含一條活化的X染色體。
2. 選擇（choice）。X染色體不活化會在發育早期執行。
3. 啟動（initiation）。不活化的X染色體可能承襲自父親、亦可能來自母親。任何細胞內的X染色體不活化作用皆以隨機方式進行。
4. 維持（maintenance）。體細胞與其所有子細胞的X染色體完成不活化之後，無法可逆還原。

為解開這四個步驟背後的機制，研究人員足足忙了近五十年，直到現在也還在努力。這些步驟複雜得不可思議，有時涉及的機制完全超乎科學家想像。但這實在沒啥好訝異的：因為里昂化作用實在太過特殊：所謂「X染色體不活化」是細胞以兩種截然不同、完全互斥的方式對待兩條一模一樣的染色體呀。

從實驗角度來看，X染色體不活化是個值得一探的挑戰。這是細胞內精巧平衡的系統，若操作技術稍有變化，即可能對實驗結果造成巨大衝擊；就連用哪種動物最合適也引起極大爭議。傳統上，小鼠細胞一直是實驗最佳選擇，但現在我們已經知道，人類和小鼠的X染色體不活化機制其實並不相同[6]；然而，縱使人鼠之間有諸多歧異，一幅引人入勝的圖像仍緩緩浮現。

計算染色體

哺乳動物細胞肯定有一套計算自個兒有多少X染色體的機制，方能避免雄性細胞的X染色體誤遭關閉。一九八〇年代，達佛．索特證明這個步驟的重要性：他將雄性原核仁轉植放入受精卵，製造胚胎；由於雄性核型為XY，因此當這個胚胎製造配子時，每隻精子要麼帶X要麼帶Y。科學家再從不同精子取出原核仁、注入空卵子，做出分別帶有XX、XY、或YY的受精卵。這三種組合皆無法存活、無法形成胎兒出世，理由是受精卵需要來自父母雙方的遺傳訊息，這點我們已經知道了。但是，這項實驗結果仍指出一個非常有意思的事實，我們將它摘要成圖9.3。

最早發育失敗的胚胎為帶有兩枚雄性原核仁、且兩枚原核仁皆僅帶Y染色體的重組胚胎[7]。

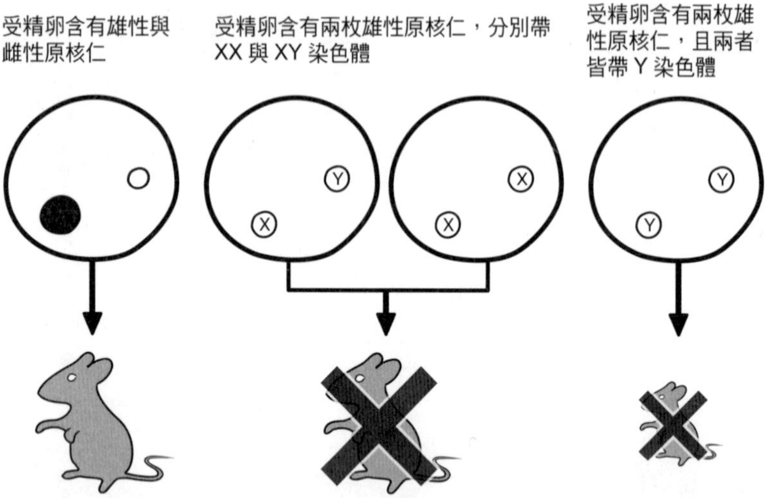
受精卵含有雄性與雌性原核仁
受精卵含有兩枚雄性原核仁，分別帶XX與XY染色體
受精卵含有兩枚雄性原核仁，且兩者皆帶Y染色體
Y
X
X
X
Y
Y

圖 9.3　受精卵重組實驗。供體卵子被植入兩枚原核仁，雌雄各一或兩枚雄性原核仁。一如圖 7.2 的結果，擁有兩枚雄性原核仁的胚胎無法順利發育。若細胞核有 Y 染色體卻沒有 X 染色體，胚胎發育在極早期即宣告失敗；雖有兩枚雄性原核仁、但至少其中之一帶 X 染色體者會繼續發育，惟最終仍告死亡。

這些胚胎完全不帶X染色體，極早即發育失敗；這表示X染色體顯然是胚胎存活的必要條件，這也是雄性細胞（XY）需要計數清算、確認只有一條X染色體的原因，以免將其不活化。若是關閉唯一一條X染色體，細胞可就大難臨頭了。

數完細胞內有幾條X染色體之後，雌性細胞必定還有一套可隨機選定不活化X染色體的機制。選定之後，細胞即進入不活化程序。

雌性個體X染色體不活化發生在胚胎發育早期，約莫是內細胞團開始分化成體內各型細胞的時候；在實驗環境下，要操作這麼小小一撮胚囊細胞著實困難，因此研究人員通常改用雌性胚胎幹細胞（ES）。這些細胞的兩條X染色體皆處於活化狀態，一如還未分化的內細胞團；把胚胎幹細胞推下沃丁頓表觀遺傳地貌圖簡直易如反掌，只消稍稍改變細胞培養條件即可。一旦我們改變培養條件、促使雌性胚胎幹細胞開始分化，這些細胞旋即執行X染色體不活化程序。由於胚胎幹細胞在實驗環境下能無限制分裂生長，故而提供一個研究X染色體不活化的便利模型系統。

X限定版著色圖片

科學家探討X染色體不活化的靈感謬斯有二：小鼠與染色體結構重組細胞的相關研究。在這些研究中，有些X染色體缺失部分區域、且缺失部位各不相同；依其缺失區域，這些X染色體有些可正常不活化、有些則否。此外還有部分研究是將截自X染色體的片段黏在體染色體上；這些結構異常的體染色體可能受移轉的X染色體片段影響，遭到關閉[8、9]。

實驗顯示，X染色體上有某個區域對X染色體不活化至為重要。我們暫且稱這個區域為「X染色體不活化中心」。一九九一年，加州史丹福大學（Stanford University）亨特・衛勒實驗室（Hunt Willard）的研究團隊指出，X染色體不活化中心帶有一個名為「X染色體不活化專一轉錄因子」（*Xist*）的基因（縮寫取自「X-Inactivative Specific Transcript」開頭字母）[10]。會表現這個基因的是遭不活化的X染色體，而非作用中的X染色體。由於兩條X染色體只會有一條表現 *Xist* 基因，使其成為染色體不活化的絕佳調節因子，意味兩條一模一樣的染色體得以表現不一致的行為。

科學家不斷嘗試、企圖找出 *Xist* 基因編碼對應的蛋白質[11]，然而到了一九九二年，他們終於搞清楚有些不太對勁。*Xist* 基因轉錄形成RNA拷貝，這些RNA也跟其他RNA一樣經過剪接，末端也添上各式各樣的結構、改善穩定度；目前為止一切正常。在RNA分子得以轉譯成蛋白質以前，它們必須先移出細胞核、進入細胞質。這是因為負責把胺基酸串成蛋白質鏈的胞內工廠「核糖體」（ribosome）只存在細胞質內。可是 *Xist* RNA 卻從未離開細胞核。也就是說，它永遠不可能生成蛋白質[12、13]。

這項發現至少釐清學界首次發現 *Xist* 基因以來、始終摸不著頭緒的一件事。成熟的 *Xist* RNA 是條大分子，約莫一萬七千個鹼基對（17kb）；我們在第三章提過，製成一個胺基酸分子需要三個鹼基組成的密碼子，因此，擁有一萬七千鹼基對的 *Xist* 基因，照理說應可產出由五千七百個胺基酸密碼組成的蛋白質。然而，當研究人員利用蛋白質預測程式分析 *Xist* 基因序列時，他們壓根搞不懂這個基因怎麼有辦法把自己搞成這麼一大串：整條 *Xist* 基因從頭到尾都是終止密碼子（蛋白質密碼完結的記號），而最長一段、不含終止密碼子的區段也只夠轉譯出二九八個胺基酸（即八九四個鹼基對[14]）。為什麼在經歷漫長演化後，會有這麼個基因能造出 17kb

長的轉錄子、卻只用百分之五來編寫蛋白質密碼？這種使用細胞能量與資源的方式可說是相當沒效率。

雖然 *Xist* RNA 不曾離開細胞核，但這跟該基因缺乏潛在蛋白質密碼毫無干係。*Xist* RNA 不扮演傳訊RNA的角色，不負責傳遞蛋白質密碼；它屬於一類名為「非編碼RNA」（non-coding RNA, ncRNA）的分子。*Xist* RNA 雖然不帶有蛋白質密碼，但並不表示它不具活性、毫無作用。相反的，*Xist* ncRNA 本身即是一種有功能的蛋白質，是X染色體不活化的關鍵要素。

早在一九九二年，ncRNA 還是個新奇玩意兒，科學家對它所知有限；即使是現在，*Xist* RNA 仍相當不尋常。*Xist* RNA 不僅不出細胞核，它甚至離不開製造它的那條染色體。當胚胎幹細胞開始分化時，僅有一條X染色體會製造 *Xist* RNA，而這條染色體也就是將會被不活化的X染色體。*Xist* RNA 不會離開製造它的X染色體，反而會跟這條染色體結合、形成擴散效應。

科學家常用「著色」來形容 *Xist* ncRNA 不活化X染色體的過程，這個說法十分貼切。咱們先回到早先把「DNA密碼」形容成劇本的比喻。這回，我們要想像劇本寫在牆上；也許是慷慨激昂的詩句、也許是教室裡的講題。學期結束後，校舍關閉售出、改建成公寓，於是裝潢工人抵達、重新粉刷，不僅沒留下任何痕跡，亦無法告訴新住民「上場囉！認真比賽！」（譯注：節自 Henry Newbolt 詩句）或告訴他們該「如何面對勝利與災難」。原本的指示都在，只是看不見罷了。

當 *Xist* RNA 與製造它的X染色體結合時，*Xist* RNA 會誘發某種令人發毛的「表觀遺傳癱瘓」效應；該效應會覆蓋愈來愈多的基因、逐一關閉。

此外，某些正常的組蛋白也會跟著一起移除。組蛋白 H2A 會被另一種互有關連但分子稍微不同的「巨 H2A」（macro H2A）取代，這種組蛋白與基因抑制的關係相當密切；各基因的啟動子也會經歷更嚴謹的基因關閉程序（DNA甲基化）。上述這些改變會導致愈來愈多抑制分子黏上來、讓不活化X染色體上的DNA披上一層外衣，使其愈來愈不容易接觸可轉錄基因的各種酵素。最後，X染色體的DNA緊緊纏繞在一起、像一條從兩端扭結的大毛巾，然後整條染色體移至細胞核邊緣。到了這個階段，X染色體上的基因除 *Xist* 外已幾近完全不活化。*Xist* 基因可謂轉錄沙漠中的一窪小小活力泉源[15]。

爾後當細胞分裂時，不活化X染色體的調控資訊會整套從母細胞複製至子細胞；因此，起始細胞的所有後代細胞將代代不活化同一條X染色體。

儘管 *Xist* 基因效果驚人，卻仍留下大量待解難題：細胞如何控制 *Xist* 基因表現？*Xist* 基因為何選在胚胎幹細胞開始分化時啟動？*Xist* 基因只在女性細胞有作用嗎？它是否也會影響男性細胞？

親吻的力量

針對上述問題，首先動手解題的是魯道夫．耶尼施的實驗團隊。我們在第二章提到誘導型超多能幹細胞（iPS）與山中伸彌的成就時，便已見過這號人物了。一九九六年，耶尼施教授的團隊做出帶有「基因工程版X不活化中心」的基因轉殖小鼠。這個轉殖基因長度約 450kb，包含位於中段的 *Xist* 基因以及兩側其他序列。他們將這段基因插入體染色體（非性染色體），做出帶有這個轉殖基因的公鼠，並研究這些公鼠的胚胎幹細胞。這系公鼠只有一條正常X染色體，核型為XY，然而牠們卻有兩個X染色體不活化中心：一個在正常X染色體上，另一在體染色體的轉殖基因上。當研究人員開始鑑別這些小鼠的胚胎幹細胞時，他們發現，兩個X染色體不活化中心的 *Xist* 基因都能順利表現。當 *Xist* 基因表現時，它會不活化自己所在的那條X染色體，即使是帶有轉殖基因的體染色體也照辦不誤[16]。

上述實驗顯示，就算是擁有正常XY核型的雄性細胞也有能力計算X染色體。事實上，說得再精確一點，實驗顯示細胞有能力計算自己有幾個X染色體不活化中心。相關數據顯示，X染色體不活化時計算、選擇、啟動的關鍵特徵全都出現在圍繞 *Xist* 基因的X染色體不活化中心裡。

對於這個「染色體計算」機制，現在我們又多曉得一點了。一般來說，細胞不會計算自己有幾條體染色體；以一號染色體為例，這兩條拷貝是各自獨立運作的。但我們知道，雌性或女性胚胎幹細胞的兩條X染色體會透過某種方式互相聯繫：當X染色體即將展開不活化程序時，細胞內的兩條X染色體會做一件非常奇特的事。

她們接吻。

這個形容方式十足擬人化，卻極為貼切。這個「吻」只持續一兩個鐘頭，卻能在細胞內設定一套維持上百年的約定（若這名女性如此長壽）；想到這點便令人震驚不已。一九九六年，李純慧（Jeannie Lee）首次揭露「染色體接吻」現象；剛開始她只是在耶尼施的實驗室做博士後研究，但現在她已是哈佛醫學院教授，也是該校有史以來所任命最年輕的教授之一。她的研究指出，兩條X染色體會找到並接觸彼此；雖然整條染色體只有一小部分「實質接觸」，卻是啟動不活化過程的重要關鍵[17]。若是沒有這個動作，X染色體會以為自己形單影隻，*Xist* 基因亦永遠不會開啟，那麼也就不會發生X染色體不活化作用了。在「染色體計數」這個階段，染色體接吻可是關鍵步驟。

李純慧的實驗室還找出另一個控制 *Xist* 基因表現的關鍵基因[18]。DNA為雙股，鹼基在兩股間、扣住兩股將兩條骨幹湊在一起。雖然我們總想像DNA像鐵軌，但「朝反方向前進的纜車」可能是更好的比喻。若以此為喻，那麼X染色體不活化中心看起來就會像圖9.4所示。

細胞裡還有另一種長度約 40kb 的 ncRNA，與 *Xist* 基因在同一DNA區段上。這段 ncRNA 與 *Xist* 基因部分重疊，但彼此位在同段DNA的相對骨幹上。這個 ncRNA 在轉錄時，因轉錄方

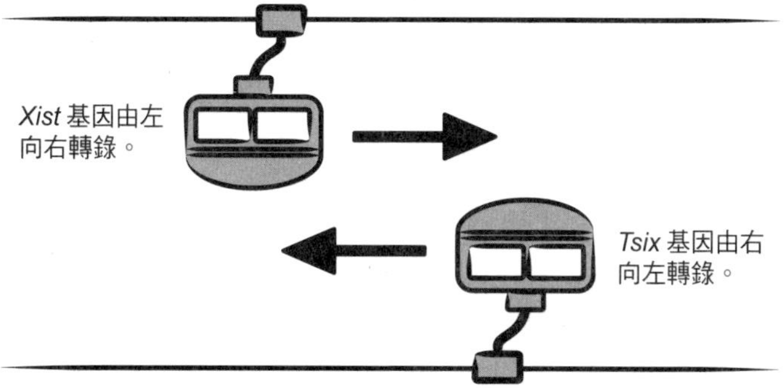
Xist 基因由左
向右轉錄。
Tsix 基因由右
向左轉錄。

圖 9.4 圖為 X 染色體上某特定區段 DNA 雙股。兩股皆可透過拷貝、生成 mRNA。DNA 雙股的兩條骨幹以相對方向執行拷貝，讓染色體上的同一區段同時製作 Xist RNA 和 Tsix RNA。

向與 *Xist* 基因相反，故稱作「反譯轉錄子」，名喚「*Tsix*」。明眼人一看便注意到「Tsix」倒著寫即是「Xist」，這個縮寫意外帶有某種別出心裁的精巧邏輯。

Tsix 與 *Xist* 重疊區最重要的意義在於它們如何交互作用，偏偏這個區域又頗為曖昧弔詭，不好下手做實驗。理由是，科學家很難只讓一股的基因發生突變、而不影響另一股的對應夥伴（造成間接傷害）。儘管困難重重，對於「*Tsix* 如何影響 *Xist*」這個題目，科學家還是向前邁進了好幾大步。

假如某X染色體表現 *Tsix* 基因，這個動作能防止同一條染色體表現 *Xist* 基因。奇怪的是，似乎僅只是「轉錄 *Tsix*」這個簡單動作——甚至毋需勞煩 *Tsix* ncRNA 出馬——即可阻止 *Xist* 基因表現。這有點像「卡榫鎖」。假如我從屋裡上鎖、並且把鑰匙留在鎖孔，屋外的人會開不了鎖。我甚至不需要維持上鎖狀態，只消把鑰匙留在鎖孔內便足以阻止別人從另一側開鎖。故而當 *Tsix* 基因開啟、*Xist* 基因就關閉，X染色體再活化。

這是胚胎幹細胞內的情形，因為這裡的兩條X染色體都有活性。一旦胚胎幹細胞開始分化，其中一條X染色體就會停止表現 *Tsix* 基因，讓同一條染色體上的 *Xist* 基因表現，進而驅動X染色體不活化。

單靠 *Tsix* 基因大概沒辦法壓制 *Xist* 基因。在胚胎幹細胞裡，Oct4、Sox2、Nanog 這三種蛋白會跟 *Xist* 基因的第一個內含子結合，抑制基因表現[19]。當年，山中伸彌使用四種因子將體細胞重新編排、使其變成具超多能分化性的誘導型超多能分化型細胞（iPS），Oct4 與 Sox2 即為其中兩種。後續其他實驗亦顯示，Nanog 因子（取自居爾特「Celt」神話中的青春永駐之島）也具備重新編排因子的功用。在胚胎幹細胞這類未分化的細胞裡，Oct4、Sox2、Nanog 表現相當活躍；細胞一旦開始分化，這三種因子的濃度立刻下降。在進行分化的女性胚胎幹細胞內，Oct4、Sox2、Nanog 濃度下降、同時亦不再與 *Xist* 內含子結合，此舉可稍微移除 *Xist* 基因表現的障礙。相反的，當女性體細胞利用山中法進行重新編排，原本不活化的X染色體即可再活化[20]。不活化的X染色體下一次、也是唯一一次再活化的時機，是胚胎發育期間、原始生殖細胞開始生成的階段，這也是受精卵一開始就擁有兩條活化X染色體的原因。

兩條X染色體的不活化作用何以如此互斥，目前仍有些許未明之處。理論之一是「一切都是

X接吻造成的」，這個動作發生在*Tsix*濃度開始下降、山中因子也下降的時間點。該理論認為，兩條X染色體達成某種協定：前述各種ncRNA、山中因子並非均分至兩條X染色體，而是透過某種機制、一致匯流到某一條X染色體上。釐清這個步驟的意義不大，因為有可能只是某一條染色體剛好比另一條多帶一點某關鍵因子，進而引來更多特定蛋白，接著再透過某種自律系統組成複合體；染色體上的複合體愈多，就能吸引更多夥伴加入，於是雪球愈滾愈大、愈滾愈大。

自瑪麗．里昂開啟這項研究至今已有五十年，但令人訝異的是，我們對X染色體不活化的了解竟還有這麼多的空白待填補。我們其實並不真的明白*Xist* RNA如何貼回製造、表現它的那條染色體，或者它如何引來所有抑制型表觀遺傳酵素與調節因子。因此，也許現在該是退出流砂、踏回堅實地面的時候了。

咱們先回到本章稍早的一段話：「細胞一旦『關閉』其中一條X染色體，該細胞所有子細胞的該染色體拷貝將終生處於關閉狀態，即使該名女性長壽超過百歲也一樣。」我們是怎麼知道的？我們何以如此肯定，體染色體內的X染色體不活化會穩定存在？現在我們已經可以利用小鼠操作遺傳工程、進行驗證，然而早在遺傳技術可行之前，科學家就已非常確定這就是標準答案了。這一回，我們要感謝的不是小鼠，而是貓。

貓教授的表觀遺傳課

不是隨便哪隻阿貓阿狗都能勝任這堂課，這堂課只有三花貓有資格教授。各位大概已經知道三花貓的典型長相：身上帶有黑色混薑黃色斑塊，底毛多半是白色。貓身上每一根毛的毛色都由一種叫「黑色素細胞」（melanocytes）的細胞來控制。這種細胞會分泌色素，主要見於皮膚組織，由特殊的幹細胞分化而來。黑色素細胞的幹細胞分裂後，生成的兩個子細胞會緊貼在一起，形成一塊源自相同幹細胞的細胞小補丁。

現在，不可思議的來了：如果有哪隻貓是三花貓，那麼牠一定是母的。

貓咪身上有個控制毛色的基因，要不帶黑色、要不帶橘色，而這個基因碰巧在X染色體上。某隻貓可能從母親遺傳到帶有黑毛基因的X染色體，從父親遺傳到帶橘毛基因的X染色體（或者正好相反）。圖9.5告訴你接下來的故事。

總而言之，三花貓身上的橘斑與黑斑，完全是黑色素幹細胞內、X染色體隨機不活化的結果。即使貓咪變老，身上的花紋斑塊也不會改變，終其一生都是這個模樣。這告訴我們，創造出這種毛色花樣的細胞，其X染色體不活化的狀態會永遠維持一致。

我們之所以知道三花貓都是母的，是因為這個毛色基因不在Y染色體上，只會在X染色體上。由於公貓只有一條X染色體，因此牠只會有黑毛或薑黃毛，永遠不可能兩者同時存在。

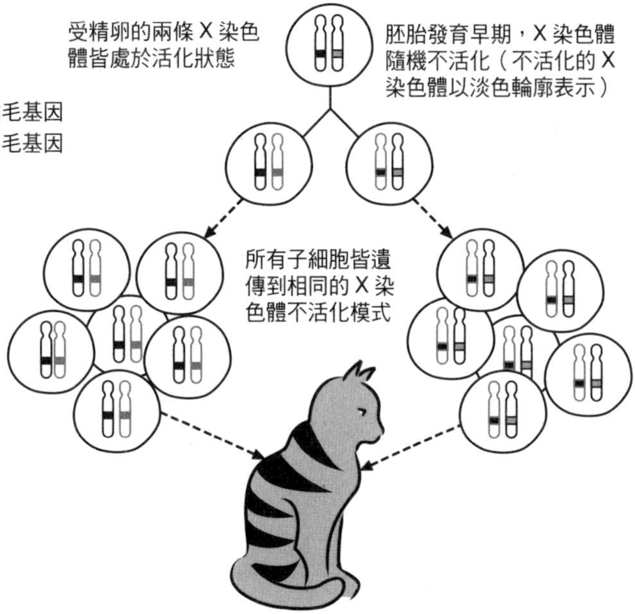
受精卵的兩條X染色體皆處於活化狀態
胚胎發育早期，X染色體隨機不活化（不活化的X染色體以淡色輪廓表示）
橘毛基因
黑毛基因
所有子細胞皆遺傳到相同的X染色體不活化模式

圖 9.5 母三花貓的橘毛與黑毛基因都在X染色體上。複製細胞形成的小補丁會依皮膚細胞內X染色體不活化的模式，形成各自獨立的橘毛斑與黑毛斑。

人類的罕見疾病「性聯遺傳外胚層發育不良症」（X-linked hypohudrotic ectodermal dysplasia，即「無汗症」）也有類似的情形。這個病症乃X染色體上的 *ECTODYSPLASIA-A* 基因突變所引起[21]。若男性唯一一條X染色體上的 *ECTODYSPLASIA-A* 基因發生突變，此人會出現「完全沒有汗腺」等多種病徵。沒有汗腺這點在社交上好像挺不錯的，但其實相當危險。排汗是動物逸散體熱的主要途徑之一；有這種毛病的男子，其器官組織可能嚴重受損，也可能因中暑或熱衰竭而喪命[22]。

女性擁有一對 *ECTODYSPLASIA-A* 基因，分別位在兩條X染色體上。帶有性聯遺傳外胚層發育不良症基因、但本身未發病的女性，她的基因一正常、一突變。該名女性身上的不同細胞會隨機不活化任一條X染色體，也就是說，有些細胞會表現正常版的 *ECTODYSPLASIA-A* 基因，其他則隨機關閉X染色體所帶的正常基因，導致無法表現 ECTODYSPLASIA-A 蛋白。由於細胞複製方式使然，這些女性就像三花貓一樣，表現 *ECTODYSPLASIA-A* 基因的區域會出現斑塊，其餘則否；再者，因為沒有 ECTODYSPLASIA-A 蛋白就無法生成汗腺，所以有斑塊的皮膚可以排汗降溫，其他部位則否。

若X染色體上的基因發生突變，則X染色體隨機不活化會對帶有該突變基因的女性造成明確影響。該影響不僅取決於突變基因的類型，亦取決於需要該基因所編載、表現的蛋白的組織。「第二型黏多醣症」（mucopolysaccharidosis II, MPSII）即是X染色體上的 *LYSOSOMAL IDURONATE-2-SULFATASE* 基因突變所造成的。若男孩身上唯一一條X染色體的 *LYSOSOMAL IDURONATE-2-SULFATASE* 基因發生突變，他們將無法分解某些大型分子，導致其堆積在細胞內至中毒程度。該病的主要徵狀包括呼吸道感染、身材矮小、肝脾腫大。嚴重受影響的孩子也深受智能障礙所苦，可能在青春期即因病離世。

帶有相同突變的女性通常健康得不得了。一般來說，細胞製造 LYSOSOMAL IDURONATE-

2-SULFATASE蛋白後會分泌出去、再由鄰近細胞接收。以這種情況來說，哪個細胞的哪條X染色體不活化其實並不重要。對於每一個X染色體帶有正常基因、卻因X染色體不活化而連帶不活化該基因的細胞而言，附近的其他細胞可能不活化帶有不正常基因的X染色體、仍可正常分泌蛋白質。如此一來，不管各細胞有沒有辦法自己製造LYSOSOMAL IDURONATE-2-SULFATASE蛋白，最後每個細胞都能獲得充足的LYSOSOMAL IDURONATE-2-SULFATASE蛋白[23]。

「杜顯氏肌肉萎縮症」（Duchenne muscular dystrophy, DMD）是一種嚴重的肌肉消耗性疾病，由X性聯基因*DYSTROPHIN*突變造成。*DYSTROPHIN*是個大型基因，載有大分子蛋白質密碼，這種蛋白的主要功能是協助肌纖維吸收衝擊。這個基因發生突變的男孩，肌肉嚴重退化消失，通常活不過青少年期；然而帶有相同突變的女孩多半沒有任何症狀。造成這種差異的原因是，由於肌肉是一群結構極不尋常的組織、名為「合胞體組織」（syncytial tisse），意即大量細胞彼此融合，像單一巨型細胞協同運作，卻擁有許多獨立細胞核。這正是帶有*DYSTROPHIN*基因突變的女性大多沒有症狀的原因：隨機關閉帶有突變基因X染色體的細胞核依舊能製造足量且正常的蛋白質，維持這群合胞體組織健康運作[24]。

不過偶爾仍有些零星病例，顯示該防呆系統瓦解失能。曾有一宗病例是：一對女性同卵雙胞胎中的一人罹患嚴重的杜顯氏肌肉萎縮症，但另一人百分之百健康[25]。理由是這名患病的雙胞胎X染色體不活化程序失敗了；在組織分化初期，只能說她運氣不好，那些未來有可能分化成肌肉組織的細胞，關閉了帶有正常 *DYSTROPHIN* 基因的X染色體，以致這名女性體內絕大多數的肌肉細胞只會表現突變版的 *DYSTROPHIN* 基因，導致肌肉嚴重萎縮。該病例可視為展現表觀遺傳隨機調控力的最佳範例：兩名基因相同、顯然都帶有兩條完全一樣的X染色體的個體，卻因為表觀遺傳平衡消長而顯現截然不同的表現型。

然而，有的時候，「各**獨立細胞**表現正常數量的蛋白質」這一點是很重要的。不知各位在第四章是否留意到：雷特氏症只會影響女性。也許有人如此揣測：不知為何，男性對 *MeCP2* 基因突變造成的影響具有相當的抵抗性；但事實正好完全相反。*MeCP2* 基因剛好位在X染色體上，因此男性胚胎若遺傳到雷特氏症的突變基因，根本無法表現正常的 MeCP2 蛋白。在發育早期，完全缺乏 *MeCP2* 基因表現、沒有 MeCP2 蛋白的胚胎多半無法存活，這也是何以幾乎沒有先天罹患雷特氏症的男嬰誕生的原因。女孩帶有一對 *MeCP2* 基因、分別位在兩條X染色體上；因此任何細胞都有百分之五十的機率不活化帶有非突變 *MeCP2* 基因的X染色體，導致該細胞無法正常表現、製造 MeCP2 蛋白。因此，雖然帶突變基因的女性胚胎得以發育生長，然而若有不少大腦神經細胞缺乏 MeCP2 蛋白，最後仍會對女嬰出生後的正常腦部發育與功能造成重大影響。

一、二、以及很多

關於X染色體，目前還有許多難題尚待解答。其中之一跟X染色體不活化有關，那就是：哺乳動物細胞到底有多會數數兒？二〇〇四年，紐約哥倫比亞大學的彼得．葛登（Peter Gordon）發表他在巴西某隔離部落「毗拉哈」（Piraha）所做的研究結果。這個部落有代表數目「一」和數目「二」的字彙，但所有數目大於二的則籠統表示為「很多」[26]。我們的細胞也一樣嗎？還是它們有能力數到二以上的數目？假如細胞核含有兩條以上的X染色體，負責不活化X染色體的機制有辦法辨別、處理嗎？許多研究顯示，咱們的細胞辦得到。基本上，不論細胞核內有幾條X染色體（嚴格來說是「X染色體不活化中心」），細胞都數得出來、也能不活化多條X染色體，直到核內只剩一條具活性的X染色體為止。

相較於體染色體，人類之所以較常出現X染色體數目異常也是肇因於此。茲將最常見的範例列於表9.1。

不孕是上述所有病症的共通點。部分原因是患者在製造卵子或精子時，有個重要步驟是「染色體必須一對對排好」；如果出現非偶數的性染色體，這個階段就會出錯，做出嚴重受損的配子細胞。

撇開不孕不談，我們還可以從這張表彙整出兩個明顯結論：首先，與體染色體數目異常相比

病名	核型 （含X染色體數）	性別	嬰兒存活率 （已知案例， 數字可能低估）	一般徵狀
透納氏症 （Turner）	45,X	女性	1/2500	身材矮小 不孕、蹼頸 腎臟異常
X染色體三倍體症 （Trisomy X）	47,XXX	女性	1/1000	身材高瘦 不孕 五官異常 肌肉張力不佳
柯林菲氏症 （Klinefelter's）	47,XXY	男性	1/1000	瘦高或圓身 不孕 言語障礙

表 9.1　人類染色體數目異常所導致的常見病症及主要特色摘要。

（如21三倍體症，即「唐氏症」），性染色體數目異常的表現型症狀相對輕微。這顯示細胞對於X染色體過多或過少的容忍度遠超過體染色體數目異常。另一個明顯結論是，X染色體數目異常確實會對表現型造成些許影響。

為什麼會這樣？說到底，不論細胞內有幾條X染色體，X染色體不活化都能確保胚胎在發育早期時能不活化所有多餘的X染色體，只剩一條具活性。不過，如果故事到此為止，那麼帶有核型45,X和47,XXX的女性表現型就不會不一樣，甚至跟正常帶有46,XX的女性也不會有所不同。同樣的，帶有正常46,XY核型的男性跟帶有47,XXY的男性在外觀上也應無二致。因為這些核型的細胞裡全都只有一條活化的X染色體呀。

帶有這類異常核型的人何以在臨床上呈現不同徵狀，有一說法是，也許X染色體不活化在某些細胞內執行得並不確實；但似乎不是這麼回事。X染色體不活化發生在胚胎發育非常初期的階段，在所有表觀遺傳調控機制中算是最穩定的一種，因此我們需要另一種解釋。

答案源自一億五千萬年前，在胎盤哺乳動物剛發展XY性別決定系統的時候。X、Y染色體可能衍生自體染色體，Y染色體變化極大，X染色體相對輕微[27]；然兩者都還保有過去體染色體的影子。X、Y染色體都有一處名為「偽體染色體區」（pseudoautosomal regions）的區域，此區內的基因不論X或Y染色體皆而有之，如體染色體的對偶基因（即同樣的基因在相同位置），從父母雙方各遺傳得到一份拷貝。

當X染色體不活化時，這些偽體染色體區得以倖免；也就是說，偽體染色體區跟X染色體上的其他區域不一樣，這裡的基因不會被關閉。其結果是，在正常細胞裡，這區的基因通常兩份拷貝都會表現。意即正常女性兩條X染色體上的兩份基因拷貝都會表現，正常男性僅有的X染色體上的一份拷貝也會表現。

但罹患透納氏症的女性只有一條X染色體，因此她只能表現該染色體偽體染色體區內的一份基因拷貝，也就是正常女性的一半量；另一方面，在X染色體三倍體症患者身上，她們的偽體染色體區基因有三份拷貝，導致受影響的細胞會比正常細胞多製造百分之五十的蛋白質。

X染色體的偽體染色體區內有個基因叫 *SHOX*。*SHOX* 基因突變的患者通常身材矮小。這大概也是透納氏症患者身材也偏矮小的原因，因為她們的細胞無法製造足量 SHOX 蛋白。相對的，由於患有X染色體三倍體症的女性比正常女性多了百分之五十的 SHOX 蛋白，這可能也是她們身材偏瘦高的原因[28]。

性染色體三倍體症並不只限人類才有。也許有一天，你會興高采烈、信誓旦旦地宣布朋友的三花貓肯定是母的，讓他們大吃一驚；萬一他們反駁你，表示獸醫已經確認他們的三花貓是公貓時，你可以莞爾一笑，賊賊地說：「噢，那是因為牠們的染色體核型不正常。牠大概是 XXY 吧，而不是正常的 XY。」如果你心情好、特別想作弄人，那麼你還可以告訴朋友「這隻公貓不孕」。這應該能讓他們乖乖閉上嘴巴。

第十章 訊息與傳令兵

科學一旦納入信條，無異自毀前程。

——湯瑪斯·亨利·赫胥黎

湯瑪斯·孔恩（Thomas Kuhn）一九六二年出版的《科學革命的結構》（*The Structure of Scientific Revolutions*）可謂影響科學哲學最深遠的著作。這本書的論點之一是，科學進化不是個循序漸進、線性、禮尚往來的過程，並非所有科學發現皆彼此調和不衝突；相反的，各個領域往往存在某優勢理論，左右整個領域。每當有人提出新的、具衝擊性的數據資料，不見得會馬上推翻原本的優勢理論；它可能這裡微調一點、那裡修正一點，但科學家總會、也通常會持續相信該理論，直到累積足夠的證據推翻它為止。

我們可以把這套優勢理論視為鷹架，將新的、具衝擊性的數據資料視為形狀稍嫌詭異、混進屋頂的礫石建材。眼前或許還有辦法魚目混珠，繼續把礫石混入屋頂，但總有一天，總會來到屋頂再也無法承受這些詭異石子重量的時間點，導致架頂坍塌。若套用在科學上，這個時間點正是利用礫石打造新鷹架的根基、建構新理論的時候。

孔恩將這個「坍塌–重建」的過程稱為「典範轉移」（paradigm shift）。這個詞被高階媒體引用之後，變成某種流行術語、陳腔濫調。典範轉移不只建構在純粹理性之上，它還涉及優勢理論維護者在情感、社會學層面的心理變化。早在湯瑪斯・孔恩發表這本書的許多年以前，偉大的德國科學家普朗克（Max Planck）、同時也是一九一八年諾貝爾物理學獎得主，另以更言簡意賅的方式詮釋這個概念。他寫道：「科學理論不會因為老科學家改變心意而有所改變，科學理論之所以改變是因為老科學家掛了[1]。」

我們正處於生物學的「典範轉移」狀態。

一九六五年，諾貝爾生理醫學獎頒給方斯華・賈克柏（François Jacob）、安德烈・利沃夫（André Lwoff）、賈克・莫諾（Jacques Monod）三人，表彰他們在「酵素與病毒合成的遺傳控制」方面的發現，其中包括我們在第三章首次讀到的「傳訊RNA」（mRNA）。mRNA 是一種相對短命的分子，負責轉介染色體DNA資訊，扮演製作蛋白質的中介模板。

多年前，我們就已經知道細胞裡還有別種RNA存在，特別是轉送RNA（tRNA）和核糖體RNA（rRNA）。tRNA 是種小型分子，能一端扣住一個胺基酸。當細胞讀取 mRNA、準備製作蛋白質的時候，tRNA 負責將胺基酸原料搬運至增長中的蛋白質鏈的正確位置。這段過程發生在細胞質內、一處叫「核糖體」的大型結構裡。rRNA 是核糖體的主要組成分子，作用有點像巨型工作架，將各式各樣的RNA、蛋白質固定在特定位置上。RNA的世界看似直接不囉唆：有結構型的RNA（如 tRNA 和 rRNA），也有負責傳遞訊息的 mRNA。

數十年來，分子生物學伸展台上的明星一直是DNA（最底層的密碼）和蛋白質（細胞內具功能性、能做事的分子）。RNA被降級成不怎麼令人感興趣的中介分子，職責是將藍圖上的資訊運送至工廠工人手上。

所有研究分子生物學的人都同意，蛋白質的重要性非比尋常。它們執行的工作範圍極廣、能成就生命。因此，蛋白質編碼基因也同樣極為重要。這些載有蛋白質密碼的基因若發生任何細微變化——例如突變——都可能造成如血友病或纖維囊腫等災難性的影響。

然而，這種世界觀多少也讓科學社群的眼界稍嫌狹隘。蛋白質、以及從蛋白質延伸且有關聯的蛋白質編碼基因固然重要，但並不表示基因體內的其他物質便不值一顧。儘管上述理論架構已應用數十年之久，但說來奇怪，我們從許多年前起即掌握相當的數據資料，證明蛋白質並非故事全貌。

為什麼不把垃圾扔了

科學家認定細胞「先寫好藍圖、再送至工廠」已有好一段時間了。理由是第三章提過的「內含子」。內含子是一段拷貝自ＤＮＡ、轉成ＲＮＡ的序列，卻在訊息經核糖體轉譯成蛋白質之前被截除。科學家在一九七五年首度發現內含子[2]。一九九三年，諾貝爾獎頒給發現內含子的理查・羅伯茨（Richard Roberts）與菲立普・夏普（Phillip Sharp）。

一九七〇年代，科學家將單細胞生物與複雜生命體（如人類）兩相比較。這兩種生物是如此天差地別，但兩造細胞的ＤＮＡ數量竟驚人相近。這令科學家開始思考，有些基因體必定含有大量實際上並無用處的ＤＮＡ，進而引入「垃圾ＤＮＡ」的概念[3]——即不具意義、未載有基因密碼的染色體序列。約莫在同一時間，幾處實驗室亦表示，哺乳動物基因體中有大量ＤＮＡ序列似乎一再重複、亦未載有蛋白質密碼（重複序列ＤＮＡ）。由於這些序列不帶蛋白質密碼，研究人員遂假設它們對細胞功能毫無貢獻，純粹只是來湊熱鬧而已[4、5]。弗朗西斯・克里克（Francis Crick）等人即發明「自私的ＤＮＡ」一詞，用以描述這些區域。近來，有人打趣表示「垃圾ＤＮＡ」和「自私ＤＮＡ」這兩個模式是「新近冒出頭、且廣受遺傳學邊緣人和演化殘渣歡迎的基因體新觀點」[6]。

人類是很了不起的生物，擁有萬億細胞、數百種細胞類型、各式各樣的組織和器官。這麼做也許有點調皮，但不如就拿咱們跟遠房親戚「秀麗隱桿線蟲」（*Caenorhabditis elegans*）比一比吧！這種顯微鏡底下才看得到的線蟲約莫只有一公厘長，生活在土壤中。牠有許多跟高等動物一樣的器官，例如腸道、口、腺體等；然而，這種線蟲全身頂多只有一千個細胞而已。厲害的是，在觀察秀麗隱桿線蟲（簡稱 *C. elegans*）成長的過程中，科學家得以逐一鑑別這些細胞出身何處。

這條迷你小蟲儼然成為強大的實驗材料，理由是牠能提供我們細胞與組織發育的脈絡圖。科學家因此得以調整特定基因表現，精確描繪基因突變對正常發育的影響。事實上，*C. elegans* 堪稱發育生物學諸多重大突破的基礎，因此諾貝爾獎委員會將二〇〇二年的生理醫學獎頒給悉得尼．貝瑞那（Sydney Brenner）、羅伯特．霍維茨（Robert Horvitz）、約翰．蘇爾斯頓（John Sulston）三人，表彰他們對這種生物的精闢研究。

以應用層面來說，我們不該挑剔 *C. elegans*，但牠的複雜程度實在比不過我們人類。人類的設計何以如此精細？光看這許許多多與細胞功能有關的蛋白質，科學家最原始的假設是：像哺乳動物此等複雜生命體，應該會比這種構造簡單的生物擁有更多蛋白質編碼基因。這個假設十分合理，卻與湯瑪斯．亨利．赫胥黎描述的現象相牴觸。十九世紀的湯瑪斯．亨利．赫胥黎是達爾文最忠實的擁護者，第一個道出「以醜陋的事實扼殺美好的假設」這句名言的也是他。

隨著DNA定序技術的成本和效率日趨改善，全球無數實驗室傾力投入各種生物的基因體定序工作。研究人員利用各式軟體工具，鑑別不同基因體中可能是蛋白質編碼基因的部分。他們的發現著實令人驚訝：生物體所帶的蛋白質編碼基因遠比預期的要少很多。科學家完成人類基因體解碼之前，他們預測人類身上大概有十萬多個基因；現在我們知道，實際數字界於兩萬至兩萬五之間[7]。更奇特的是，*C. elegans* 竟然有近兩萬兩百個基因[8]，這個數字跟人類差不了多少。

不只我們跟 *C. elegans* 擁有數目近乎相同的基因，這些基因載有的密碼所做出的蛋白質也大同小異。意思是說，若取人類細胞分析基因序列，我們會發現跟線蟲某基因大致相同的基因序列。也就是說，人類跟線蟲在外觀上之所以如此不同，原因並非「智人」（*Homo sapiens*）比牠們擁有更多、更不一樣或者更好的基因。

當然，生命體愈複雜，剪接基因的方式肯定比構造簡單的生物體更為多變。讓我們再以第三章的圖3.3作比喻。*C. elegans s* 說不定只能做出DIG和DAN兩種蛋白，但哺乳動物除了前述兩種以外，還能做出CARD、RIGA、CAIN及CARDIGAN四種。

這種設計毫無疑問能讓人類比一公厘小蟲合成更多品項的蛋白質，卻也引來一個新問題：這些更複雜的生命體要如何調節剪接方式更複雜的基因片段？照理說，這個調控機制應該單獨由蛋白質掌控，但這麼做反而有其難處：當細胞需要愈多蛋白質來調節複雜的網絡工作，細胞就需要更多蛋白質來執行調節任務。若以數學模型推演，此舉將迅速導致「蛋白質供不應求、需求大過生產」的情況。這顯然行不通。

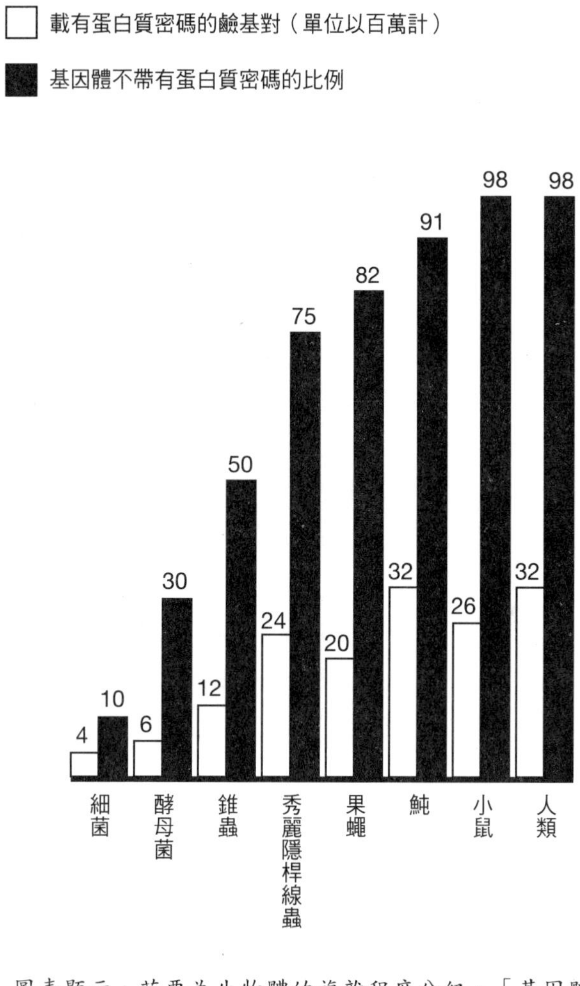

圖 10.1　圖表顯示，若要為生物體的複雜程度分級，「基因體不帶蛋白質密碼的比例」（黑）似乎比「基因體上載有蛋白質密碼的鹼基對數目」（白）更適合做為評定標準。

＊資料摘自 Mattick, J.(2007), Exp Biol. 210:1526-1547

所以咱們有其他變通辦法嗎？有的。答案如圖10.1所示。圖表的一端是細菌。細菌擁有非常小、包捆得極密實的基因體。細菌的蛋白質編碼基因涵蓋約四百萬鹼基對，約占基因體的九成。細菌是非常簡單的生物，控制基因表現的方式亦相當死板；不過，隨著演化樹向右移動，情況也開始有所不同。

線蟲 *C. elegans* 的蛋白質編碼基因覆蓋兩千四百萬鹼基對，卻僅占基因體的百分之二十五，其餘百分之七十五不載有蛋白質密碼。最後來到人類，人類的蛋白質編碼基因具三千二百萬鹼基對，卻只占全部基因體的百分之二，超過九成八的基因體未編有蛋白質密碼；除了那百分之二，咱們的基因體全是「垃圾」。

換言之，基因數目或基因大小並非衡量生物體複雜度的指標。基因體上唯一呈現「生物體複雜度愈高、所占比例愈大」特徵者，只有**未載有**蛋白質密碼的區段。

一言堂

所以，基因體的這些非編碼區域到底有何作用？何以如此重要？唯有當我們留意到語言、措辭對人類思考過程帶來多大的影響時，我們才會認真思考這個問題。這些區域稱為「非編碼區」，但意思只是這些區域不載有**蛋白質**密碼。這跟完全沒編碼、不載有密碼壓根是兩碼子事。

科學界有句名諺：缺乏證據不等於證據不存在。比方說，在天文學中，一旦有科學家開發能偵測到紅外線輻射的望遠鏡，他們就能觀測到好幾千顆過去「看不見」的星子。星星一直都在，只是我們沒辦法確實觀測到，直到我們擁有能觀測的儀器才改變這個狀況。另一個更貼近日常生活的例子是手機訊號。這些訊號無所不在，但我們察覺不到，除非咱們拿出手機來用才知道。換句話說，我們能發現什麼主要取決於觀看的方式。

科學家分析RNA分子，辨別哪些類型的細胞會表現哪些基因。他們把細胞內所有的RNA全抽出來，利用不同技術進行分析，建立一個集合所有已知RNA分子的數據資料庫。研究人員在一九八〇年代剛開始調查細胞類型與基因表現的關係時，當時的技術相對比較不敏感。他們也設計了只偵測 mRNA 分子的方法，因為 mRNA 似乎是所有RNA中最重要的。研究人員開發的方法在偵測大量表現的 mRNA 時相當管用，但對於表現不明顯的序列則力有未逮。另一個干擾因子是 mRNA 分析軟體；由於設定的關係，軟體執行時會自動忽略源自重複序列（即垃圾DNA）的訊號。

在描繪我們原本就感興趣的目標時（譬如帶有蛋白質密碼的 mRNA 分子），這些技術相當好用；但誠如我們所見，這些方法只能呈現基因體百分之二序列。直至新技術開發、電腦效能大幅提升之後，我們才開始了解其餘的百分之九十八、也就是基因體上的非蛋白質編碼區曾發生過一些相當有意思的事件。

透過這些改良的科技方法，科學界開始意識到，在不帶有蛋白質密碼的區域中，確實有大量轉錄活動持續發生。起初大家把這些活動斥為「轉錄雜訊」，認為所有基因體應該存在某種「基因表現的基準雜音」，猶如這些DNA區域偶爾會做出超過或不及偵測門檻（閾值）的RNA分子。當時的想法是，雖然我們可以用新技術、或者更敏感的儀器偵測到這些分子，但它們在生物學上不見得都有意義。

「轉錄雜訊」基本上是隨機發生的事件。然而，細胞表現這些非蛋白質編碼RNA的模式依細胞類型不同而異，意即它們的轉錄活動可能比隨機還要隨機[9]。舉例來說，大腦就經常表現大量的轉錄雜訊。目前愈來愈清楚的是，大腦各區的轉錄雜訊表現模式並不相同[10]。在比較不同個體的大腦區域表現模式時，我們發現這個效應是可以重複發生的。原本我們預期這種低層次的RNA轉錄活動單純只是隨機過程，但結果與預期大不相同。

此外，我們也愈來愈明白，非蛋白質編碼基因的轉錄作用對細胞正常運作極為重要。但詭異的是，目前我們還陷在自己挖出來的語言陷阱裡。從這些區域製作出來的RNA——意即先前雷達偵測不到的RNA——仍被稱為「非編碼RNA」（ncRNA）。這實在是個馬馬虎虎、語焉不詳的速寫字，因為我們真正指稱的是「非蛋白質編碼RNA」。事實上，ncRNA 確實帶有某種密碼，編載屬於它自己的、具功能性的RNA密碼。ncRNA 跟成熟的 mRNA 不同：一般RNA的終點是蛋白質，但 ncRNA 本身即為自己的終極目標。

重新定義垃圾

這是一次典範轉移。過去至少四十年來，分子生物學家與遺傳學家始終只把焦點放在載有蛋白質密碼的基因、以及蛋白質身上。雖然不是沒有例外，但學界大多將 ncRNA 視為「鷹架上的怪石頭」。不過，ncRNA 自此終於站穩腳步、與蛋白質並列為具完整功能的分子；彼此互異，但地位平等。

基因體裡裡外外都能發現 ncRNA 的蹤影。它們有些來自內含子：起初，科學家以為這些轉錄自內含子且剪接剩下的 mRNA 會遭細胞分解；現在看來，至少某些（就算非全部也有一小部分）殘渣似乎能獨立運作、成為真正有功能的 ncRNA。其他則與基因重疊，大多轉錄自載有蛋白質密碼的 mRNA 對應股。還有一些則源自完全沒有蛋白質編碼基因的區域。

我們在上一章認識兩種 ncRNA，分別是 *Xist* 和 *Tsix*。這兩種都是X染色體不活化時所需的元素，也是長度相當長的 ncRNA（長達好幾千鹼基對）。科學家首次鑑識 *Xist* 時，它只是學界所知的第二個 ncRNA。目前估計高等哺乳動物細胞裡約莫有數千種 ncRNA分子，且「身長」都超過三萬鹼基（根據定義，只要超過兩百個鹼基就算長），小鼠即為一例[11]。事實上，長鏈 ncRNA 的數目可能比載有蛋白質密碼的 mRNA 多出許多。

除了X染色體不活化，長鏈 ncRNA 也是銘印作用不可缺少的一員。許多銘印區都有一區段編載長鏈 ncRNA 密碼，讓周遭基因全部「閉上嘴巴」，作用跟 *Xist* 很像。凡是表現長鏈 ncRNA 的染色體，該染色體載有蛋白質密碼的 mRNA 就全部不表現。比如小鼠有一種名為「*Air*」、表現在胎盤組織的 ncRNA，只能遺傳自父親的十一號染色體；當 *Air* ncRNA 表現，鄰近的 *Igf2r* 基因便受到抑制，但僅限於同一條染色體上的 *Igf2r* 基因[12]。這個機制能確保子代只會表現遺傳自母親染色體上的 *Igf2r* 基因。

*Air*ncRNA 意義重大，它讓科學家得以探究長鏈 ncRNA 如何抑制基因表現。雖然該 ncRNA 仍局限在銘印基因簇的特定位置，卻能像磁鐵一樣，引來名為「G9a」的表觀遺傳酵素。G9a 能給位在同一區段核小體內的 H3 組蛋白安上抑制標記，這套組蛋白修飾繼而創造傾向「抑制染色體」的環境，最後關閉基因。

這項發現猶如一盞明燈，照亮某個困擾表觀遺傳學家多年的問題，讓科學家頭一次看見希望。是說：組蛋白如何調節控制那些局限在基因體特定位置上、負責加上或移除表觀遺傳調控標記的諸多酵素？組蛋白調節酵素無法直接辨認特定DNA序列，這樣的話，它們要如何卡進基因體的正確位置？

組蛋白修飾模式依細胞類型不同、而局限在不同基因上，讓基因得以在良好調節下，精巧細膩地各展所長。舉例來說，EZH2 這種酵素能讓 H3 組蛋白二十七號位置上的離胺酸甲基化，但是在別的細胞裡，EZH2 鎖定的卻是 H3 組蛋白上的其他標的。簡言之，EZH2 可以甲基化血球細胞*A*基因上的H3組蛋白，卻動不了神經細胞同一位置上的H3；反過來說，EZH2能甲基化神經細胞*B*基因上的H3組蛋白，卻拿血球細胞同一位置的H3沒轍。同一種酵素分處在兩種不同細胞裡，標的也不一樣。

目前有愈來愈多證據顯示，長鏈ncRNA的交互作用多少可說明少部分有明確目標的表觀遺傳調控機制。近年，李教授團隊針對某種能跟蛋白質複合體結合的長鏈ncRNA，進行分析研究。這個蛋白質複合體名為「PRC2」，能製造可作用於組蛋白的抑制型調控標記。PRC2由數個蛋白質組成，其中某蛋白能和長鏈ncRNA（可能就是EZH2）交互作用。研究人員發現，在小鼠胚胎幹細胞裡，PRC2複合體能和上千種不同的長鏈ncRNA結合[13]。這些長鏈ncRNA的角色有點像餌，可以拴在當初被當成模板、製造這些ncRNA的特定基因體區段上，引來抑制型酵素、關閉基因表現。而這一切之所以會發生，則是因為這類抑制型酵素複合體含有像EZH2這種能與RNA結合的蛋白質所致。

科學家喜歡建構理論，因此某種程度也幫長鏈ncRNA造了一套還不錯的理論：長鏈ncRNA似乎會先跟當初自己轉錄而來的區段結合，再抑制該染色體上的基因表現。但是，若翻回本章最初的那個譬喻，不得不說咱們造的鷹架尺寸似乎小了些，而且還在屋頂混了不少石子。

*HOX*這一族基因很妙。當果蠅（*Drosophila melanogaster*）體內的*HOX*基因發生突變，表現型會產生巨變——比如頭上長腳之類的[14]。有一條名為*HOTAIR*的長鏈ncRNA，負責調節

HOX-D 這個區域的基因族。正如李教授研究的長鏈 ncRNA，*HOTAIR* 也會跟 PRC2 複合體結合，在染色體上產生一段帶有抑制型組蛋白修飾標記的區段。不過 *HOTAIR* 並非轉錄自十二號染色體的 *HOX-D* 區段，而是源自二號染色體另一名為 *HOX-C* 的基因族[15]。誰也不知道 *HOTAIR* 何以、又為何要跟 *HOX-D* 湊在一起。

當前研究最透徹的長鏈 ncRNA「*Xist*」似乎也背負某種謎團。*Xist* ncRNA 幾乎布滿整條遭不活化的X染色體，但真正原因不明。染色體一般不會全身覆滿RNA分子。目前沒有明確理由顯示 *Xist* ncRNA 何須瘋狂結合至這種程度，但已知跟染色體上的序列無關。在前一章提及的實驗中，任何體染色體只要帶有X染色體不活化中心，*Xist* 就能不活化整條體染色體；這顯示只要 *Xist* 一黏上染色體，就開始從頭到尾跑透透。基本上，對於這個目前研究最透徹的 ncRNA，科學家對其基本特質仍是一片霧煞煞，完全摸不著頭緒。

令人驚訝的還不只這一樣。直到不久以前，科學家還以為所有長鏈 ncRNA 都只會抑制基因表現。二〇一〇年，費城威斯達研究院（Wistart Institute）的拉敏・齊克哈塔教授（Ramin Shiekhattar）在幾種不同類型的人類細胞內，鑑定出超過三千種長鏈 ncRNA。這些長鏈 ncRNA 在不同類型的細胞裡呈現不同表現模式，故而推測它們可能各有各的特定角色。齊克哈塔教授團隊選擇若干長鏈 ncRNA 來試驗，試圖找出各自的功能；他們利用一套成熟穩定的實驗方法拆解目標 ncRNA 的表現結果，同時分析鄰近基因的表現；圖10.2顯示教授們預測以及實際的實驗結果。

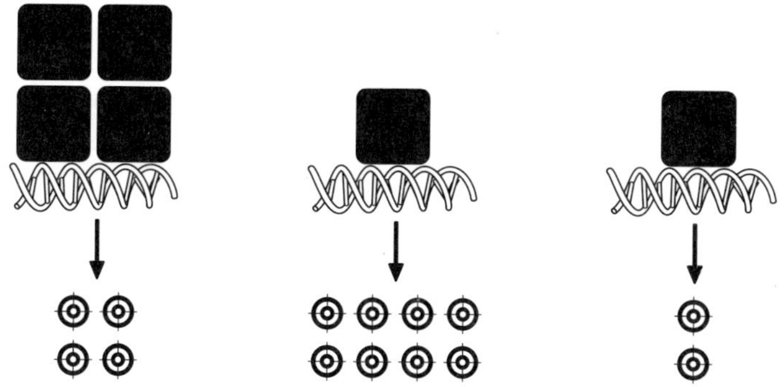
假設：ncRNA 會抑制目標基因表現。
預測：削減 ncRNA 表現程度可提高目標基因表現程度。
實際結果：削減 ncRNA 表現程度導致目標基因降低表現。

圖 10.2　科學家認為所有 ncRNA 都會抑制基因表現。若假設正確，那麼削減某特定 ncRNA 表現（抑制力減弱）應可提高目標基因表現程度。上圖中即呈現此一假設。然而目前已逐漸明確的是，許多 ncRNA 其實會驅使、提高目標基因表現。在抑制 ncRNA 表現的實驗中，偶爾會出現如上圖右的結果。

科學家挑選十二種 ncRNA 進行測試。其中七件的結果如圖 10.2 最右圖所示，和預期完全相反，因為這顯示可能有一半的長鏈 ncRNA 實際上不僅不會削減鄰近基因表現，反倒還會助長其表現[16]。

更精簡的說法是——如該論文作者所言：「ncRNA 如何加強基因表現，其精確機制目前仍不得而知。」任誰都很難反駁這項結論。這話言簡意賅，表明現階段確實不了解這一切是怎麼發生的。拉敏．齊克哈塔的研究相當具說服力，它讓我們明白：關於長鏈 ncRNA，我們不知道的還很多，同時也該有所警惕，切莫太快創造新教條、新學說。

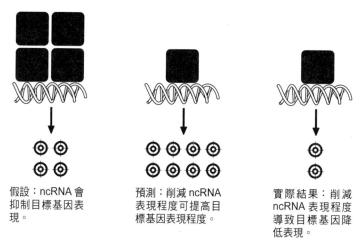

另外也同樣該注意的是：尺寸不代表一切，大不一定好。長鏈 ncRNA 在細胞內想必身負重任，可是還有另外一群 ncRNA 也同樣能對細胞造成相當程度的影響；這群 ncRNA 身材相對短小（通常只有二十到二十四鹼基長），作用目標是 mRNA 非 DNA，而它初次現身的舞台即是我們最喜愛的秀麗隱桿線蟲，*C. elegans*。

誠如先前討論過的，*C. elegans* 是非常好用的實驗體系，因為我們非常清楚每一個細胞在正常情況下會如何發育成長，各階段的時機與次序也受到嚴格的調節控制。其中有個相當關鍵的調控因子叫「LIN-14 蛋白」。*LIN-14* 基因會在胚胎發育早期大量表現（因而產出大量 LIN-14 蛋白），但是當 *C. elegans* 從一齡幼蟲前進至二齡幼蟲時，細胞旋即調降 *LIN-14* 基因表現。假如 *LIN-14* 基因發生突變，幼蟲各階段的發育時機就會出錯。如果 LIN-14 蛋白活躍太久，幼蟲會開始重複早期發育階段；假如 LIN-14 蛋白太早消失，幼蟲就會提早進入大齡幼蟲階段，但身體仍未成熟。不論是哪一種改變，幼蟲的成長過程都會被攪亂，因而無法發育正常的成蟲構造。

一九九三年，兩處獨立運作的實驗室皆提出有關「如何控制 *LIN-14* 基因表現」的研究報告[17、18]。出乎意料的是，調控 *LIN-14* 基因表現的關鍵是 *LIN-14* 接上一段短鏈 ncRNA。過程如圖 10.3 所示。這是基因「轉錄後關閉」（post-transcriptional silencing）的範例：mRNA 雖被製造出

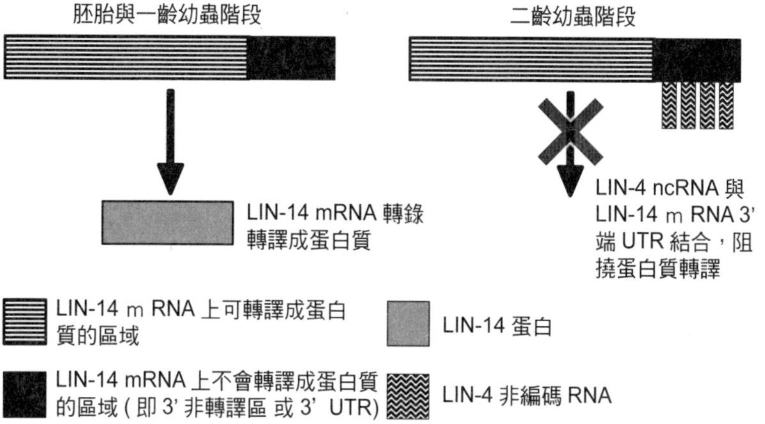

圖 10.3　上圖顯示 miRNA 如何在 C. elegans 特定發育階段，徹底扭轉目標基因表現。

來，卻遭受阻撓、無法製造蛋白質。這跟長鏈 ncRNA 控制基因表現的方法截然不同。

這項研究的重要性在於，它為基因表現調節的研究新模式打下基礎。目前已知短鏈 ncRNA 是植物、動物界所有生物控制基因表現的重要機制。ncRNA 種類繁多，但我們先把焦點放在「微小RNA」（miRNA）上。

目前，哺乳動物細胞內已鑑定確認的 miRNA 至少超過一千種。miRNA 長約二十一個鹼基，有時短一點、有時稍長，絕大多數似乎都扮演基因轉錄後調節員的角色。它們不會阻止 mRNA 形成，而是調整 mRNA 的行為模式。原則上，miRNA 大多透過與 mRNA 分子 3' 非轉譯區（即3'UTR）結合，來完成調節工作。成熟的 mRNA 分子都有這段區域（如圖 10.3 所示），但此區不載有任何胺基酸密碼。

當基因體DNA拷貝成mRNA，最初的拷貝模板大多相當長，那是因為該模板含有外顯子（載有胺基酸密碼）與內含子（不載有胺基酸密碼）所致；爾後，如同在第三章讀到的，內含子會在剪接過程中遭移除，最後製成僅含蛋白質密碼的mRNA。但第三章其實還省略了部分沒說：RNA分子頭尾兩端（前者為「5'UTR」、後者為「3'UTR」）分別有一段未載有胺基酸密碼的連續段落，卻跟內含子不同、不會在剪接時切除。這些非編碼區會一直留在成熟的mRNA分子上，當作「調控序列」使用；尤其是3'UTR，其功能包括與調控標記（如miRNA）結合。

miRNA要怎麼接上mRNA，接上之後又會發生什麼變化？基本上，唯有miRNA與mRNA認出彼此，兩者才可能發生交互作用。至於結合方式則仰賴鹼基對，作用機制與雙股DNA結構非常相似：G認得C，A與U結合（在RNA分子中以U取代DNA的T）。雖然miRNA通常有二十一個鹼基長，但這二十一個鹼基不見得全部都能與mRNA對應：關鍵部位在miRNA上第二到第八個鹼基序列。

有時候，第二到第八不會完全對合，但仍相近得足以讓兩分子對上；結合之後，miRNA會阻止mRNA轉譯蛋白質（圖10.3）。但是，若miRNA能與mRNA完美對應，則會誘導附在miRNA上的酵素發揮作用、摧毀mRNA[19]。目前仍不清楚miRNA上第九到第二十一的序列是否也有類似的間接影響，譬如它們如何鎖定這些小分子、或鎖定之後會造成何種結果。但至少可以確定的是：單一一個miRNA分子能調控一條以上的mRNA分子。我們在第三章已經了解，基因藉由變換 mRNA 剪接方式來編載大量且不同的蛋白質密碼，一條 miRNA 可同時影響大量不同的剪接版本。此外，miRNA 分子也能影響毫無關連的基因轉譯蛋白質，只要對方帶有類似 3'UTR 的序列就行了。

這讓釐清 miRNA 真正角色的工作變得難上加難，因為前述效應會因細胞類型不同而有所不同，也會因為其他基因表現（無論是不是蛋白質編碼基因）而隨時受影響。從實驗角度來看，這點固然重要，但它對動物健康也會造成顯著影響。比如，當某對染色體數目發生異常時，不僅蛋白質編碼基因數量改變，長鏈與短鏈 ncRNA 的生產製造也會出現異常。由於 miRNA 調控的基因範圍與數量極廣，因此打亂 miRNA 拷貝數目所引發的效應也可能特別廣泛。

斡旋空間

人類基因體有百分之九十八不載有蛋白質密碼。這個事實顯示，演化曾投入相當大的資源發展此複雜的 ncRNA 調節系統。有些論文作者甚至推測，ncRNA 是支持「智人」發展「高階思維」——人類最與眾不同的特點——的遺傳學特色[20]。

黑猩猩是人類最近的表親，牠們的基因圖譜於二〇〇五年公布[21]。我們實在拿不出一個簡單、又有意義的平均數字來顯示人類與黑猩猩的基因體有多相似。事實上，兩者的統計數字相當複雜，必須考慮基因體的不同區域對統計結果造成的不同影響（如「重複序列區」與「單一蛋白質編碼基因區」）。不過，有兩件事我們相當肯定：第一，人類和黑猩猩不可思議地相似，咱們和這群指節拖地的親戚們有三分之一的蛋白質完全一樣。另一共通點是，我們的基因體都有百分之九十八不帶蛋白質基因密碼，意味這兩種物種都用 ncRNA 創造複雜的調節網絡，主宰基因和蛋白質表現。不過，人類與黑猩猩還是有一處可能相當重要且明顯不同之處：即兩物種（細胞）對待 ncRNA 的方式並不一致。

一切都跟「編輯」（editing）這個程序有關。對於 ncRNA 這玩意兒，人類似乎就是沒辦法放棄精益求精的執念[22]。一旦做出 ncRNA，人類細胞就會用各種五花八門的機制去改造它、使其更進化；特別是細胞常把 ncRNA 的鹼基A改成鹼基I「肌苷」（inosine）。在DNA上，鹼基A只能與T配對，在RNA則只能與U配對；而鹼基I卻能和A、C或G配對，如此能改變 ncRNA 序列，決定 ncRNA 結合與調節的對象。

咱們人類比其他任何生物更喜歡編輯 ncRNA，簡直到了著魔的地步；就連其他靈長類也沒有誰像咱們一樣有這些反應[23]。這種編輯偏執在大腦尤其明顯，故而也讓編輯 ncRNA 成為「縱然人類與其他靈長類DNA模板有許多共同之處，心智卻更為縝密細膩」最吸引人的候選因素。

以某種方式來說，這正是 ncRNA 迷人之處。它們為生物體創造一套相對安全的方法，左右細胞調節涉及的各個面向。這套機制大概頗受演化青睞，因為若想直接改良蛋白質功能，風險實在太大；誠如各位所見，蛋白質可是細胞的「神仙教母」，照理說它們可是「十全十美、毫無瑕疵」的呀。

榔頭都長得差不多，可能有些大、有些小，若想改變設計、讓榔頭更好用，能著墨的部分大概不多。蛋白質也一樣。咱們身上的蛋白質已演化超過數十億年，舉個例子來說：血紅素是紅血球內的一種色素，可運送氧氣至全身各處，專精於在肺臟提取氧氣、再渡給其他需要氧氣的細胞，惟至今無人能在實驗室做出功能強過天然血紅素的改良版血紅素。

不幸的是，要做出比正常版糟糕的血紅素竟驚人地簡單。事實上，像「鐮形血球貧血症」（sickle cell disease）這類病症，即是突變導致細胞做出有缺陷的血紅素蛋白。絕大多數蛋白質異常的情況也差不多。因此，除非環境發生劇變，否則蛋白質出現變動大多沒好事；只要順著蛋白質的意思走，下場幾乎都不錯。

所以，演化要如何解決「創造更複雜更精細的生物體」這道難題？基本上應該透過改變蛋白質的「調控方式」、而非直接改變蛋白質來完成——意即利用 ncRNA 的複雜網絡，選擇適當方式與時機調節特定蛋白質的表現程度。證據顯示實情確是如此。

miRNA 是控制超多能分化與細胞分化的重要角色。只要改變胚胎幹細胞的培養環境，胚胎幹細胞就會受到刺激、分化成不同類型的細胞。在胚胎幹細胞剛開始分化時，有一點很重要：它們必須關閉正常情況下容許細胞自我更新——也就是製造更多胚胎幹細胞——的基因，不使其表現，這時就有一族名為「*let-7*」的 miRNA 成為「關閉基因表現」此過程不可或缺的要素[24]。*let-7* 族採用的機制之一是向下調節（負調控）Lin28 蛋白，這意味 Lin28 蛋白是一種「原超多能分化性」的蛋白質（pro-pluripotency）；因此，當科學家發現 Lin28 也能扮演「山中因子」的角色，這點就不令人意外了。體細胞若過度表現 Lin28 蛋白，可提高它們重新編排、變成誘導型超多能幹細胞的機率[25]。

相反的，也有另一族 miRNA 協助胚胎幹細胞留在超多能分化狀態，得以自我更新。這群 miRNA 不像 *let-7*，傾向促進超多能分化。在胚胎幹細胞內，如 Oct4 與 Sox2 等關鍵超多能分化因子會和這類 miRNA 促進因子結合，激活表現[26]。這類 miRNA 也跟 Lin28 蛋白一樣，能促進體細胞重新編排、轉為誘導型超多能幹細胞[27]。

若我們將胚胎幹細胞與其分化的衍生細胞兩相比較，會發現兩者表現的 mRNA 族群差異甚大。幹細胞與分化細胞表現不同蛋白質——這個現象看似合理，但細胞裡有些 mRNA 得花上好長一段時間才會分解消失，換言之，當幹細胞開始分化，分化的細胞會有一段時間仍帶有許多幹細胞 mRNA。幸好，也就在幹細胞開始分化時，它同時也啟動另一套 miRNA；這些 miRNA 會鎖定殘餘的幹細胞 mRNA，令其加速分解。這個加快降解殘存 mRNA 的程序可確保細胞盡快進入分化階段，不再回頭[28]。

這是一項重要的安全機制。細胞繼續保留不適當的幹細胞特徵其實不是好事，這會增加細胞走向癌化路徑的機率。像果蠅或斑馬魚這類胚胎發育快速的物種，這類清除機制用得特別誇張；它能確保受精卵在變成受精卵後，遺傳自母親（卵子）的 mRNA 腳本能迅速分解[29]。

miRNA也是製造原始生殖細胞——銘印控制最重要階段——的必備要素。我們在第八章提過 Blimp1 蛋白，活化 Blimp1 蛋白是原始生殖細胞生成最關鍵的階段之一，表現程度受 Lin28 與 let-7 複雜的交互作用控制[30]。Blimp1 也能調節甲基化組蛋白的酵素、以及另一族名為 PIWI 的蛋白質，而 PIWI 蛋白可再與某種短鏈 ncRNA（PIWI RNA）結合[31]。PIWI cRNA 與 PIWI 蛋白在體細胞內看似無足輕重，卻是製造雄性生殖細胞系不可或缺的一員[32]。PIWI 其實是「p元素誘導睪丸發育不全」（p element-induced wimpy testis）的縮寫，若 PIWI cRNA 與 PIWI 蛋白互動失當，男性胚胎便無法正常生成睪丸。

科學家已發現愈來愈多 ncRNA 與表觀遺傳事件「交叉對話」（cross talk）、互動的例子。還記得反轉錄轉位子嗎？為了防止這個會干擾基因的搗蛋份子被活化，它在生殖細胞系中通常處於甲基化狀態；鎖定DNA並使其甲基化即與 PIWI 路徑有關[33、34]。此外，有不少表觀遺傳蛋白也能和RNA互相作用。ncRNA 與基因體結合可能相當普遍，表觀遺傳調控標記可藉此鎖定特定細胞類型的正確染色體區域，發揮作用[35]。

近來，ncRNA 也開始跟拉馬克後天遺傳性狀搭上線。有個例子是，研究人員將某 miRNA 注入老鼠受精卵，這種 miRNA 會鎖定某個與心臟組織發育有關的關鍵基因。這些受精卵發育成小鼠後，心臟特別大（心肌肥大），故推測胚胎發育早期注入的 miRNA 攪亂了心臟正常發育過程。驚人的是，這群小鼠的下一代出現心肌肥大的機率頗高。這顯然是小鼠在製造精子的過程中，重現 miRNA 不正常表現的過程。小鼠DNA密碼並未改變，所以這顯然也是 miRNA 驅動表觀遺傳活動的例子[36]。

墨菲定律（凡是可能出錯的，通常都會出錯）

但是，若 ncRNA 當真影響細胞功能甚鉅，我們理當會懷疑某些疾病乃 ncRNA 出錯所致；撇開銘印或X染色體不活化作用不談，應該也會發現不少 ncRNA 製造或表現異常所導致的臨床病症吧？這個嘛，對也不對。ncRNA 主司調控，雖身為轉錄網絡的一員，但因轉錄網絡代償機制健全，即使 ncRNA 發生缺陷或異常，影響相對微小。但這在檢驗時會遇上一個問題：雖然基因篩檢大多能順利抓出蛋白質突變造成的幾個主要表現型，但是對於較不顯眼的問題，可能力有未逮。

在小鼠身上的幾種特定神經元裡，有一名為 BC1 的 ncRNA。德國慕尼黑大學的研究人員剪掉小鼠 BC1ncRNA 後，小鼠看似無恙，然而當他們把突變小鼠從嚴格控制的實驗室環境移入較自然的一般環境時，這些突變小鼠明顯變得不正常：牠們不願探索環境，焦躁不安[37]。如果當初只是把小鼠關在籠子裡，我們永遠不會察覺，缺少 BC1 的確會對動物行為造成顯著影響。這是「觀察方式」影響「觀察結果」的最佳例證。

近年來，學界開始重視 ncRNA 異常如何影響臨床表現，相關實例少說有好幾個——就拿「特賽爾綿羊」（Texel）來說吧。「矮壯結實」算是對牠們最委婉的形容了，也就是說，這種綿羊最有名的就是那一身肌肉；以食用動物來說，這可是好事一樁。特賽爾綿羊之所以肌肉發達，部分理由是某基因 3' 端非編碼區的 miRNA 結合位發生變異。這段基因所載的密碼負責製造一種叫「肌肉生長抑制素」（myostatin，肌抑素）的蛋白質，這種蛋白質主要會抑制、減緩肌肉生長[38]。圖 10.4 簡述此單鹼基突變的影響。為凸顯差異，我們以較誇張的方式表現特賽爾綿羊變異後的體型。

「妥瑞症」（Tourette's syndrome）是一種患者會不由自主抽搐、有些還伴隨非自願口出穢言的神經發育障礙。研究人員發現，兩名彼此無血緣關係的妥瑞症患者，其 *SLITRK1* 基因 3' 端非編碼區竟然都出現相同的單鹼基突變，顯示 *SLITRK1* 基因與神經發育有關[39]。妥瑞症患者由於鹼基變異，因而產生可對應短鏈 ncRNA miR-189 的結合位；科學家懷疑，在神經發育關鍵時期，miR-189 與 *SLITRK1* 結合可能異常調降此基因表現。雖然僅部分妥瑞症患者出現這種異常，但這個現象促使科學家開始懷疑，其餘病患的其他神經元基因可能也有 miRNA 結合位調節錯誤的問題。

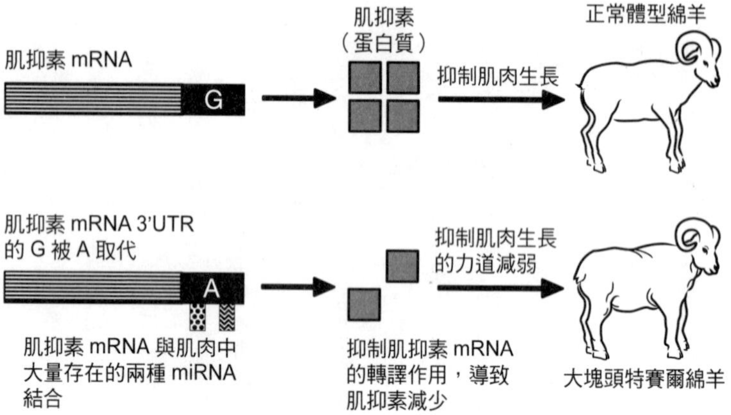

圖 10.4 特賽爾綿羊的「肌肉生長抑制素基因」（肌抑素）發生點突變，雖然突變位置不在蛋白質編碼的區段上，卻對動物表現型造成顯著影響。肌抑素 mRNA 上某一點的 G 被 A 取代，使 mRNA 與兩種特殊的 miRNA 結合、改變肌抑素基因表現，致使綿羊肌肉發育異常發達，體格雄壯。

我們曾在本章開頭提過，ncRNA 對人腦皮質複雜度的發育與成熟至為重要。若該理論為真，那麼我們也許可以大膽揣測：大腦對 ncRNA 活性及其功能缺陷應該特別敏感。確實，前段提及的妥瑞症案例讓我們窺見這種可能性，著實耐人尋味。

人類的「狄喬治症候群」（DiGeorge syndrome）肇因於第二十二號染色體突變，其中一條染色體的某一段缺少約三百萬個鹼基[40]。這段區域少說有二十五個基因，因此不意外的是，患者可能有多個器官及系統——包括生殖泌尿、心血管及骨骼系統——同時受影響。狄喬治症患者中，百分之四十有癲癇症狀，百分之二十五的成年人會出現思覺失調，輕微至中等程度智能遲緩也很常見。狄喬治症候群的每一項異常應該都能在這段長三百萬個鹼基的區域裡，找到相對應的基因。以 *DGCR8* 基因為例，這段基因與 DGCR8 蛋白是製造 miRNA 的基本要件。研究人員利用基因工程做出僅單條染色體含正常 *Dgcr8* 基因的基改小鼠，結果這些小鼠全都有認知障礙，其中又以學習障礙、空間概念失調最嚴重[41]，這與 miRNA 可能影響神經功能的推論不謀而和*。

雖然我們已經知道，ncRNA 是調控細胞超多能分化與細胞分化的重要角色，但若要從這個概念跳到「miRNA 與癌症關係密切」的假設，恐怕還有一段相當大的差距。就定義而言，癌症是一種細胞持續分裂所導致的疾病，這種特性與幹細胞類似；顯微鏡下的腫瘤細胞看起來大多未分化、排列紊亂，與分化完全、排列整齊的健康細胞完全相反。目前已有強大證據顯示，ncRNA 確實與癌症有關：可能是缺少幾種特定的 miRNA、或某些 miRNA 過度表現，總結如圖 10.5 所示。

「慢性淋巴性白血病」（Chronic lymphocytic leulemia）是人類最常見的一種白血病（血癌）[42]，約莫七成患者皆缺少 *miR-15a* 與 *miR-16-1* 這兩種 ncRNA。癌症是多階段疾病，意即在細胞開始癌化之前，必須先有許多因素同時出錯才行。由於這種最常見的白血病有太多病例都缺

*這個二〇〇五年的研究結果並未被再次證實，妥瑞症的原因至今未明。

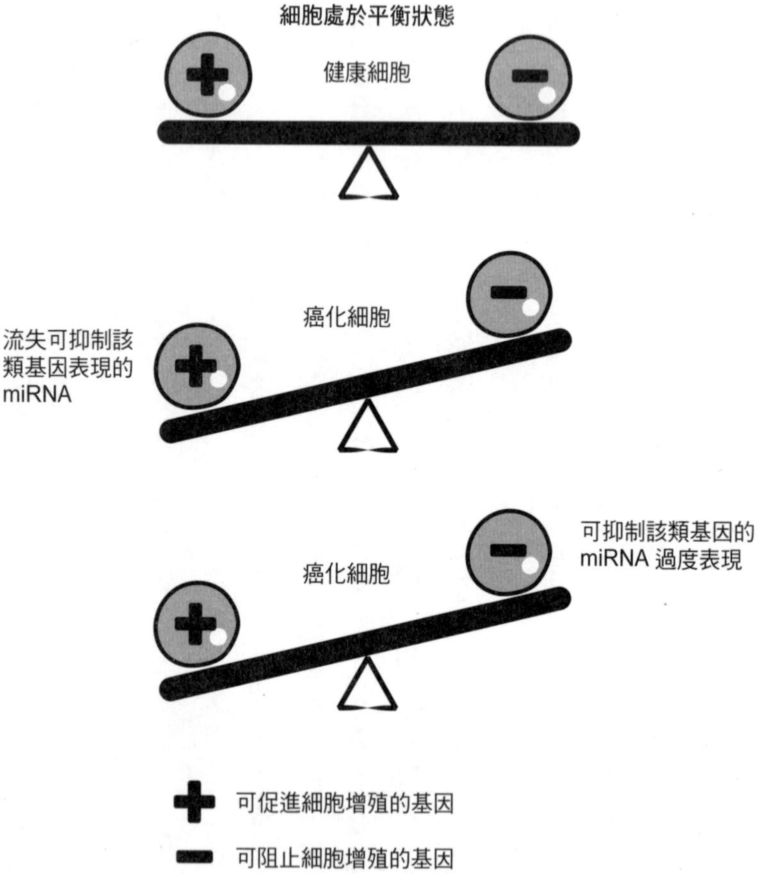

圖 10.5　增加或減少某幾類 miRNA 的濃度皆可能破壞基因表現，其結果可能是強化某個能驅使細胞大量增殖的基因大量表現，增加癌化發展的可能性。

少這兩種特定miRNA，因此研究人員推測，miRNA 序列缺失可能在慢性淋巴性白血病發展初期就已經發生了。

癌細胞的 miRNA 修飾機制或可舉「*miR-17-92* 基因簇」為例。*miR-17-92* 基因簇在不少癌症病患身上皆有過度表現的現象[43]。事實上，學界目前已發表不少關於「癌細胞不正常表現 miRNA」的研究報告[44]；此外，某些具遺傳傾向的癌症都有「*TARBP2* 基因突變」此一共同點[45]。TARBP2 蛋白與修飾、加工 miRNA 有關，因此更凸顯 miRNA 在某些腫瘤起始及發展階段的重要地位。

是希望？還是炒作？

既然有愈來愈多數據顯示，miRNA 在癌症致病機轉中可能扮演某種關鍵角色；若說科學家也開始熱衷研究利用這些小分子治療癌症的可能性，似乎也是意料中的事。目前的構想包括替換缺失的 miRNA、或抑制過度表現的 miRNA。科學家希望能達到以藥物形式給予癌症病患 miRNA（或人工改良版的 miRNA），而這項技術同時也能應用在治療其他 miRNA 表現異常所導致的病症。

大藥廠肯定願意大舉投資這個領域。法國賽諾菲藥廠（Sanofi-Aventis）與荷蘭葛蘭素史克

（GlaxoSmith Kline, GSK）分別與美國聖地牙哥一家叫「Regulus Therapeutics」的公司簽訂數百萬美元合作計畫。Regulus Therapeutics 致力於開發 miRNA 替代物或抑制劑，以期治療癌症、自體免疫疾病等病症。

另外還有一種跟miRNA極相似、名為「短干擾RNA」（small interfering RNA, siRNA）的分子，透過與 miRNA 幾乎完全相同的方式抑制基因表現（特別是分解 mRNA）。由於 siRNA 能加入細胞培養液、用以關閉標的基因，因此在研究方面應用相當廣。二〇〇六年，首度開發這項技術的安德魯．法厄（Andrew Fire）與克雷格．梅洛（Craig Mello）因此獲頒諾貝爾生理醫學獎。

藥廠對 siRNA 的應用十分感興趣，認為 siRNA 是頗具潛力的新藥。理論上，siRNA 分子可擊碎據信對細胞有害的致病蛋白質。就在法厄與梅洛得到諾貝爾獎的同一年，製藥大廠默克（Merck）挹注加州 siRNA 研發公司「Sirna Therapeutics」，金額超過十億美元。其他各大藥廠也紛紛砸重金、投入相關研究。

然而在二〇一〇年，製藥界竄起一股刺骨寒風。瑞士大藥廠羅氏製藥（Roche）宣布中止 siRNA 研究計畫，當時該計畫已執行三年、燒掉超過五億美元。羅氏在瑞士的鄰居諾華（Norvatis）也決定抽銀根，停止與美國麻州 siRNA 公司「Alnylam」合作。雖然還有不少公司留下來與這場特殊遊戲繼續周旋，但平心而論，我們大概可以這麼說：這項技術引發的疑慮似乎愈來愈濃。

主要問題在於，從治療角度來看，這項療法聽來稍嫌欲振乏力。DNA、RNA這類核酸物質很難轉製成藥物。目前線上常見的藥物——如解熱鎮痛劑 ibuprofen、陽痿治療劑 Viagra 和抗組織胺等——大多有幾個共通點：口服藥錠後，藥物分子能通過腸壁、分布全身，不會太快被肝臟破壞；藥物分子可被細胞攝取，作用在細胞內或細胞表面分子上，發揮效果。這些聽起來好像都是很簡單的事，但是在開發新藥時，最難做好的通常也是這些細節；為了把這部分做好，藥廠少說得燒掉好幾億美元，而且還只能碰運氣。夠嚇人吧？

研發核酸類藥物的情況更糟糕，部分原因可能是體積問題。普通 siRNA 分子約莫是 ibuprofen 這類藥物的五十倍以上；而開發新藥的鐵律是「愈小愈好」（口服藥比注射劑更適用這項原則）。藥物體積愈大，就愈難讓病人攝取到足量的藥物、也愈難讓藥物長時間停留體內。這可能也是羅氏這種大公司決定把錢花在其他更有用的地方的原因。這並不表示 siRNA 永遠不可能成功應用於治療疾病，只是這門生意的創業風險實在太高。miRNA 的困境也差不多，因為不管是哪種給藥途徑，核酸要面對的問題幾乎一模一樣。

幸好，條條大路通羅馬，療法也不只一種；在下一章，我們將看到鎖定表觀遺傳調控酵素的新藥如何嘉惠癌症重症患者。

第十一章 對抗內在敵人

科學界最悅耳的一句話，不是振奮大喊「耶！我找到了！」而是「嗯，這個有意思……」

——以薩・艾西莫夫

科學界有許多「偶然導致意外突破」的案例。其中最著名的大概就是亞歷山大・弗萊明（Alexander Fleming）觀察到的那團特別的黴菌——偶然飄入實驗培養皿、並開始生長的黴菌——竟然能殺死原本長在培養皿上的細菌。就是這次隨機事件，弗萊明發現盤尼西林（青黴素），進而開展「抗生素」此一嶄新領域；結果這個再偶然不過的發現救了數百萬人性命。

亞歷山大・弗萊明獲頒一九四五年諾貝爾生理醫學獎，同時獲獎的還有恩斯特・柴恩（Ernst Chain）與霍華・弗洛里（Howard Florey），兩人研發大量製造盤尼西林的方法，可用於治療病患。本章開頭引用艾西莫夫名言，提醒我們：弗萊明不單單只是個意外中獎的幸運傢伙。

他的洞見並非只是意外驚喜。弗萊明應該不是第一個細菌培養皿遭黴菌污染的科學家。他的成就來自於他**辨識**到發生異樣，了解箇中意義。知識與訓練讓弗萊明的頭腦能善加利用偶然，發揮至極大值。早在他之前，也許已有其他許多人見過這種現象，卻只有他能想到其他人想不到的意涵。

就算我們接受突發事件在研究過程中扮演的角色，但「科學是有邏輯的、循序漸進的」這個想法還是比較令人安心。對於表觀遺傳學的進展，我們也可以這樣想：

表觀遺傳調控能控制細胞命運。就因為這些程序，舉例來說，肝細胞才會永遠是肝細胞，不會變成其他細胞；而癌細胞則是細胞命運失控的代表。因此，我們應該著眼於開發能影響表觀遺傳調控失誤的藥物，這類藥物也許能用來治療或控制癌症。

這個做法一翻兩瞪眼、合情合理。事實上，全球製藥產業投入上億美元研究資金，完完全全就是為了這個目的。但是，在癌症藥物研發初期，研究人員還沒有前述這種清晰明確的想法。

目前已有通過許可、能透過抑制表觀遺傳調控酵素治療癌症的合法藥物。但這些藥物乃是**先**顯示能有效對抗癌症，**然後**才揭曉其作用對象為表觀遺傳調控酵素。說真的，就因為這些藥物有效，才激起各界對表觀遺傳療法與表觀遺傳調控領域的興趣，這段過程精采到都能寫成故事了。

半路出家的表觀遺傳學家

時間回到一九七〇年代初期，一位名叫彼得．瓊斯（Peter Jones）的南非科學家正在研究名為「5－氮胞苷」（5-azacytidine）的物質。這種化合物已知具抗癌效果，由於能阻撓白血病細胞分裂，在血癌病童的臨床試驗也獲得些許不錯的成果[1]。

今天，彼得．瓊斯被視為癌症的表觀遺傳療法之父。他個子瘦高，皮膚黝黑，白髮理得短短的，不管在哪一場研討會都能馬上認出來。他跟本書提及的其他頂尖科學家一樣，投身這個持續進化的領域已數十載，至今仍站在最前線，繼續為了解表觀基因體對健康的影響而努力。目前他把研究目標擺在整理各類細胞、疾病出現的表觀遺傳調控機制；近來，瓊斯團隊已可透過相關技術，分析高度特異且專門的儀器吐出的數百萬筆讀數。七〇年代初期，彼得．瓊斯憑著一股不可思議的細心與執著，首度達成重要突破。他的故事也是「機會是留給做好準備的人」的經典例證。

四十年前，誰也不知道5－氮胞苷到底是怎麼作用的。5－氮胞苷的化學結構與DNA、RNA的鹼基C（胞嘧啶）相似。一般認為，5－氮胞苷會被掛在DNA或RNA分子鏈上；一旦掛上則開始破壞DNA的正常複製程序、RNA轉錄腳本或RNA活性。癌細胞（如血癌的白血球細胞）大多異常活躍、需要合成大量蛋白質，意即需要轉錄大量 mRNA；再者，由於癌細胞分裂快速，必需有效率地複製ＤＮＡ。若５－氮胞苷能干擾前述一兩種過程，說不定就能壓制癌細胞成長與分裂。

彼得·瓊斯團隊以多種哺乳動物細胞測試５－氮胞苷的效用。要一次在實驗室培養這麼多種細胞、且若細胞直接採集自人體或動物體，相關工作實在繁瑣至極；就算細胞一開始能順利生長，它們也常在經數次分裂後停止分裂、走向凋亡。為了解決這個難題，彼得·瓊斯開始研發細胞株。細胞株最初源自動物細胞（包括人類），因偶然變異或人為操作，使細胞株能在營養、溫度、環境條件妥適的情況下，無限制、無止盡分裂生長。細胞株跟來源細胞（原本的動物細胞）略有不同，卻是相當好用的實驗媒材。

瓊斯團隊測試的細胞大多養在扁型塑膠瓶裡（細胞培養瓶）。這種瓶子看起來像透明版的威士忌或白蘭地口袋瓶，側面朝下。哺乳動物細胞就長在塑膠瓶內扁平側，肩並肩彼此緊貼、形成單層細胞層，永遠不會疊到另一枚細胞上。

有天早上——這時已用５－氮胞苷培養細胞數周——研究人員發現，某只培養瓶裡長出一坨奇怪的團塊。以肉眼來看，團塊乍看之下像黴菌污染，一般人大多會直接廢棄扔掉，發誓下回培養細胞時要更小心，以免重蹈覆轍；但彼得·瓊斯卻做了不同的舉動：他仔細觀察這團細胞，發現這壓根不是黴菌，而是一大群細胞彼此融合形成的多核巨大細胞，某種小型肌纖維細胞，也就是我們在討論Ｘ染色體不活化時提過的融合細胞。培養瓶裡的這群肌纖維偶爾還會抽動呢[2]。

這實在太奇怪了。雖然這些細胞最早來自小鼠胚胎，但極少形成肌肉細胞——多半是上皮細胞，也就是布滿大部分器官表面的細胞。彼得．瓊斯的研究顯示，5－氮胞苷能改變這些胚胎細胞的分化潛能，迫使它們變成肌肉細胞而非上皮細胞。可是這種能殺死癌細胞的物質（想必是藉由阻撓DNA、mRNA生成）何以造成如此效應？

彼得．瓊斯從南非遷往南加大後仍繼續這項研究。過了兩年，他和他的博士研究生雪莉．泰勒（Shirley Taylor）發現，添加5－氮胞苷不僅會培養出肌肉細胞，還能形成其他多種不同類型的細胞，包括脂肪細胞（adipocytes）和軟骨細胞（chondrocytes）。後者會製造軟骨蛋白，覆於關節表面，讓關節內兩端的骨平面能滑動得更順暢。

瓊斯的研究顯示，5－氮胞苷並非特別的「肌肉特化因子」（muscle-specifying factors）。瓊斯教授在他的報告裡非常精確地表示：「5－氮胞苷……能反轉細胞發育，回到接近超多能分化的狀態。」[3]換言之，這種物質能將沃丁頓表觀遺傳地貌圖坡底的小球一路推回坡頂，再任其滾下山坡間的溝渠，邁向截然不同的終點。

但當時沒有任何理論能解釋5－氮胞苷何以導致此一不尋常效應。彼得．瓊斯本人以自嘲的口吻說了一則有趣、並且顛覆我們認知的故事：當初其實是小兒醫學系想聘請他來南加大，但他希望生物化學系與小兒科學系合聘他擔任教職。若想得到合聘教授的職務，他必須再面試一次；但他覺得此舉毫無意義。面試時，彼得．瓊斯敘述他的5－氮胞苷研究，表示無人知曉該物質何以能影響細胞的超多能分化性。當時該校還有另一位科學家羅伯特・史戴瓦根（Robert Stellwagen）參與這場面試，他問：「你有沒有考慮過ＤＮＡ甲基化？」咱們的教職候選人不僅承認他沒想過，甚至表示他連聽都沒聽過[4]。

彼得・瓊斯和雪莉・泰勒立刻開始把焦點放在ＤＮＡ甲基化，沒多久便發現這的確就是５－氮胞苷效應背後的關鍵。５－氮胞苷能抑制ＤＮＡ甲基化。彼得・瓊斯和雪莉・泰勒做出一系列相關化合物，利用細胞培養測試效果。所有能抑制ＤＮＡ甲基化的化合物也都會導致表現型改變，這跟原本用５－氮胞苷培養觀察到的結果一模一樣。至於不會抑制ＤＮＡ甲基化的化合物，對表現型也不會造成影響[5]。

甲基化死胡同

胞苷（Ｃ）和５－氮胞苷的化學結構極為相似，如圖11.1所示。為求簡化，圖中僅顯示兩者在結構上最有關係的部分（分別為胞嘧啶與５－氮胞嘧啶）。

圖11.1上半與圖4.1非常類似，顯示胞嘧啶可被ＤＮＡ甲基轉移酶（DNMT1、DNMT3A 或 DNMT3B）甲基化，形成５－甲基胞嘧啶。而５－氮胞嘧啶則是最常甲基化的關鍵碳原子被氮原子取代所形成。ＤＮＡ甲基轉移酶無法將甲基添在氮原子上。

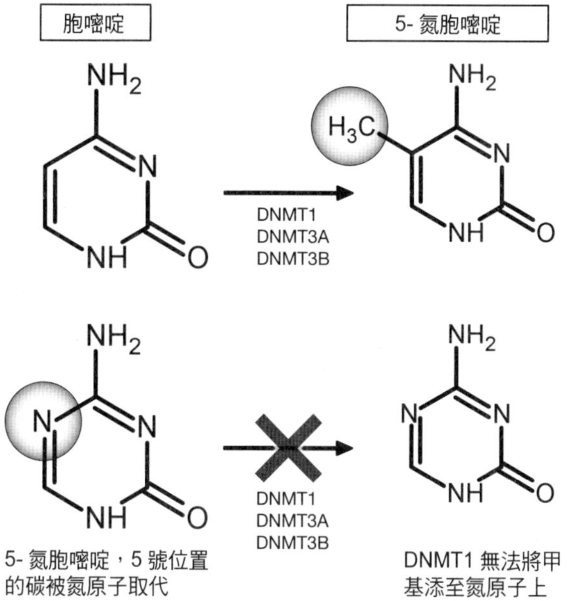

圖 11.1　在細胞分裂前的 DNA 複製階段，5- 氮胞苷可被編入 DNA。5- 氮胞嘧啶取代胞嘧啶。但由於 5- 氮胞嘧啶上原本應是碳原子的位置被氮原子取代，這種外來鹼基無法藉 DNMT1 甲基化（過程如圖 4.2 所述）。

請回想第四章的內容，想像DNA上甲基化的區域。細胞分裂時，這個區域隨DNA螺旋雙股分開，各自複製。但負責拷貝DNA的酵素無法拷貝甲基化的DNA，因此新複製的螺旋雙股會有一股甲基化、另一股未甲基化。名為DNMT1的DNA甲基轉移酶能認出只有單股甲基化的DNA區段、置換另一股，因而重現或復原原本的DNA甲基化模式。

但是，如果在細胞分裂時給予5－氮胞苷，這個異常胞苷鹼基遂可能在基因體拷貝時組成ＤＮＡ新股；由於這個異常鹼基的關鍵位置只有氮原子、沒有碳原子，導致 DNMT1 無法置換並補上缺失的甲基。如果這種狀況隨細胞分裂繼續延續下去，ＤＮＡ甲基化的比例就會愈來愈低、逐漸稀釋。

以５－氮胞苷處理分裂中的細胞還會出現其他現象。現在我們已經知道，DNMT1 一旦與含５－氮胞苷、而非正常胞苷的ＤＮＡ區段結合，DNMT1 就卡住、拆不開了[6]。最後這個卡住的酵素會被送到胞內其他位置、分解處理掉，胞內 DNMT1 的整體濃度也因此下降[7、8]。綜合 DNMT1 數量減少與５－氮胞苷無法甲基化這兩點，代表胞內ＤＮＡ甲基化的程度愈來愈低。我們稍後再回頭解釋「ＤＮＡ甲基化程度降低」何以具抗癌效果。

總而言之，５－氮胞苷是科學家意外發現抗癌劑透過表觀遺傳調控運作的案例之一。奇怪的是，咱們的第二件案例——現在已核准用於治療癌症——竟然也有類似遭遇[9]。

又一個開心的意外

一九七一年，科學家夏綠蒂．法蘭德（Charlotte Friend）發現，ＤＭＳＯ（全名是二甲基亞碸）這種結構簡單的化合物在小鼠白血病細胞會顯現奇特效應：她將ＤＭＳＯ加入細胞培養瓶，結果細胞全部變紅，因為血紅素基因（血紅素是使紅血球呈現紅色的色素）啟動了[10]。一般來說，白血病細胞絕不會啟動這個基因，當時科學家亦完全不解ＤＭＳＯ效應背後的作用機制。

但法蘭德的研究挑起哥倫比亞大學羅納德・布瑞斯洛（Ronald Breslow）與斯隆卡特琳紀念癌症中心（Memorial Sloan-Kettering Cancer Center）保羅・馬克（Paul Marks）、理查・里夫金（Richard Rifkind）等人的興趣。羅納德・布瑞斯洛以ＤＭＳＯ結構為起點，這兒加一點、那兒改一點，著手設計一系列新型化學物質，有點像用樂高積木嘗試新組合。保羅・馬克和理查・里夫金繼而利用多種細胞模式，測試這些化學物；有些物質引發的效應與ＤＭＳＯ不同，會使細胞停止生長。

經過無數次重複試驗，透過新組合完成且結構更複雜的一系列化學物質取得數據之後，這群科學家發明一種叫「ＳＡＨＡ」（異羥肟酸，suberoylanilide hydroxamic acid）的分子。這種化合物可阻止癌細胞株生長或致其死亡，效果極為顯著[11]。然而，該團隊又花了整整兩年才搞清楚ＳＡＨＡ到底在細胞裡搞什麼飛機。這個關鍵時刻離夏綠蒂・法蘭德發表那篇突破性論文又整整過了二十五年——事情要從保羅・馬克團隊中的維多莉亞・李瓊（Victoria Richon）讀到一九九〇年東京大學的某篇論文說起。

這個日本團隊多年來一直在研究「曲古抑菌素」（Trichostatin A, TSA）這種物質，ＴＳＡ能阻止細胞複製。該團隊研究顯示，若以ＴＳＡ處理癌細胞株，可以改變組蛋白的乙基修飾程度（第四章首度提及「組蛋白乙醯化」這個表觀遺傳調控機制）。加入ＴＳＡ後，細胞乙醯化程度

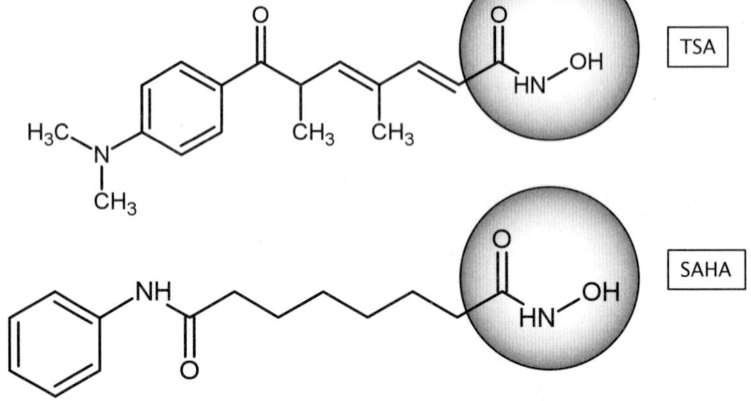

圖 11.2　TSA 與 SAHA 的結構圖，圓圈內的區域極為相似。C 代表碳原子，H 代表氫原子，N 是氮原子，O 代表氧原子。為求簡化，碳原子並未明確標識出來，但兩條直線交接處即其所在位置。

提高，但並非TSA活化能將乙基接上組蛋白的酵素所致；真正的理由是，TSA會抑制將乙基從組蛋白上移除的酵素，也就是「組蛋白去乙醯化酶」（histome deacetylases），縮寫是HDAC[12]。

維多莉亞・李瓊將TSA結構拿來與SAHA兩相比較。兩者如圖11.2。

讀者就算沒有化學相關學位，也能一眼看出TSA和SAHA長得實在很像，尤其是圖中右手邊的部分。因此李瓊假設：SAHA跟TSA一樣，也是HDAC抑制劑。一九九八年，她和同事發表論文，證實假設為真[13]：SAHA能阻止HDAC移除組蛋白上的乙基，導致組蛋白掛著一大串乙基。

不只是巧合

5－氮胞苷和異羥肟酸（SAHA）都能降低癌細胞複製頻率、抑制表觀遺傳酵素活性。雖然我們可以把這項結果視為支持「表觀遺傳蛋白與癌症控制關係密切」的論證，但一切是否言之過早？兩種藥物都能影響表觀遺傳蛋白，這或許只是巧合。畢竟，這兩種物質鎖定的對象（酵素）完全不同：5－氮胞苷抑制DNMT，DNMT負責將甲基掛上DNA；另一方面，SAHA會抑制HDAC，該族酵素能移除組蛋白上的乙基。從表面上看來，兩種過程截然不同；所以5－氮胞苷和SAHA都抑制表觀遺傳蛋白，會不會真的只是巧合？*

表觀遺傳學家認為這根本不是巧合，兩者關係可深了。DNA甲基轉移酶能把甲基加在胞苷上。這種鹼基在DNA上名為「CpG模組」的構造上（含大量C與G）可發現一長串，出現比率極高。這些CpG模組大多在基因上游、也就是控制基因表現的「啟動子」區段。當DNA的CpG模組嚴重甲基化，由該啟動子控制的基因則因此關閉。換言之，DNA甲基化是一種抑制型調控。DNMT激活會提高DNA甲基化的程度，因而抑制基因表現。利用5－氮胞苷抑制這種酵素，我們可以重啟基因、使其再度表現。

*事實上TSA也會抑制細胞DNA的甲基化。

基因啟動子內也能找到組蛋白。如第四章提到的，組蛋白修飾機制非常複雜；但是就其對基因表現的影響來說，組蛋白乙醯化可說是最直截了當的一種。假如基因上游的組蛋白嚴重乙醯化，該基因傾向高度、大量表現；若組蛋白乙醯化不足，基因往往關閉不表現。而組蛋白去乙醯化則是一種抑制型的變化。組蛋白去乙醯化酶（HDAC）會移除組蛋白上的乙基，進而抑制基因表現。利用SAHA抑制組蛋白去乙醯化酶，同樣可使基因啟動，再度表現。

因此這兩項發現確實是巧合。兩種彼此無關的化學物質、但都能在實驗培養環境下控制癌細胞生長，現在也都核准用於治療癌症，抑制表觀遺傳酵素。透過抑制機制，兩者都能驅動基因表現，但也因此衍生出顯而易見的問題：這兩種化學物質何以能治療癌症？為明白箇中原因，我們必須先對癌症生物學有些許概括了解。

癌症生物學——你一定要知道的一件事

癌症是細胞異常、不受控制複製增殖的結果。正常情況下，我們的細胞會依正確速率按表操課、複製分裂，這是細胞內複雜的基因網絡相互制衡的成果。有些基因會促進細胞增殖，這些基因有時會被稱為「原致癌基因」（proto-oncogene）。在前幾章的圖表中，這些基因以「＋」符號標示。其他基因則會牽制細胞，避免細胞過度複製；這些基因稱為「腫瘤抑制基因」（tumour suppressors），於圖表中以「－」符號表示。

從本質上來說，原致癌基因與腫瘤抑制基因並非絕對好或絕對壞；然而當調節這些基因的網絡出錯時，細胞增殖也會跟著出錯。假如原致癌基因變得過度活躍，可能將細胞推向癌化狀態；相反的，若腫瘤抑制基因遭到不活化，它就無法再扮演煞車的角色、阻止細胞分裂。這兩種情況都會造成相同的結果：細胞開始快速增生，複製分裂。

但癌症不只是細胞分裂太多太快這麼簡單。假如細胞分裂過快，其餘一切正常，那麼這群細胞只會構成「良性瘤」。這些良性瘤也許外觀難看、也許造成生理不適，但除非它們壓迫重要器官、影響器官功能，否則良性瘤本身大多不致命。但失控的癌細胞可不只太常分裂而已。它們不僅不正常，還會侵犯其他組織。

「痣」就是一種良性瘤。大腸腸腔冒出的小突起也是，名喚「息肉」。痣跟息肉本身都沒有危險性。問題是這些玩意兒如果愈冒愈多，難保其中一個不會來到下一步、出現異常，導致細胞朝全面失控的癌化路徑前進。

這指出另一個更重要、也有大量研究報告佐證的事實：癌症並非偶發或一次性事件。癌症是多步驟過程，並且每一步都讓細胞朝惡性腫瘤愈來愈靠攏。就算是先天遺傳傾向（罹癌傾向）極強的個體也一樣。其中一個例子是「停經前乳癌」（premenopausal breast cancer），某些家族有這種癌症遺傳。女性若遺傳到突變的 *BRCA1* 基因拷貝，不僅早期發病風險極高（侵犯型乳癌），也很難有效治療。這種癌症的病程進展耗時多年，因為必須同時累積其他缺陷才會發病。因此，細胞一邊累積缺陷，一邊大步朝癌化靠攏；這些缺陷必定是由親代細胞傳給子代細胞，否則早就在細胞分裂時消失了。這些缺陷在癌症發展進程中，必須是可遺傳的。長久以來，學界大多把注意力擺在尋找與癌症發展有關的基因突變，這點不難理解。科學家費心尋找變動過的基因密碼，全神貫注在基礎藍圖上；其中，他們對腫瘤抑制基因特別感興趣，因為這些基因在遺傳型癌症症候群病例身上常會發生突變。

人類的腫瘤抑制基因通常成對存在，跟體染色體上所載的大多數基因（對偶基因）一樣。當細胞癌化程度驟升，幾個關鍵的腫瘤抑制基因常會被關閉，兩份拷貝都不活化。許多病例顯示，這可能是癌細胞內的腫瘤抑制基因已發生突變所致。這種現象稱為「體細胞突變」（somatic mutations），發生在體細胞正常生命歷程中的某個時間點。這種突變之所以稱為體細胞突變，是為了與「生殖系基因突變」（germline mutations）區隔，生殖系基因突變會遺傳，能從親代傳遞給子代。而不活化腫瘤抑制對偶基因的突變形式多變，琳琅滿目：有些可能只是改變胺基酸序列，導致基因再也無法製造正常具功能的蛋白質；另一些則是在癌化過程中，染色體失去與功能性蛋白相關的部分。病患身上某特定腫瘤抑制基因的突變方式可能是一份拷貝的胺基酸序列改變，對偶的另一份拷貝則出現「微缺損」（micro-deletion）。

這種情況顯然確實會發生，而且發生頻率頗高；不過，一般很難明確斷定腫瘤抑制基因以何種方式突變。十五年來，我們慢慢理解腫瘤抑制基因還有另一種不活化方式：透過表觀遺傳調控令其「噤聲」。如果啟動子的DNA嚴重甲基化、或組蛋白覆滿抑制型調控物質，腫瘤抑制基因即因此關閉。這些基因無需改變根本藍圖就能被不活化。

癌症的表觀遺傳發展現況

不少實驗室都已在各種癌症研究中，明確找到前述狀況存在的證據。首批發表的報告中，有一篇是研究「亮細胞癌」（clear-cell renal carcinoma）這種腎臟腫瘤。在亮細胞癌的發展過程中，關鍵之一是不活化「*VHL*」此特定腫瘤抑制基因。一九九四年，醫界權威——巴爾的摩約翰霍普金斯大學醫學院（Johns Hopkins Medical Institute）史提芬．貝林（Stephen Baylin）——領導的團隊分析 *VHL* 基因前端的 CpG 模組。在他們分析的亮細胞癌檢體中，有百分之十九的檢體 CpG 模組高度甲基化，這個重要的腫瘤抑制基因亦因此關閉；幾乎可以確定的是，這在癌症發展過程中肯定是大事一樁[14]。

啟動子甲基化的現象不只限於 *VHL* 腫瘤抑制基因和腎臟腫瘤。貝林團隊接著分析乳癌的 *BRCA1* 腫瘤抑制基因：他們分析沒有乳癌家族病史的病例，以及並非由前段討論的 *BRCA1* 突變所導致的乳癌病例。在這些散發型乳癌患者中，有百分之十三的病例 *BRCA1* 基因 CpG 模組高度甲基化[15]。來自休士頓安德森癌症中心（MD Anderson Cancer Center）、與史提芬．貝林合作的尚皮耶．伊薩（Jean-Pierre Issa）也發表報告，提出癌細胞有廣泛且異常的DNA甲基化現象。兩團隊的合作成果顯示，結腸癌病例中有超過兩成患者出現多個不同基因的啟動子DNA同時高度甲基化的現象[16]。

後續研究顯示，癌細胞不只DNA甲基化發生變化。另外還有直接證據顯示，組蛋白修飾導致腫瘤抑制基因被抑制。舉例來說，在乳癌患者身上，與組蛋白有關的 *ARHI* 腫瘤抑制基因的乙醯化程度偏低[17]。另一個腫瘤抑制基因 *PER1* 和肺臟腫瘤「非小細胞瘤」（non-small cell carcinoma）[18]也有類似關聯。在這兩種病例中，組蛋白乙醯化的程度與腫瘤抑制基因的表現程度互有關聯——乙醯化程度愈低，基因表現程度也愈低。因為這兩個基因都屬於腫瘤抑制基因，故表現程度降低即表示細胞將更難控制、遏止細胞分裂。

腫瘤抑制基因常受制於表觀遺傳調控機制、因而不表現——這項領悟在學界引起不小震撼，因為這代表他們找到可能可以治療癌症的新方式：如果能重新啟動一個或好幾個腫瘤抑制基因，我們就有機會與癌細胞一搏，控制那些瘋狂分裂的細胞，失控的火車也許就不會太快脫軌翻覆。

過去，科學家認為突變或缺損是導致腫瘤抑制基因不活化的原因，若想重新啟動基因，我們幾乎沒有太多選擇。目前有不少臨床試驗正在測試基因治療能否達到這個目標。在某些狀況下，基因療法最終可能證實可行，但並非絕對。不管是哪一種疾病，基因療法在一開始就不容易燃起希望；因為要把基因送進正確細胞已相當困難，送進細胞後還得讓基因啟動，更是難上加難。就算有辦法做到這一步，科學家常發現細胞似乎會甩掉多出來的基因，導致一開始打的如意算盤全部失效。還有一些相對罕見的案例顯示，基因治療本身竟會引發癌症，因治療本身帶有某些不明確的效應、導致細胞異常增殖。目前學界還未放棄基因療法，而且在某些條件下，基因療法說不定可證實是最佳選擇[19]。不過對於像癌症這種疾病，由於治療人數眾多，基因療法不僅昂貴且實行困難。

這就是開發表觀遺傳藥物來治療癌症何以令人振奮的原因。就定義來看，表觀遺傳調控並不會改變原本的ＤＮＡ密碼。誠如先前所見，有些病人的腫瘤抑制基因的其中一份拷貝，在表觀遺傳酵素作用下遭關閉。這些病患原本正常的表觀遺傳基因密碼並未因突變受損。因此，他們可能可以利用合適的表觀遺傳藥物，將ＤＮＡ異常甲基化或組蛋白異常乙醯化的模式逆轉回來。如果能做到這一點，正常的腫瘤抑制基因即可再度開啟，協助癌細胞從失控狀態恢復正常。

目前美國食品藥物管理局（ＦＤＡ）已核准兩種可抑制 DNMT1 的藥物作臨床使用，治療癌症，分別是5－氮胞苷（商品名 *Vidaza*）和結構極相似的「去氧雜氮胞苷」（2-aza-5'-deoxycytidine，商品名 *Dacogen*）。另有兩種ＨＤＡＣ抑制藥物也核准使用，分別是稍早提過的ＳＡＨＡ（商品名 *Zolinza*），以及一種叫「羅米地辛」（romidepsin，商品名 *Istodax*）的藥物。羅米地辛的化學結構和ＳＡＨＡ差異極大，但羅米地辛也能抑制ＨＤＡＣ。

彼得．瓊斯成功解開5－氮胞苷的角色之謎後，他和史提芬．貝林、尚皮耶．伊薩在將5－氮胞苷從實驗室一路推上臨床試驗、終至核准過關的三十年來，已成為該領域舉足輕重的人物。維多莉亞．李瓊在推動SAHA上市應用的過程中，也同樣位居要角。

這四種抗癌藥物（對付兩種截然不同的酵素）通過許可、核准上市，對整個表觀遺傳治療領域不啻為一劑強心針。不過目前還無法證明，這些藥物是不是仙丹妙藥、抗癌萬靈丹。

停止尋找奇蹟

不過，對於研究癌症或治療癌症的人而言，這也是意料中之事。有時候，主流媒體總會有幾位過度執著的記者，傾向撰寫「癌症**救星**」一類的報導。一般而言，科學家會嘗試避免過度武斷；然而，如果真要說有哪件事稱得上共識的話，大概就是「癌症絕不會只有一種療法」吧。

理由是癌症的形式不只一種。「癌症」這個名稱約莫涵蓋超過上百種不同病症。就算只舉一種癌症為例——譬如乳癌——我們也會發現，此特定系統的癌症底下還能再細分成幾個不同類型：有些受雌激素（oestrogen）影響，有些則是對「表皮生長因子」（epidermal growth factor）這種蛋白質反應激烈。有些癌症病患的 *BRCA1* 基因遭不活化或發生突變，有些則否；有些乳癌細胞對已知的任何一種癌症生長因子完全沒反應，卻可能對科學家還未能辨別出來的其他訊號產生反應。

由於癌症是多步驟過程，兩個外觀病徵極為相似的病人，其分子層次的致病機轉可能完全不同。兩者的癌徵可能由不同的突變、表觀遺傳調控及其他促成癌細胞生長、侵犯的因子組合而成。也就是說，不同病人可能需要不同種類的抗癌藥物，或不同組合方式。

即使把這些因素都考量進去，DNMT與HDAC抑制劑的臨床試驗結果仍令人大感意外：這兩種藥物對抗實質腫瘤——如乳癌、結腸癌或前列腺癌——似乎不起作用，卻對源自循環型白血球——原本隸屬對抗抗原的防禦機制——的癌症（如血液腫瘤）較具療效。表觀遺傳型藥物對實質腫瘤似乎效果不佳，目前原因尚不明朗，可能是這些藥物在實質腫瘤與血液腫瘤內，分子層次的作用機制並不相同所致。又或者，也有可能是這類藥物在實質腫瘤內無法達到足夠的藥物濃度、無法大量影響癌細胞所致。

即使針對血液腫瘤，DNMT與HDAC抑制劑亦有些許不同。現有的兩種DNMT抑制型藥物核准用於治療骨髓病症「骨髓造血（化生）不良症候群」（Myelodysplastic Syndromes, MDS）[20、21]。而兩種HDAC抑制型藥物則核准用於治療另一種血液腫瘤，「皮膚T細胞淋巴瘤」（cutaneous T-cell lymphoma）[22]。患者全身皮膚遭增生的免疫細胞（T細胞）浸潤，長出肉眼可見的斑塊與巨大病灶。

但是，並非所有骨髓造血（化生）不良症候群或皮膚T細胞淋巴瘤的患者都能受惠於這兩種藥物。而且，就算患者對藥物有反應，這些藥物似乎也無法徹底治癒疾病；患者若停止服藥，癌症旋即復發。DNMT與HDAC抑制劑似乎能拖延、壓抑癌細胞生長，作用傾向控制而非治療。

即便如此，病人用藥後，不論是延長壽命或改善生活品質，病況通常都有明顯進展。舉例來說，由於皮膚T細胞淋巴瘤的病灶會持續發癢、且奇癢無比，因此患者大多痛苦不堪、情緒低落。而HDAC抑制劑雖無法延長患者壽命，仍可極有效緩解這種症狀。

總的來說，我們很難預知哪些類型的病患能受惠於哪種特殊的抗癌新藥，這也是正在研發表觀遺傳型癌症療法的藥廠所面臨的最大問題。即使是現在，自FDA核准5－氮胞苷與SAHA上市以來已達數年之久，我們仍不清楚這類藥物對骨髓造血（化生）不良症候群與皮膚T細胞淋巴瘤的療效何以優於其他癌症；而一切只不過是在早期臨床試驗時，這兩類癌症病患的藥物反應比其他病患強烈、執行臨床試驗的研究人員也碰巧注意到這種狀況，之後便針對這類患者設計後續試驗而已。

這問題聽來好像不是什麼大麻煩。藥廠似乎只要研發藥物、然後針對各種癌症病例進行試驗，或嘗試所有可能的抗癌藥物組合，再從中找出最有效的一組就行了。

但這些試驗所費不貲。我們可以在「國家癌症中心」（National Cancer Institute）網站查到進行中的藥物臨床試驗件數。截至二〇一一年二月，光是SAHA就有八十八件試驗正在進行[23]。若要精確計算試驗成本，實非易事，但如果依二〇〇七年的資料估算，保守估計每位病人大概要耗掉兩萬美元的試驗費用[24]。假設每項藥品都有二十名病患參與試驗，那麼光是國家癌症中心試驗SAHA的成本即高達三千五百萬美元。而且就整體成本來看，這個數字幾乎可以確定是低估了。

首先研發SAHA的哥倫比亞大學與斯隆卡特琳紀念癌症中心研究人員，聯名提出專利申請。隨後，他們成立一家公司「Aton Pharma」，開發SAHA藥物。二〇〇四年，就在該公司宣布提前取得皮膚T細胞淋巴瘤的相關成果後，Aton Pharma 被藥界巨人默克公司以一億兩千萬美元買下。SAHA研發之路走到這個階段，Aton Pharma 肯定已投入數百萬美元資金。藥品研發實在是個燒錢產業。近年，另外兩家推出 DNMT1 的公司也分別被更大的藥廠買下，成交總金額約在三十億美元之譜[25]。假如藥廠已花了一大筆錢研發或買入新藥，爾後來到臨床試驗階段時，絕對不會像酒醉水手一樣、繼續胡亂撒鈔票。

因此，若能針對可能受惠的患者、提出更好的臨床計畫，而非漫無目標、亂槍打鳥，藥廠自然可省下不少成本；不幸的是，研究人員大多認為，許多設計用來試驗癌症藥物——即預測人類癌細胞對哪些藥物最敏感——的動物模式，成效極為有限。平心而論，並非只有以表觀遺傳酵素為試驗目標的抗癌藥物會遭遇這種狀況，大抵所有腫瘤藥物研發都會碰上這道難題。

為了解決這個問題，業界與學界的研究人員都在尋找腫瘤的新一代表觀遺傳標靶。DNMT1 作用範圍太廣，而DNA甲基化（CpG 模組甲基化與否）則是「有」或「沒有」、一翻兩瞪眼的決定；至於HDAC的鑑別度也不高。假如HDAC有辦法碰到「組蛋白尾」上乙醯化的離胺酸，它們會設法摘掉乙基。組蛋白尾有許多離胺酸，光是H3就有七個（這還只是開胃小菜呢）。而SAHA可抑制的HDAC酵素少說有十來種，好像這十種HDAC中的每一種都能將H3尾巴上的離胺酸去乙醯化似的。這哪稱得上「微調」？

勝利得來不易

這也是目前表觀遺傳領域轉向探索其他酵素的原因。尋找作用目標更局限的表觀遺傳酵素，找出在各不同癌症中足以扭轉乾坤的關鍵角色。由於作用範圍有限，理當能讓研究人員更容易了解表觀遺傳酵素的分子生物特性，也讓他們更容易做出決定，判定哪些病人對哪些藥物的反應最好。

但他們首先就碰上一個令人頭痛的大問題：該從哪種蛋白質下手？能加上或移除組蛋白標記（編輯或抹除表觀遺傳密碼）的酵素少說有上百種，而能夠讀取表觀遺傳密碼的酵素大概也有這麼多。要從哪裡開始尋找這個新藥研發計畫最有希望的候選者？

由於目前沒有任何像5－氮胞苷和SAHA這類有用的化合物指引方向，因此只能仰賴我們對腫瘤與表觀遺傳學的有限知識；如何將組蛋白與DNA調控串聯起來，這個領域已證實有其效

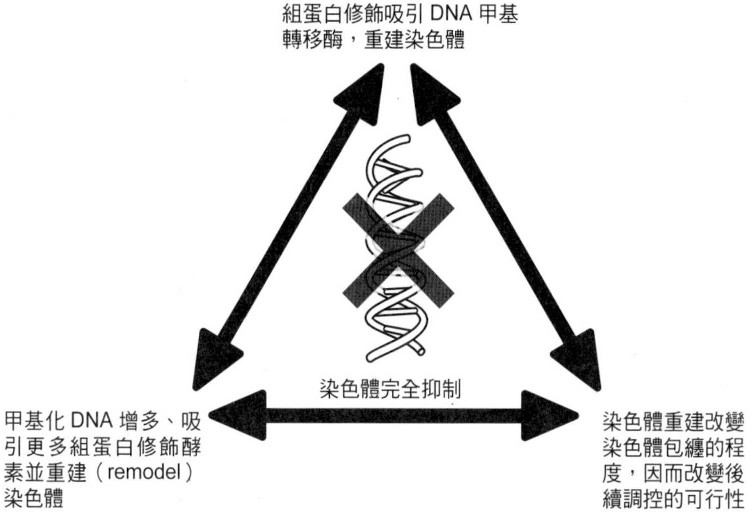
組蛋白修飾吸引 DNA 甲基
轉移酶，重建染色體
染色體完全抑制
甲基化 DNA 增多、吸
引更多組蛋白修飾酵
素並重建（remodel）
染色體
染色體重建改變
染色體包纏的程
度，因而改變後
續調控的可行性

圖 11.3　不同類型的表觀遺傳調控機制彼此合作，增加基因抑制區、並讓這些染色體區域緊緊包纏，使細胞極難表現該區域的基因。

用，值得玩味。

基因體中受抑制最嚴重的區域，其DNA不僅高度甲基化、DNA本身也纏繞得極度緊密；這些DNA緊緊裹起來，反常地不讓酵素轉錄基因。這些區域何以變得如此重度抑制？這個問題正好是關鍵。模式如圖11.3所示。

圖11.3顯示，此模式乃是抑制狀態自我循環所致，導致受抑制的區域愈來愈多。研究人員根據這個模式所做的預測之一是：抑制型組蛋白修飾會引來DNA甲基轉移酶，使這些組蛋白附近的DNA開始甲基化。DNA甲基化於是吸引更多抑制型組蛋白修飾酵素，引發一連串自我循環，導致基因抑制區愈來愈多，一發不可收拾。

實驗數據顯示，上述模式在許多案例中可能都是正確的。抑制型組蛋白修飾就像餌一樣，能誘引腫瘤抑制基因啟動子區段的ＤＮＡ發生甲基化。這套理論的關鍵範例就是我們在前面章節讀過的、一種叫「EZH2」的表觀遺傳酵素。EZH2 能將甲基加在 H3 組蛋白二十七號位置的離胺酸上，這個位置的離胺酸稱為「H3K27」。（離胺酸的英文縮寫是「K」非「L」。L是另一種胺基酸「白胺酸」（leucine）的縮寫。）

H3K27 甲基化往往導致基因關閉不表現。不過在某些哺乳動物細胞內，這個組蛋白甲基化的行為會吸引ＤＮＡ甲基轉移酶來到同一染色體區段[26、27]，被引來的ＤＮＡ甲基轉移酶包括 DNMT3A 與 DNMT3B——此舉非同小可，因為這兩種酵素能推動所謂的「ＤＮＡ重新甲基化」（de novo DNA methylation）。也就是說，兩者能使從未甲基化的ＤＮＡ部位（virgin DNA）甲基化，創造全新且高度抑制的染色體區域。其結果是，細胞會把相對不穩定的抑制型標記（H3K27 甲基化）轉為更穩定的ＤＮＡ甲基化狀態。

重要的酵素還不只這一種。LSD1 會摘除組蛋白上的甲基，屬於抹除型表觀遺傳機制[28]。LSD1 對 H3 組蛋白四號位置的離胺酸（H3K4）特別感興趣。H3K4 與 H3K27 的作用剛好相反；因為當 H3K4 上的甲基被清光時，基因傾向關閉。

未甲基化的 H3K4 能與其他蛋白結合，其中一種叫「DNMT3L」；DNMT3L 確實跟 DNMT3A、DNMT3B 有關，這點並不意外。DNMT3L 不負責ＤＮＡ甲基化，而是吸引

DNMT3A、DNMT3B 來到未甲基化的 H3K4。這又是另一條讓DNA處女地穩定甲基化的途徑[29]。

綜合所有可能性來看，許多位於腫瘤抑制基因啟動子區段的組蛋白，似乎同時帶有這兩種抑制型組蛋白修飾標記，也就是甲基化的 H3K27 和未甲基化的 H3K4；兩者相互作用，鎖定DNA甲基轉移酶的效應也更形強烈。

在某些類型的癌症中，EZH2 和 LSD1有「增幅表現」（up-refulated）的現象；這兩種酵素的表現程度與癌症侵犯性有關，致使病患預後不佳[30、31]。基本上，這兩種酵素表現愈活躍，患者預後就愈差。

因此，組蛋白修飾與DNA甲基化兩者是互相影響的。這也許能解開、或至少部分說明表觀遺傳療法的謎題之一：為什麼5－氮胞苷和SAHA這類化合物僅能控制癌症，不能徹底殺滅癌細胞？

在先前提到的臨床試驗中，只要患者持續服藥，5－氮胞苷就會持續抑制DNA甲基化；不幸的是，許多抗癌藥物副作用極劇烈，而DNMT抑制劑正好是其中一員。DNMT抑制劑的副作用強烈到衍生大問題，逼得患者最後不得不停藥。但患者癌細胞內的腫瘤抑制基因大概還保有組蛋白修飾標記，因此只要一停止服用5－氮胞苷，這些組蛋白修飾標記幾乎馬上復活、引來DNMT酵素，重新啟動抑制基因表現的程序。

有些研究人員正在進行5－氮胞苷與SAHA併用的臨床試驗，期望藉由打亂DNA和組蛋白修飾標記的編輯行為，達到干擾上述惡性循環的目的。此舉成敗未定。如果不成功，可能代表低程度組蛋白乙醯化並非重建DNA甲基化的至要關鍵；關鍵也許不在乙醯化程度，而是乙醯化的組蛋白種類。不過，由於目前還未研發出可抑制其他表觀遺傳酵素的藥物，因此只好暫時抓住唯一選擇：換言之，我們別無選擇。

未來咱們也許根本不需要DNMT抑制劑，因為DNA甲基化與組蛋白修飾之間的關聯並非只有一種。CpG 模組甲基化，下游基因受抑制；但也有腫瘤抑制基因上游的 CpG 模組未甲基化、甚至基因上游根本沒有 CpG 模組。這些基因可能也受抑制，但只得歸功於組蛋白修飾[32]。安德森癌症中心的尚皮耶·伊薩研究資源充足，得以透過臨床執行這些表觀遺傳療法，提出不少相關證據。假如我們能在這些案例中找到正確的表觀遺傳酵素，利用特定抑制劑加以鎖定，也許就能驅使腫瘤抑制基因重新表現、無須煩惱DNA甲基化的問題了。

隨時變卦的休戰協定

透過表觀遺傳調控迫使腫瘤抑制基因「閉嘴」（不表現）究竟有何特色？關於這個問題，目前有兩套彼此對立的論點。其一是這群基因根本沒啥特殊，相關調控過程也只是隨機發生而已。

在這套模式中，三不五時就有腫瘤抑制基因隨機遭表觀遺傳酵素不正常調控；假如基因表現因此改變，可能表示該細胞經表觀遺傳調控後、會長得比鄰近細胞快一些或好一點。這項調整賦予細胞生長優勢，使其持續擴張、壓過周圍細胞，細胞逐漸累積表觀遺傳變化與基因變化，進而朝癌化方向發展。

另一套理論是，受表觀遺傳調控抑制的腫瘤抑制基因，大抵都是被鎖定的對象。這些基因並非運氣不好，而是本身被表觀遺傳酵素關閉的機率硬是比平均值高了些。

近年來，由於我們已有相當的技術、能以日益精良的解析度剖析各種細胞內的表觀遺傳調控機制，因此這個領域遂逐漸往第二套理論靠攏：好像真有幾組基因較易成為表觀遺傳酵素關閉的對象。

乍看之下，這種情況似乎完全違反常理，不可思議。是說，經過數十億年演化的我們到底何德何能，竟獲得一套致癌的細胞系統？咱們得理出個道理才行。絕大多數的演化壓力不都是傾向留下愈多子代愈好？對於已屆生育年齡的人來說，胚胎早期發生過程是愈快通過愈好，這點太重要了；畢竟，若胚胎無法順利熬過早期階段，就不會有後代產出。因此當我們一達到生育年齡、又有機會製造下一代，從演化角度來說，實在沒必要讓我們在完成繁衍任務之後再多活好幾十年呀。

演化傾向讓「有效促進早期生長發育」的細胞機制留存下來，其中包括生成多種多樣的組織型態。許多類型的組織細胞大多保有該組織專用的幹細胞系統。動物體在成熟過程中，需要這些幹細胞來讓組織發育成長、或修補受傷組織。這些組織特異型幹細胞的命運和身分完全掌握在表觀遺傳調控的精準模式裡。細胞利用表觀遺傳調控來控制基因表現，保有些許彈性和適應性（譬如擁有成為特化程度更高的細胞的潛力）。若從癌細胞的角度來考量，更重要的或許是表觀遺傳調控讓細胞得以分裂製造更多幹細胞的這項機制，這也是我們有用不完的皮膚細胞或骨髓細胞的原因，即使長命百歲也一樣。

基因表現的模式與需求並非從頭到尾一成不變，這或許是表觀遺傳調控機制不是隨機過程的理由。咱們不能既要馬兒好、又要馬兒不吃草：調控系統既然能讓細胞保持彈性，不可避免的也可能導致細胞出錯。從演化角度來看，這是「金髮姑娘原則」（Goldilocks）——凡事皆有度，不能超出極限——也是我們必須付出的代價。咱們的表觀遺傳路徑已確定某些細胞不具「完整的超多能分化性」或尚未分化完全，而是剛好懸在接近沃丁頓表觀遺傳地貌圖頂端附近而已，隨時可能滾下山坡。

彼得・賴爾德（Peter Laird）跟彼得・瓊斯一樣，都在南加大做研究；他的癌細胞研究在表觀遺傳調控系統領域激起漣漪效應。賴爾德團隊分析癌細胞的ＤＮＡ甲基化模式，特別是腫瘤抑制基因啟動子的部分；在胚胎幹細胞內，若腫瘤抑制基因的組蛋白被 EZH2 複合體甲基化，那麼這些基因跟未遭 EZH2 鎖定的基因相比，ＤＮＡ異常甲基化的機率高出十二倍。彼得・賴爾德以相當巧妙的口吻陳述這項發現。他說：「原本遭抑制但抑制過程可逆的基因被永遠賭上嘴巴。細胞被鎖進不斷自我更新、更新的永恆狀態，最後導致惡性轉化（malignant transformation）[33]。」這與「癌細胞也有幹細胞特性」的想法不謀而合。如果細胞卡在「類幹細胞」（stem cell-like）狀態，就無法分化成沃丁頓表觀遺傳地貌圖底端的其他細胞；這些細胞會變得十分危險，因為它們隨時有能力分裂製造更多和它們一樣的細胞。

尚皮耶．伊薩將結腸癌細胞內、遭表觀遺傳調控關閉的基因稱為「守門員基因」（gatekeepers）。這些基因平時相當忙碌，正常角色是讓細胞遠離自我更新的傾向、走向完全分化的道路。這些基因一旦不活化，細胞將永遠卡在自我更新的類幹細胞狀態，製造出一大群有能力持續分裂的細胞，並且一邊分裂一邊累積各種表觀遺傳變化與突變，朝全面癌化的命運步步逼近[34]。

當我們透過沃丁頓表觀遺傳地貌圖「想見」細胞狀態時，很難想像會有細胞在頂端附近徘徊不去。那是因為，我們直覺認為坡頂沒有哪個地方是真正穩定的。小球一旦開始往下滾，除非有誰出手阻攔，否則小球會這麼一路滾下山坡；就算中途有可能停下來，最後也還是會繼續移動、朝山腳前進。

到底是什麼力量把細胞卡在上頭搖搖欲墜的位置？二〇〇六年，由波士頓博德研究所（Broad Institute）艾瑞克．蘭德（Eric Lander）領軍的團隊找到了部分答案。在胚胎幹細胞、這個我們現已十分熟悉的全能分化性分化型細胞裡，有一組地位關鍵的基因，這組基因的組蛋白模式確實與眾不同。不論是維持胚胎幹細胞的超多能分化性、或朝細胞分化邁進，這組基因都扮演相當重要的角色；它們的組蛋白 H3K4 位置（通常與開啟基因表現有關）甲基化，H3K27（通常與關閉基因表現有關）也甲基化。這麼一來，到底哪一方會勝出？受調控的基因最後是關閉還是開啟？

結果答案竟然是「兩者皆是」，或「兩者皆非」——端看你從哪個角度解釋而定。這組基因處於某種微妙的「平衡狀態」，若培養條件稍有變化，即可能導致一方喪失甲基化標記、將細胞推向分化（或維持超多能分化性）的路徑。這組基因究竟是火力全開、抑或徹底熄火，完全由表觀遺傳調控機制決定[35]。

這項發現對癌症研究相當重要。史提芬·貝林是繼彼得·瓊斯與尚皮耶·伊薩以來、第三位努力實現表觀遺傳治療的科學家。他在早期癌症幹細胞內發現這類處於微妙平衡狀態的組蛋白，而這些組蛋白修飾對於設定癌細胞的ＤＮＡ甲基化模式，著實具顯著意義[36]。

當然，癌化必定還有其他事件參與促成。不罹癌的人所在多有，無論他們活到幾歲都不會得到癌症；因此，癌症病患體內鐵定出了什麼狀況，導致正常的幹細胞模式被顛覆改寫、變得頑強，將細胞鎖進兇猛又不正常的增生狀態。我們知道環境可能對細胞造成巨大衝擊、使罹癌風險提高（譬如癮君子罹患肺癌的風險大幅提高），但我們仍不清楚環境如何、又會不會和這些表觀遺傳調控機制相互作用。

但罹癌也有可能純粹只是運氣不好。這些能鎖定、編輯、演繹或抹除表觀遺傳密碼的調控蛋白，在每個人體內的濃度、活性與局限性可能都是隨機起伏的。此外，非編碼RNA（ncRNA）也參了一腳。

*DNMT3A*與*DNMT3B*基因的3'UTR端，含有可與miR-29族miRNA對應的結合位。正常情況下，這些miRNA會跟*DNMT3A*與*DNMT3B* mRNA分子結合，進行負調控。肺癌細胞的miR-29族miRNA含量下降，造成*DNMT3A*與*DNMT3B* mRNA與後繼蛋白質表現幅度上升，如此可能增加具感受性的腫瘤抑制基因啟動子DNA重新甲基化的數量[37]。

miRNA和受其控制的表觀遺傳酵素之間，似乎也有所謂的「回饋迴路」（feedback loops）存在。假如迴路中的某個元素調節失當，可能加強細胞內不正常的控制機制、引發另一惡性循環（如圖11.4）。圖中的miRNA調節某特定表觀遺傳蛋白，而該表觀遺傳蛋白負責調控的對象則是這個miRNA的啟動子；此範例中的表觀遺傳酵素正在進行抑制型調控。

若打算發展新一代表觀遺傳藥物、治療癌症，要釐清的部分還很多。我們需要知道哪些藥物對付哪些疾病最有效，以及哪些患者受惠最多。我們期望能先弄清楚這一點，才不至於一邊進行大量臨床試驗、一邊抱持不切實際的樂觀希望。足堪告慰的是，雖然需要改良修正的部分還很多，至少5－氮胞苷和SAHA讓我們知道，表觀遺傳有可能可以用於癌症治療。

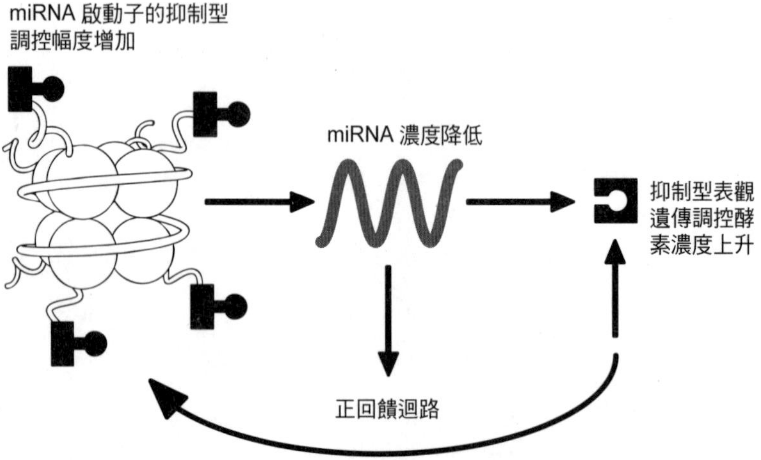

圖 11.4 正回饋迴路調控。正常情況下，該 miRNA 控制某負責抑制型調控的表觀遺傳酵素（使染色體處於抑制狀態）。此回饋迴路持續抑制該 miRNA 表現。

下一章我們會看到，表觀遺傳遭遇的問題不僅限於癌症。不幸的是，如何將表觀遺傳治療應用在另一個西方世界亟待滿足的臨床疾病——精神疾患——咱們還有更長的一段路要走。

第十二章　境由心生

境由心生。心能使地獄化為天堂，天堂淪為地獄。

——約翰．密爾頓

「創傷回憶錄」（misery memoir）這種類型文學的興起是近十年來最受矚目的出版趨勢之一。作者細數個人童年的艱難時光，描述他們如何戰勝過去、實現成就。這種文類可再分成兩大宗：其一是「安貧樂道類」，「雖然一無所有，但我們還有愛」的溫馨故事；另一類不一定涉及經濟上的匱乏，大多傾向心緒煩擾。後者把焦點放在挖掘孩童時期遭忽視、受虐的經歷，這類回憶錄有些甚至獲得極大的回響。戴夫．佩澤（Dave Pelzer）的《歹命囝仔》（*A Child Called It*）可能是此類型中最出名的一本，曾盤踞《紐約時報》暢銷書榜六年之久。

這些回憶錄之所以引人，大多是主人公「戰勝逆境」情節所致。讀者似乎能受到故事鼓舞——儘管人生一開始並不順利，最後仍成長為快樂、心理平衡的成年人——因此振作精神。這些

「排除萬難」的贏家總能贏得我們的掌聲。

然而這也告訴我們一件明顯事實：身為社會的一份子，我們相信童年早期的遭遇會影響成年後的人生；同時這也顯示，我們深信早期創傷是非常難以跨越、克服的。身為讀者，我們可能感知這份成就得來不易，因而傾向給予熬過來的人較高的評價。

從許多方面來看，我們的感知與假設大多是正確的：駭人的童年（早期）經驗確實會對成年生活造成戲劇性衝擊。科學家用各種不同的方式進行評估、取得精確數據，惟數據依個案不同而有所不同。儘管如此，這些研究顯露一明顯趨勢：孩童時期曾遭虐待或忽視的成年人，其自殺比率是一般人的三倍。受虐兒成年後出現重度憂鬱的比率比一般人高出百分之五十，而且也比普通人更難恢復。童年受虐或遭忽視的成年人，罹患思覺失調、飲食障礙、人格異常、躁鬱症和廣泛性焦慮症的比例明顯偏高，也往往有濫用藥物或酗酒等問題[1]。

年幼時處於忽略、遭虐的環境顯然是日後發展神經精神疾患的主要危險因子。這類案例在社會中屢見不鮮，以致我們有時忘了質疑二者為何有因果關係。這個問題看似不證自明，但事實並非如此。打個比方吧：為什麼僅僅持續兩年的事件仍會對數十年後的人生造成負面影響？

常見的解釋之一是，這群孩子的早期經驗造成心理創傷（psychologically dammaged）；即使這個說法為真、實際上卻沒什麼用處。理由是「心理創傷」並不真正算是「解釋」，只是一句陳述；雖然聽起來頗有說服力，在某種程度上卻無法告訴我們任何資訊。

所有鑽研這個問題的科學家都會正視這句描述、再從其他層面探討。這個「心理創傷」背後隱藏什麼樣的分子事件？受虐或遭忽視的孩童的大腦出了什麼事，何以導致他們在成年後這麼容易出現心理方面的問題？

這類研究方法偶爾會遭到其他學科排斥或抗拒，後者大多以截然不同的概念架構進行研究。這似乎挺教人困惑的。如果我們不接受生物效應背後皆有分生基礎，那我們還能相信什麼？有宗教信仰的人也許會歸咎靈魂，就像佛洛伊德派療法總會提到精神分析一樣。但是這兩種理論架構都沒有明確的生理學基礎，這種研究模式無法發展出可測試的假設——測試驗證是所有科學研究的基石——看在多數科學家眼裡根本毫無吸引力。科學家傾向探究有生理基礎的機制，而非設定好腳本、並假設我們每個人都擁有這些元素、卻又缺乏實際的生理證據。

如此解釋可能衍生文化衝擊，但這個衝擊乃基於誤解而來：科學家當然希望他們觀察到的事件有生理基礎。就本章主題來說，我們提出的假設是：童年的恐怖經驗可能在大腦成長關鍵期造成某些生理變化，這種變化多半會影響成年後的心理健康。這個機制是可以解釋、說明的。雖然目前還未掌握細節，但我們會在這一章盡可能補充說明。我們的社會還不太習慣「機制說明」（mechanistic explanation），因為聽起來太硬、太篤定。機制說明這個概念常遭誤解，以為這樣就表示人類基本上是「機器人」，身上有線路、灌入程式，對特定刺激產生特定反應。

但事情不是非得用這種方式解釋。假如系統有足夠的彈性，面對同樣的刺激不一定會產生相同的結果。所以不是每個受過虐待、遭人冷落的孩子都會變成身心弱勢、適應不良的成年人。現象能以機制為基礎，但機制並非一成不變。

人類大腦擁有足夠的彈性，即使兒時經驗相似、也能產生不同的成年歷程。大腦有上千億個神經元（神經細胞），每個神經元又各自與一萬個神經元互相連結、組成驚人的三維立體網絡，含有 1,000,000,000,000,000（百兆）條連線。這數字實在難以想像，所以讓我們把每一條連線視作一張一公厘厚的光碟；若將這一百兆片光碟疊起來，大概等於地球到太陽（大概是一億四千萬公里）來回三趟的距離。

這樣的網絡連線實在可觀，因此大腦極可能相當有彈性；這點不難想像。不過這些連線並非隨機組成。在這個巨型網絡中，有些細胞傾向彼此連結、而非漫無目的隨處牽線。這樣的組合雖擁有強大彈性，卻也受制於某些族群，如此才能讓這個系統曁有規則、又不致固守成規，不知變通。

孩子是成人的表觀遺傳之父

科學家之所以假設，「兒童早期受虐會在成年留下後遺症」的現象可能涉及表觀遺傳，理由是「誘因所引發的事件在誘因本身消失許久之後，仍持續顯現效應」。孩提創傷造成的長期後果非常容易令人聯想到表觀遺傳調控效應，我們已看過不少相關案例：已特化的細胞會記得自己的細胞類型，即使最初告知要成為腎細胞或皮膚細胞的訊號消失已久，細胞也不會忘記。奧黛莉．赫本終生為健康不良所苦，一切都肇因於她在少女時期、也就是「荷蘭饑餓之冬」時的嚴重營養不良。在生長發育的某些時期，銘印基因一旦關閉就會關一輩子。事實上，表觀遺傳也是目前所知、唯一能讓細胞長期處於特殊狀態的調控機制。

目前表觀遺傳學家正在驗證一項假設：孩童早期創傷會改變大腦的基因表現，而負責產生或維持（或兩者）這些變異的正是表觀遺傳機制。這些由表觀遺傳調控中介的異常基因表現遂成為前置因子，提高成年人出現心理精神疾患的風險。

近年來，科學家提出愈來愈多數據，顯示這項說法不僅是誘人的假設。在編排早期創傷效應方面，表觀遺傳蛋白扮演相當重要的角色；除此之外，表觀遺傳在成人憂鬱症、藥癮與「正常」記憶方面亦有所牽連。

這個領域的研究焦點大多放在「皮質醇」（cortisol）。這種荷爾蒙由腎臟上方的腎上腺分泌，因應壓力而釋出。壓力愈大，身體就會製造愈多皮質醇。童年有創傷經驗的成年人，即使檢測當時健康狀況良好，其皮質醇平均值往往比一般人高[2,3]。這顯示幼年曾遭虐待或疏於照顧的成年人，其背景壓力水準（background stress level）比其他同齡者要高，身體長期承受壓力。

多數心理精神疾患案例的病程發展與癌症有些相似：患者在分子層次上必須有許多方面先出狀

況、才會顯現臨床症狀。受虐倖存者的慢性、長期高壓狀態將他們步步推向發病臨界值，提高罹病傾向。

皮質醇何以過度表現？原因不在腎臟，得從遙遠的大腦說起，並涉及一連串訊號傳遞過程：大腦某區製造的化學物質會影響另一區，另一區因而產生其他化學物質回應，如此過程繼續延續下去；最後，終於有一種化學物質離開大腦、傳訊至腎上腺，開始製造皮質醇。孩童遭受虐待時，這條訊號傳遞路徑變得相當活躍；在許多受虐兒體內，這個系統會持續發出訊號、彷彿此人還困在受虐情境中。這就好比中央空調的溫度調節裝置壞了，仍舊依二月的天氣設定運轉，導致鍋爐和散熱片在炎炎八月天源源不絕送出暖氣。

這個程序始於大腦一處名為「海馬迴」（hippocampus）的區域，該部位因外形像海馬始得其名。海馬迴像一道總開關，控制皮質醇系統的活化程度。整個過程如圖12.1所示。圖中的「＋」代表刺激、刺激反應鏈中的下一條連結；而「－」效果相反，即前一事件降低反應鏈中下一連結的活躍程度。

由於海馬迴因應壓力、改變活性，導致下視丘（hypothalamus）製造並釋放「促腎上腺皮質素釋素」（CRH）和「抗利尿激素」（arginine vasopressin）。這兩種荷爾蒙會刺激松果體（pituitary），松果體的回應是釋放「促腎上腺皮質素」（adrenocorticotrophin hormone），進入血液循環；當腎上腺細胞接收到這種荷爾蒙，即釋出皮質醇。

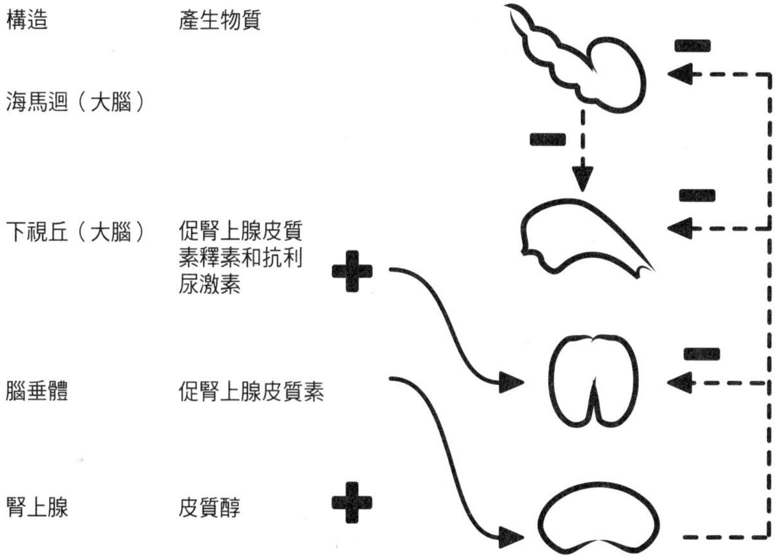

圖 12.1　因應壓力而產生的訊號傳遞反應。大腦特定部位會產生這一連串事件，最終造成腎上腺素釋出「壓力荷爾蒙」皮質醇。正常狀況下，這個系統由負回饋迴路控制，主要作用為壓抑或限制壓力反應路徑的活化程度。

這個系統的內建機制相當聰明。皮質醇隨血行循環全身，一小部分回到大腦；圖12.1顯示的三種大腦構造都帶有能辨別皮質醇的受器。皮質醇與這些受器結合，產生訊號、告知這幾處構造「冷靜下來」。這個步驟在下視丘尤其重要，因為下視丘能發出訊號、通知其他涉及這個傳遞鏈的夥伴們降低反應。這是相當典型的負回饋迴路。皮質醇生成能回饋控制其他組織，最終致使皮質醇產量下降，這個機制能讓我們免於持續處於壓力過大的狀態。

但我們知道，童年受創的成人確實承受極大壓力——他們的身體產生過多皮質醇，無時無刻皆然；因此這個回饋迴路必定哪裡出了問題。不少研究報告都顯示，實情確實如此：研究人員檢測腦脊髓液中CRH值，結果一如預期，童年受虐的成年人其CRH值比童年未受虐的成年人高；即使試驗當時受試者身體健康，結果也一樣[4、5]。由於人類在這方面很難進行完整調查，因此該領域的研究突破絕大多數來自特定條件的動物模式，然後再與我們所了解的人類案例類比關聯。

放鬆的大鼠和溫順的小鼠

科學家以「大鼠育兒技巧」為基礎，設計了一套好用的研究模式。出生一周的大鼠寶寶喜歡媽媽幫牠們舔毛理毛。有些大鼠媽媽天生是這方面的高手，有些則表現得差強人意。如果大鼠媽媽首次出招即上手，往後每一次懷孕育兒都不會有問題；同樣的，若大鼠媽媽意興闌珊、不怎麼搭理鼠寶寶，往後每一胎也都是如此。

待鼠寶寶長大獨立後，研究人員將牠們拿來做試驗，結果頗令人玩味。若我們把這些現已「長大成鼠」的大鼠置於稍微具壓力的環境，年幼時常受母親照顧的大鼠會很快平靜下來；而相對缺乏「母愛」的大鼠即使面對輕微壓力，反應仍相當劇烈。基本上，幼鼠時期最常被舔理的大鼠往往是最冷靜的一群。

此外，研究人員也進行將新生鼠寶寶從好母親換給壞母親照顧、以及從壞母親換給好母親照顧的實驗。結果顯示，實驗大鼠出生後第一周所受的關愛會徹底影響牠們成年後的行為反應：若由缺乏母性的大鼠所生、但由善於舔毛理毛的母親撫養長大，這些大鼠成年後性情多半相當穩定。

幼年受到盡心照顧的大鼠，壓力指數較低，這點可從給予輕微刺激、測試反應得知。牠們的荷爾蒙值也一併受監測，結果亦如所料。性情穩定的大鼠，下視丘CRH值與血中促腎上腺皮質素濃度都不高；與幼鼠期較少受照顧的同伴相比，牠們的皮質醇濃度也較低。

在受到良好照顧的大鼠體內，「海馬迴皮質醇受器大量表現」是調降壓力反應的關鍵分子因素。其結果是，即使皮質醇濃度極低，海馬迴細胞仍能有效捕捉皮質醇分子，透過負回饋迴路，啟動抑制下游荷爾蒙路徑的一連串程序。

這顯示在幼鼠最重要的舔毛理毛照護期過後好幾個月，大鼠海馬迴的皮質醇受器仍高度表現。基本上，這些僅發生在出生後七日內的事件，對大鼠終生都能造成重大影響。

該效應之所以能長時間延續，理由是最初的刺激、也就是母鼠舔毛理毛的動作能引發一連串事件，導致皮質醇受器基因發生表觀遺傳改變。這些變化發生的時間非常早，大抵是大腦最具「可塑性」的時期；所謂可塑性，是指不論調整基因表現模式或細胞活性都非常容易。隨著動物年紀增長，這些模式會慢慢固定下來。這也是大鼠出生首周何以如此關鍵的原因。

幼鼠大腦的表觀遺傳變化如圖12.2所示。當幼鼠經常受母鼠舔理照顧，幼鼠體內會產生血清素（serotonin），這是由哺乳動物大腦分泌、令動物「感覺良好」的化學物質。血清素會刺激海馬迴表現表觀遺傳酵素，終而減少皮質醇受器基因DNA甲基化的程度；「甲基化程度低」代表基因高度表現，因此海馬迴大量表現皮質醇受器，讓大鼠維持在較放鬆的狀態[6]。

用這個模式來解釋動物早期經驗如何影響長期行為，相當有意思。不過，單單改變一種表觀遺傳調控機制——即便發生在大腦關鍵區的重要基因、又是DNA甲基化這種頗具意義的機制——似乎不太可能是唯一解答。在上述實驗完成五年後，另一團隊也發表論文，顯示不同的基因也同樣發生重大的表觀遺傳變化。

這個研究團隊使用的模式是「早期緊迫」：小鼠出生十日內，每天被帶離母鼠身邊三小時。就像那些未受到足夠舔理照顧的大鼠寶寶一樣，這群幼鼠也成長為「壓力大」的成鼠；牠們的皮質醇平均值較高，在遭遇輕微緊迫時尤其明顯，與前述遭忽視的大鼠反應相似。

研究人員亦探討小鼠的抗利尿激素基因。抗利尿激素由下視丘分泌，刺激松果體分泌荷爾蒙（圖12.1）。這些年幼時曾被迫與母親分開、壓力極大的小鼠們，其抗利尿激素基因的DNA甲基化程度較低，導致小鼠增加抗利尿激素的產量、刺激壓力反應[7]。

前述的大鼠、小鼠實驗顯示兩項要點：第一，若早期（幼年）事件導致成年緊迫，牽涉的

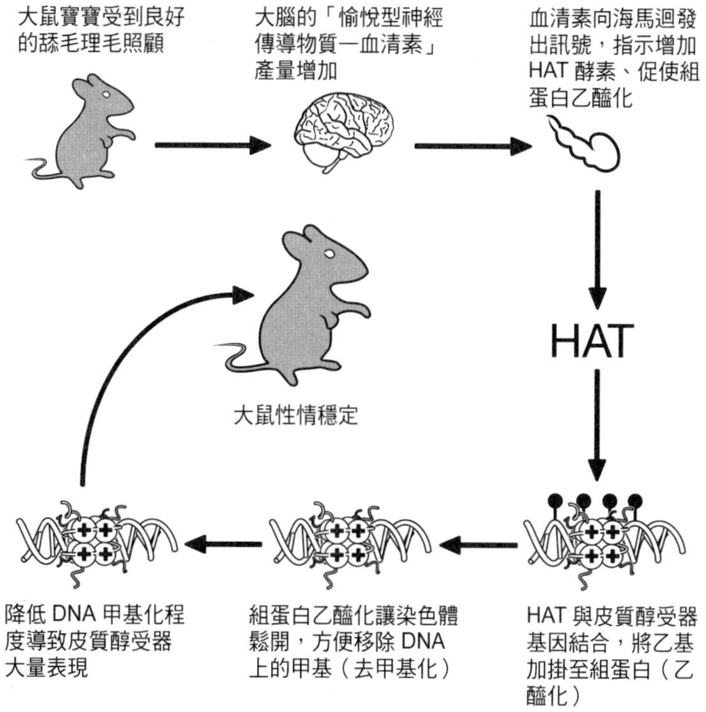
大鼠寶寶受到良好的舔毛理毛照顧
大腦的「愉悅型神經傳導物質—血清素」產量增加
血清素向海馬迴發出訊號，指示增加HAT 酵素、促使組蛋白乙醯化
HAT
HAT 與皮質醇受器基因結合，將乙基加掛至組蛋白（乙醯化）
組蛋白乙醯化讓染色體鬆開，方便移除 DNA 上的甲基（去甲基化）
降低 DNA 甲基化程度導致皮質醇受器大量表現
大鼠性情穩定

圖 12.2　受到良好照顧的幼鼠，體內會產生一連串分子變化，導致大腦中的皮質醇受器增量表現。受器數量增加能讓大腦極有效率地對皮質醇產生反應，透過圖 12.1 的負回饋迴路調降壓力反應。

基因可能不只一種；在嚙齒動物身上，皮質醇受器基因與抗利尿激素基因都會影響這類表現型。

第二，研究顯示，有一類表觀遺傳調控機制本身並無好壞可言，調控機制本身才是重點。在大鼠模式中，減少皮質醇受器基因的DNA甲基化程度是「好事」，此舉能增加皮質醇受器的產量，普遍調降壓力反應。在小鼠模式中，減少抗利尿激素基因的DNA甲基化程度卻是「壞事」，因為這會導致抗利尿激素過度表現、刺激壓力反應。

不過，小鼠調降抗利尿激素基因DNA甲基化程度的路徑，與大鼠活化海馬迴皮質醇受器基因的路徑，兩者並不相同。

在小鼠研究中，與母親分離會誘導並活化下視丘內的神經元，啟動一連串訊息傳遞鏈、影響 MeCP2 蛋白。我們在第四章見過 MeCP2，這種蛋白能與甲基化的DNA結合，協助抑制基因表現；這個基因也是嚴重神經系統疾患「雷特氏症」發生突變的基因。阿德里安．博德已經證明，病童神經細胞內的 MeCP2 蛋白異常高度表現[8]。

正常情況下，MeCP2 蛋白會與抗利尿激素基因內甲基化的DNA結合。但是在承受巨大壓力的小鼠幼鼠身上，前段提及的訊號傳遞鏈會把一種叫「磷酸鹽」的小分子加在 MeCP2 蛋白上，因為如此，MeCP2 蛋白遂與抗利尿激素基因分離剝落。MeCP2 蛋白有一項重要功能，它能吸引其他表觀遺傳蛋白來到與 MeCP2 結合的基因附近；這些調控蛋白彼此合作，為這段基因添上愈來愈多抑制型調控標記。然而當磷酸鹽化的 MeCP2 蛋白自抗利尿激素基因脫落，它便再也無法召集這群表觀遺傳蛋白，染色體也因此失去抑制型調控標記。這時，活化型調控標記——譬如組蛋白高度乙醯化——趁虛而入，最後甚至連DNA甲基化標記也自此一去不復返。

驚奇的是，這些全都是小鼠出生十天內發生的變化。十天後，神經元基本上已喪失可塑性，該階段最後呈現的DNA甲基化模式也因此固定下來，成為該基因該位置的固定狀態。假如基因DNA甲基化程度低，通常跟抗利尿激素基因異常高度表現有關；如此一來，早期生活經驗誘發的表觀遺傳變化即有效「卡位」，使動物持續處在高壓力狀態下、繼續異常製造分泌荷爾蒙，即使最初的壓力來源早已消失也一樣。事實上，就算小鼠後來懂得在意母親在不在身邊，這個效應也會持續存在；但話說回來，小鼠也不是以孝心出名、懂得奉養父母反哺報恩的物種就是了。

大腦深處

研究人員已掌握愈來愈多數據，顯示他們在囓齒動物模式觀察到的「幼年早期壓力經驗影響」，或許可以應用在人類身上。如同早先提到的，研究人員之所以無法在人類身上進行類似實驗，除了一般邏輯、還有道德方面的問題。即便如此，兩者之間仍浮現不少耐人尋味的關聯。

最早拿大鼠做實驗的是蒙特婁麥基爾大學（McGill）的麥克．明尼教授（Michael Meaney）。他的團隊後來又以人類腦檢體（取自自殺者）做了一些有意思的研究。他們分析這些檢體海馬迴中皮質醇受器基因DNA甲基化的程度，數據顯示，病史顯示童年曾受虐或遭忽視的檢體，其DNA甲基化程度往往比較高；相對的，童年未經歷創傷的自殺者，檢體DNA甲基化的程度較低[9]。受虐者的高甲基化DNA會壓抑皮質醇受器基因的表現，降低負回饋迴路的調控效能，提高血液循環中的皮質醇濃度。這個結果和大鼠實驗的發現一致，該實驗顯示，因少受母親照顧、導致長期處於高緊迫狀態的大鼠，其海馬迴的皮質醇受器基因ＤＮＡ甲基化的程度比較高。

當然，並非只有童年受虐的人才會發展出心理精神疾患。全球罹患憂鬱症的人口數字驚人，根據世界衛生組織估計，全世界有超過一億兩千萬人受憂鬱症困擾。每年因憂鬱症自殺的人數達八十五萬人，到二〇二〇年時，憂鬱症可能成為全球罹病人數第二高的病症[10]。

一九九〇年代初期，美國食品藥物管理局核准「ＳＳＲＩ」類藥物上市，憂鬱症治療也因此向前邁進一大步。ＳＳＲＩ是「特異性血清素再吸收抑制劑」（selevtive serotonin re-uptake inhibitors）的縮寫。血清素屬於神經傳導物質，負責在神經元之間傳遞訊號；當大腦受到「愉悅」的外來刺激，即分泌血清素；這也是先前讓大鼠寶寶「感覺良好」的物質。憂鬱症患者的大腦血清素濃度偏低，而ＳＳＲＩ藥物能提升腦內血清素濃度。

醫界選擇可提升腦內血清素值的藥物來治療憂鬱症，確實有用也合理；然而患者服藥後的反應卻有些弔詭：接受ＳＳＲＩ藥物治療後，患者大腦血清素濃度快速提升；但通常在服藥四至六周後，患者會出現重度憂鬱的嚴重症狀。

由此可知，憂鬱症不單單只跟腦中單一化學物質的濃度變化有關，而這項發現並不令人意外。我們不太可能一覺醒來就得到憂鬱症。憂鬱症不像流感，症狀不會突然發生。目前已有合理的數據顯示，在憂鬱症發展過程中，大腦也會顯現長期變化、而且時間相當長，連神經元彼此相接的數目都受影響——這部分又取決於另一種化學物質「神經滋養因子」（neurotrophic factors）的濃度[11]。神經滋養因子能維持腦細胞健康、正常運作。

憂鬱症的相關研究已從以神經傳導物質濃度為基礎的單一模式，轉移至更複雜的網絡系統。這個網絡牽涉神經活性與各種因子（範圍極廣）極精密的交互作用，包括壓力、神經傳導物質的生產製造、對基因表現以及神經元的長期影響，還有這些因子之間如何彼此作用。當這個網絡系統處於平衡狀態，大腦可健康、正常運作；若系統失衡，這個複雜的網絡便開始糾結混亂，導致大腦生化與功能離健康正常狀態愈來愈遠，朝失能與疾病的方向接近。

由於表觀遺傳可能創造、並維持可長時間延續的基因表現模式，因此科學家開始把研究焦點擺在表觀遺傳學上。這類調查研究最常用的動物模式是囓齒類，但因小鼠、大鼠無法表達感受，研究人員只好設計一些行為試驗，應用在人類憂鬱症的各個層面上。

我們都知道，每個人應付壓力的方式都不一樣。有些人的抗壓性相當不錯，有些人對相同程度的壓力反應似乎就差了點，甚至還可能因此抑鬱。不同品系的小鼠也有類似傾向。研究人員給予兩個不同品系小鼠程度相同的輕微壓力刺激，移除壓力條件後，再利用一些模仿人類憂鬱症的情境條件，測試並評估小鼠的行為反應。其中一系小鼠表現比較放鬆，另一系小鼠相對焦慮許多。這兩個品系分別為 B6 小鼠與 BALNB 小鼠，但為了方便起見，我們改以「冷靜組」與「緊張組」稱之。

研究人員將重點擺在小鼠大腦中的「伏隔核」（nucleus accumbens）。大腦許多跟情緒有關的重要功能都跟伏隔核有關，包括侵略性、恐懼、愉悅和獎勵等。研究人員分析伏隔核內多種神經滋養因子的表現程度，結果最有意思的是「神經膠衍生神經滋養因子」（glial cell-derived neurotrophic factor, *Gdnf*）這個基因。

在冷靜小鼠身上，壓力能增強 *Gdnf* 基因表現；而在緊張小鼠身上，壓力卻會抑制同一基因表現。既然品系不同，DNA密碼也可能不同，研究人員決定分析兩種小鼠的啟動子、也就是控制 *Gdnf* 基因表現的區域。冷靜小鼠與緊張小鼠的 *Gdnf* 基因啟動子序列完全一致，不過當研究人員進一步檢驗啟動子上的表觀遺傳調控標記時，他們終於找到不同點了：緊張小鼠的組蛋白乙基標記數量少於冷靜小鼠。誠如我們所知，組蛋白乙醯化程度愈低、基因表現愈不活躍，這和緊張小鼠降低 *Gdnf* 基因表現關聯密切。

這項發現導致科學家開始思考：伏隔核的神經元到底發生了什麼事？是什麼原因導致緊張小鼠 *Gdnf* 基因的組蛋白乙醯化程度下降？科學家繼而檢驗可添加或移除組蛋白乙基標記的酵素值，結果發現這兩種品系只有一處不同：在緊張小鼠的神經元中，一種名為「Hdac2」的組蛋白去乙醯化酶（可移除組蛋白乙基標記的酵素）表現程度比冷靜小鼠高出許多[12]。

研究人員也檢驗另一種憂鬱模式：所謂「社交挫敗」的小鼠。在這類實驗中，小鼠基本上是受挫受辱的：這些小鼠跟另一體型較大、較恐怖的小鼠關在一起，無法逃離；不過受試小鼠會在實際受傷前被移出受試環境。有些小鼠明顯承受壓力，有些則輕鬆應付、不受影響。

受試小鼠會經歷十天挫折期。實驗期結束後，依牠們從負面經驗平復的程度好壞，分成「敏感型」或「抗壓型」兩類，並於兩周後進行檢驗；抗壓型小鼠體內的促腎上腺皮質素釋素數值正常。這種激素由下視丘分泌，能刺激腎上腺製造壓力荷爾蒙「皮質醇」。敏感型小鼠的促腎上腺皮質素釋素數值偏高，而該基因啟動子DNA甲基化的程度較低，此與基因高度表現的結果相符；此外，敏感型小鼠的 Hdac2 濃度低，組蛋白乙醯化程度高，這又再度與促腎上腺皮質素釋素過度表現的現象相吻合[13]。

在同一動物模式中，Hdac2 值在敏感型小鼠體內偏高、在抗壓型小鼠體內偏低，這種現象雖看似奇怪，然而在表觀遺傳學中，各位必須謹記「事件前後關係」才是最重要的。控制 Hdac2 數值高低（或其他任何相關表觀遺傳基因）的方式不只一種。控制方式則依大腦區域、以及因應刺激而活化的訊號傳遞鏈的不同而有所不同。

服藥有用

表觀遺傳在動物因應壓力的過程中位居要角，目前已有許多證據支持這項論點。B6 小鼠天生緊張兮兮，伏隔核會增強表現 Hdac2、進而壓抑 *Gdnf* 基因表現。對於這種小鼠，我們可給予SAHA（組蛋白去乙醯化酶抑制劑）進行治療。服用SAHA可增加 *Gdnf* 基因啟動子乙醯化的程度，進而增強 *Gdnf* 基因表現。其中最關鍵的發現要屬緊張小鼠在接受治療後，不再緊張兮兮、變得沉穩鎮定[14]——基因組蛋白乙醯化的程度改變、小鼠行為也隨之改變。這項結論支持「組蛋白乙醯化乃小鼠調節壓力反應的重要因子」的概念。

「糖水偏好試驗」（sucrose-preference test）是科學家用來測試小鼠因應壓力的抑鬱程度的一種試驗。正常且快樂的小鼠喜歡糖水，然而當牠們鬱鬱寡歡時，對糖水就不太感興趣了。對愉悅刺激反應減低稱為「失樂症」（anhedonia），這似乎是一般動物類比人類憂鬱症的最佳替代指標[15]。許多重度憂鬱的人都曾提過，發病前，所有能讓生活愉悅開心的事，感覺全都提不起勁了；而處於重度緊迫的小鼠在接受SSRI抗憂鬱藥物治療後，會慢慢恢復對糖水的興趣。不過，若是以SAHA藥物（也就是HDAC抑制劑）治療，小鼠會比較快重拾對心愛飲品的喜好[16]。

組蛋白去乙醯化酶抑制劑不僅會改變冷靜小鼠與緊張小鼠的行為，未得到母親舔毛理毛適當照料的大鼠寶寶們也與此相關。這些大鼠會正常長大，但仍可能引發慢性、長期壓力，理由是製造皮質醇的路徑過度活化。若以TSA（首次發現的組蛋白去乙醯化酶抑制劑）治療這群幼時不受寵的大鼠，可降低牠們長大後的精神壓力，反應也比較接近曾受大量母愛關照的大鼠。大鼠受治療後，海馬迴皮質醇受器基因的DNA甲基化程度下降，致使該基因增強表現，皮質醇最重要的負回饋迴路敏感度也改進不少。科學家猜測，這是組蛋白乙醯化和DNA甲基化兩路徑交互對話的成果[17]。

在小鼠的社交挫敗試驗中，對壓力敏感的小鼠也接受SSRI抗憂鬱劑治療。持續治療三周後，這些小鼠的行為也愈來愈接近抗壓性佳的小鼠。然而，抗憂鬱劑不僅僅只是提高大腦血清素濃度，也會提高促腎上腺皮質素釋素基因啟動子部位的甲基化程度。

這些研究都和「神經傳導物質的即時訊號」與「由表觀遺傳酵素調節、對細胞功能造成長期影響」交互作用的模式不謀而合。若給予憂鬱症患者SSRI藥物治療，患者大腦血清素值會開始上升，對神經元發出的訊號也會變強。而前段提及的動物實驗亦顯示，這些訊號大概要花數周時間才能啟動所有相關路徑、終而改變細胞內的表觀遺傳調控模式。以恢復大腦正常功能來說，這個階段絕對不可少。

重度憂鬱還有另一項令人感興趣卻棘手的特徵。對於這一點，表觀遺傳或許能提供合理的假設與解釋：若你曾受憂鬱症所苦，那麼未來再陷憂鬱的風險明顯高於一般人。原因是有些表觀遺傳調控機制似乎特別不容易反轉，導致神經細胞傾向更容易再度發作。

狀況未明，不予置評

截至目前為止，一切順利，每一條事證看起來都十分符合「生活經驗會透過表觀遺傳調控、持續且長期影響往後的行為表現」的理論。不過呢，重點來了：「神經——表觀遺傳」（neuro-epigenetics）可能是整個表觀遺傳研究領域中，最具科學爭議的一項。

為了讓讀者大致領略這個領域的爭議程度，請想想：我們在本書前面章節提過阿德里安・博德教授，他被尊稱為「DNA甲基化之父」。另一位在DNA甲基化領域也同樣頗具分量的科學家、紐約哥倫比亞大學醫學中心教授提姆・貝斯特（Tim Bestor）約莫與阿德里安同年，兩人外形相近，同樣體貼周到、嗓音低沉。然而，兩位教授對於所有與DNA甲基化有關的議題幾乎全部意見相左。不論是哪一場研討會，只要兩人安排在同一節發表演講，與會者保證能見到兩位男士慷慨激昂又精采的辯論。不過，他倆似乎僅對一件事公開表示過相同意見：兩人皆對「神經——表觀遺傳」領域的部分研究報告持懷疑態度[18]。

兩位教授以及他們的許多同行之所以懷疑，理由有三。第一，這個領域觀察到的表觀遺傳變化，程度與規模相對較小。如此小量的分子層次變化竟能引致明顯的表現型變化，這點無法說服心有疑慮的科學家。他們提出異議，認為表現改變並不一定帶有功能性的影響。他們懷疑表觀遺傳調控改變應該只跟現象有關，而非成因。

但是利用不同囓齒動物系統研究行為反應的科學家們，則提出反駁，表示分子生物學家太習慣人工實驗模式，單憑非黑即白的明確讀數探索廣泛的分子變化；行為學家懷疑，這讓分子生物學家較缺乏理解「實際實驗」（real-world）的經驗，因為機器讀數比較「模糊」，比較容易放大實驗誤差。

懷疑論者提出的第二個理由是表觀遺傳變化的局限表現。嬰兒感受到的壓力只影響大腦特定區域（如伏隔核），但對其他區域毫無影響。只有某些基因的表觀遺傳調控標記發生變異，其他基因則否。對於心有疑慮的科學家來說，這似乎不成理由。儘管我們開口閉口「大腦大腦」的，可是這個器官裡其實有許多高度特化的中心和區域，畢竟大腦是演化耗費數億年所得的產物。在發育期間，這些區域一一被製造出來，其後則持續維持獨立運作，顯然都有能力針對不同刺激給予不同反應。我們所有的基因、我們身上所有的組織亦是如此。說真的，我們並不知道表觀遺傳調控機制何以能如此精確鎖定目標，也不清楚神經傳導物質這類化學物引發的訊號傳遞如何鎖定目標。但我們知道，在正常發育期間，動物體確實發生過類似特殊事件；既然如此，在處於壓力或環境干擾的異常時期內，這種情況又何以不會發生？我們不能只因為不曉得某機制確實存在，就斷言它不曾發生。說到底，約翰．戈登也不知道成熟細胞核能被卵細胞質重新編排，但這並不代表他的發現毫無價值。

「神經——表觀遺傳」遭懷疑的第三個理由可能是最重要的一個，和DNA甲基化本身直接相關。大腦目標基因DNA甲基化建立的時間很早，嚙齒動物可能在出生前、但肯定包括出生第一天就發生了。也就是說，實驗中的小鼠寶寶或大鼠寶寶在展開「鼠」生時，其海馬迴皮質醇受器基因的甲基化模式即已存在某種基本設定了。鼠輩們啟動子DNA甲基化程度在出生後首周發生變化，一切取決於母鼠舔理照護的次數。一如先前所見，不受關愛的小鼠其DNA甲基化的程度比受關愛的小鼠高；原因不是前者DNA甲基化的程度提高，而是最常受到舔理照顧的小鼠DNA甲基化程度下降。遭強迫離開母親的小鼠寶寶，其抗利尿激素基因也有類似情況；容易感受社交挫敗的成年小鼠，牠們的促腎上腺皮質素釋素基因也一樣。

因此，科學家在前述每一案例中皆觀察到「基因降低DNA甲基化程度、以因應外在壓力」的現象——而這正是分子層級出問題的地方：因為沒有人知道是怎麼發生的。我們在第四章讀過，在複製過程中，拷貝甲基化DNA如何導致一股帶甲基、一股不帶。DNMT1 酵素會順著新合成的DNA股移動，以原始股為模板、為DNA添上甲基，復原甲基化模式。這點我們可以利用實驗動物推測得知，若細胞表現的 DNMT1 量較少，則基因甲基化的程度亦隨之下降。這稱為「DNA被動去甲基化」。

問題是，這一套在神經細胞是行不通的。神經元是分化末期的細胞，蹲踞在沃丁頓表觀地貌圖最底部，無法再分裂。由於神經細胞無法分裂，因此無法複製DNA（反正也沒必要），於是，神經細胞也無從透過第四章描述的方法喪失DNA甲基化標記。

還有一種可能性是，神經細胞直接移除DNA上的甲基。畢竟，組蛋白去乙醯化酶也能直接移除組蛋白上的乙基呀；但DNA的甲基不同。以化學結構來說，組蛋白乙醯化比較像把一塊小積木嵌在另一塊大積木上，要分開兩塊積木其實非常簡單；但DNA甲基化不同。DNA甲基化像是用強力膠把兩塊積木黏起來，很難分開。

甲基和DNA胞密啶之間的化學鍵鍵結力強大，曾有許多年時間，科學家認為這個鍵結完全不可逆。公元兩千年，柏林普朗克研究院（Max Planck Institute）的研究團隊表示實情並非如此：研究顯示，哺乳動物在發育極早期的時候，父源基因體曾歷經廣泛、大量的DNA去甲基化。這點我們在第七、第八章大致提過，但當時省略的部分是，這個去甲基化的過程發生在受精卵開始分裂之前。換言之，DNA的甲基遭移除並非與DNA複製同步發生[19]。這個過程被稱為「DNA主動去甲基化」。

這代表「非分裂中細胞發生DNA去甲基化」已有先例。也許神經細胞內也有類似機制。關於DNA如何主動去甲基化，目前仍有爭議，就算「胚胎早期發育」這個事證已臻建構成熟也一樣；在神經細胞方面，共識更少。這個現象實在很難深入研究，理由之一是，DNA主動去甲基化可能涉及大量且多種蛋白質，一步一步透過好幾個步驟才完成；惟「再現性」是實驗研究的鐵律，而前述關卡導致科學家很難在實驗室重現這些過程。

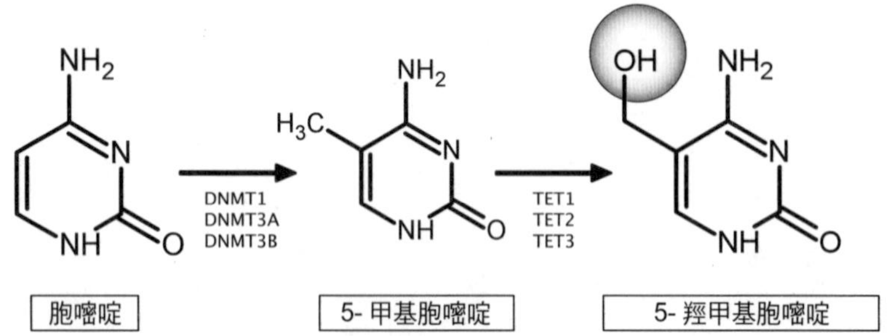

圖 12.3 5- 甲基胞嘧啶如何轉為 5- 羥甲基胞嘧啶。C 代表碳原子，H 代表氫原子，N 是氮原子，O 代表氧原子。為求簡化，碳原子並未明確標識出來，但兩條直線交接處即其所在位置。

關掉消音器

誠如我們一再重複看到的，科學研究經常拋出許多意料之外的發現，這回也不例外。當許多表觀遺傳學家都在埋頭尋找能移除DNA甲基的酵素時，有個團隊卻發現另一種能為甲基化DNA再添上其他標記的酵素（圖12.3）。相當令人訝異的是，核酸去甲基化竟衍生許多如此相似的結果。

一個氧原子與一個氫原子組成名為「羥基」（hydroxyl）的小分子，這個羥基被加在甲基上，使5－甲基胞嘧啶變成「5－羥甲基胞嘧啶」（5-hydroxyl methylcytosine）。負責執行這個反應的酵素為TET1、TET2和TET3[20]。

上述反應與DNA如何去甲基化有關，兩者關係密切；因為正是DNA甲基化效應才使得去甲基化如此重要。甲基化的胞嘧啶（C）會影響基因表現，因為甲基化的胞嘧啶會跟幾種蛋白結合，其中包括 MeCP2。MeCP2 會跟另外幾種蛋白共同作用，抑制基因表現，並引來組蛋白去乙醯化酶這類抑制型調控標記。當 TET1 等酵素將羥基接上甲基胞嘧啶、形成5－羥甲基胞嘧啶，即改變整個表觀遺傳調控標記的形狀。若說甲基胞嘧啶長得像黏著葡萄的網球，那麼5－羥甲基胞嘧啶就像黏著葡萄的網球、而且葡萄上還黏著一顆豌豆。由於外形改變，MeCP2 遂無法跟變形的DNA結合；而細胞也會用閱讀未甲基化DNA的方式來閱讀5－羥甲基胞嘧啶。

直到最近，科學家仍用盡各種技術、尋找DNA甲基化的蹤影。甲基化的DNA和5－羥甲基DNA大多區別不易，意即許多提到DNA甲基化程度降低的論文，其中有些很可能偵測到的是5－羥甲基DNA增加，只是研究人員不曉得而已。雖然目前還無法證實，不過真實情況極可能如某些行為研究報告所言，顯示神經細胞並非真的將DNA去甲基化，而是將5－甲基胞嘧啶變成5－羥甲基胞嘧啶。雖然研究5－羥甲基胞嘧啶的技術仍處於發展階段，但我們已經知道，神經細胞的5－羥甲基胞嘧啶含量比其他任何一種細胞都要高[21]。*

* 這方面的研究已有大幅進展。

記憶，記憶

儘管爭議不斷，科學家仍朝「表觀遺傳調控之於大腦功能的重要性」這個方向繼續研究。其中一個相當引人注意的領域是「記憶」。記憶是一種現象，複雜程度驚人；海馬迴與大腦皮質都與記憶有關，但涉入方式不同。在大腦決定要記得哪些事的時候，海馬迴主要負責建立記憶。海馬迴的運作方式相當有彈性和可塑性，這似乎與DNA甲基化的暫時變化有關；當然，這背後肯定又涉及某種奇特機制。大腦皮質負責儲存長期記憶。當記憶存進皮質，DNA甲基化的作用時間也延長了。

大腦皮質如同電腦硬碟，以位元儲存資訊；海馬迴比較像暫時記憶體（RAM），記憶被刪除或轉送至硬碟永遠儲存前，會暫存在海馬迴。大腦會指派不同位置的特定細胞群，執行各項功能，這也是記憶鮮少「完整喪失」（all-encompass）的原因。譬如，大腦會依臨床條件變化，失去或完整保留長期記憶或短期記憶；由此看來，不同功能分散在不同區域執行就說得通了。試著想像一下：假如我們記得出生至今的所有生活細節——只撥過一次的電話號碼、火車上的陌生人對我們說過的每一句話、三年前某個下雨的星期三看過的菜單——人生會是什麼景況？

記憶系統之所以如此難以研究，複雜程度是原因之一；因為要設計一套試驗計畫、確定實驗技術能真正作用在記憶的哪一層面，要做到這點實在困難。但有一點可以確定的是，記憶涉及基因表現的長期改變、以及神經元彼此互聯的方式。於是這又再度引導至「表觀遺傳調控可能參與記憶形成」的假設。

在哺乳動物身上，DNA甲基化與組蛋白乙醯化和記憶、學習有關。囓齒動物相關研究顯示，這些改變可能只鎖定在幾個分散於大腦不同區域的特定基因，一如我們先前所料。譬如，成年大鼠在某特定學習及記憶模式中，海馬迴的DNA甲基轉移酶 DNMT3A 和 DNMT3B 會增強表現。相對的，若給予這些大鼠DNA甲基轉移酶抑制劑（如5－氮胞苷），會阻斷記憶形成、同時影響海馬迴與大腦皮質功能[22]。

人類的「大拇指症候群」（Rubinstein-Taybi syndrome, RSTS）即是某組蛋白乙醯轉移酶（histone scetyltransferase）——將乙基掛在組蛋白上的酵素——基因突變所致。患者普遍有智能障礙症狀。在帶有此突變基因的小鼠身上，不出所料，其海馬迴組蛋白乙醯化的程度明顯偏低。這個病症也會對海馬迴建置長期記憶的過程造成大問題[23]。若以組蛋白去乙醯化酶抑制劑SAHA治療這群小鼠，可提升海馬迴乙醯化的程度、改善記憶問題[24]。

SAHA能抑制多種組蛋白去乙醯化酶，不過，它在大腦的某些作用目標似乎比其他標的更為重要。這類酵素表現程度最高的分別是 HDAC1 與 HDAC2，兩者在大腦的表現方式不太一樣：HDAC1 主要表現在神經幹細胞，以及一些用於支持、保護神經細胞的神經膠細胞。HDAC2 大多表現在神經細胞[25]，因此這種組蛋白去乙醯化酶何以對學習與記憶如此重要，也就不令人意外了。

小鼠神經元若過度表現Hdac2，即使短期記憶不差，牠們的長期記憶通常不太好；而大腦神經元不表現Hdac2的小鼠，記憶力好得驚人。數據告訴我們，Hdac2對記憶儲存具負面效應。神經元過度表現Hdac2會大量降低與其他神經元的連結，而缺乏Hdac的神經元則恰恰相反。這項發現支持我們先前的模式：表觀遺傳調控機制使基因表現發生變化，終而改變大腦聯絡網的複雜程度。SAHA能改善過度表現Hdac2小鼠的記憶力，推測應是減弱Hdac2對組蛋白乙醯化及基因表現的影響所致。SAHA也能讓正常小鼠的記憶力變得更好[26]。

事實上，提升大腦乙醯化程度似乎一直和改善記憶有關。持續養在「變化豐富」環境裡的小鼠（其實不過就是多了兩個滾輪和一根捲筒衛生紙芯），其學習與記憶力都變好了。飼養環境愈豐富有趣的小鼠，其海馬迴和大腦皮質組蛋白乙醯化的程度愈高；若再讓這群小鼠服用SAHA，牠們的組蛋白乙醯化程度和記憶能力還會再提升[27]。

在這裡，我們可以看見某種進行中的趨勢漸漸冒出頭來：在各種不同實驗系統中，若給予動物DNA甲基轉移酶抑制劑——特別是組蛋白去乙醯化酶抑制劑——牠們的學習與記憶力都會變好。誠如在前一章讀到的，這兩類都有藥物核准上市，譬如5－氮胞苷及SAHA。將這些抗癌藥物用在深受「喪失記憶」困擾的病患身上（如阿茲海默症患者），這個想法實在誘人。說不定我們還能更廣泛使用這類藥物，作為增強記憶的一般用藥。

不幸的是，要做到這一點著實困難重重。這類藥物的副作用可能包括重度疲倦、噁心和提高感染風險。如果這種另類療法確實無可取代，而癌症患者可能即將不久於人世，那麼這些副作用或可勉強接受；但若用於治療早期痴呆、病人生活品質也還過得去的階段，那麼這些副作用就比較難被接受了。至於一般普羅大眾，鐵定門兒都沒有。

此外還有別的問題：這類藥物大多很難進入大腦。在以囓齒動物為對象的實驗中，許多都是直接將藥物注入大腦、而且部位大多相當精確（如海馬迴）；這在實際治療病人時是完全行不通的。

能進入大腦的組蛋白去乙醯化酶抑制劑倒是有好幾種。「丙戊酸鈉」（Sodium valproate）用於癲癇治療已有數十年之久，為了達到治療效果，這種藥物必定得進得了大腦才行。近年來，我們才知道原來丙戊酸鈉也是組蛋白去乙醯化酶抑制劑的一種。對於嘗試利用表觀遺傳藥物治療阿茲海默的科學家來說，這項發現可是莫大的鼓舞；可惜丙戊酸鈉對組蛋白去乙醯化酶的抑制效果極弱。所有與學習、記憶有關的動物實驗數據皆顯示，強效抑制劑對組蛋白去乙醯化的逆轉效果要比弱抑制劑好得多。

假如我們當真研發出適用於治療阿茲海默症的表觀遺傳療法，能應用的病症絕對不只這一種。在所有規律使用古柯鹼（cocaine）的病患中，有百分之五至十會上癮，承受無法控制對藥物刺激的渴求而痛苦不已。類似現象也發生在可無限制取得藥物的實驗鼠身上。對古柯鹼等刺激物上癮，是大腦「記憶與獎勵迴路不當調整」的典型範例。這些不當調整乃是基因表現發生變化、長期持續的結果。ＤＮＡ甲基化程度改變、以及 MeCP2 讀取這些甲基化ＤＮＡ的方式，雙雙加深這種成癮性；這整個過程涉及一套尚未明朗的複雜交互作用，包括訊號傳遞因子、ＤＮＡ與組蛋白修飾酵素及閱讀器，還有 miRNA 皆參與其中。其他相關反應路徑也會加深動物對安非他命（amphetamines）的成癮性[28、29]。

重回本章最初所言，設法不要讓蒙受早期創傷的孩童、成長為比一般人容易發生心理精神疾患的成年人，這點顯然相當重要也有其需要。想到我們能利用表觀遺傳藥物療法，改善他們的人生際遇，這個想法確實誘人。不幸的是，若要為受虐或遭忽視的孩童設計療法，問題不少，其中之一是我們實在很難分辨哪些人的傷害會延續到長大成人後、哪些人會擁有健康快樂的人生。若我們無法確定孩童是否需要治療，那麼給予孩童藥物通常會陷入極大的道德困境。此外，判定藥物是否有效的臨床試驗至少需持續數十年，從經濟效益來看，這對任何一家藥廠都是一道難以跨越的關卡。

但咱們可不能以如此負面的氣氛結束這一章。關於表觀遺傳與行為學，有一則很棒的故事可與各位分享：基因「*Grb10*」是銘印基因，和多條訊號傳遞路徑有關，而大腦僅會表現來自父親的拷貝版本。假如我們關掉父系基因，小鼠就不會製造 Grb10 蛋白，還會因此發展出非常奇怪的表現型：牠們會啃食同籠其他同伴的臉毛和鬍鬚。這是種侵略型的理毛行為，有點像雞群的

「啄序」（pecking order）；此外，如果碰上另一隻陌生但體型較大的小鼠，*Grb10* 突變小鼠也毫不畏懼，堅定捍衛自己的立場[30]。

關掉大腦 *Grb10* 基因似乎能繁殖出比較威風激進的小鼠。更奇怪的是，這個基因平常是開啟的。那些關掉 *Grb10* 基因的小鼠難道不會因此成為屠夫殺手、階級地位最高的小鼠？事實上，牠們反而比較像是最容易挨打受傷的小鼠。鼠外有鼠，天外有天，在外闖蕩的小鼠經常狹路相逢；就算武器夠大夠猛，要想闖出名號也是得付出代價的。

當大腦 *Grb10* 基因關閉，對這群小鼠而言就像糟糕的周五周末夜（這麼比喻是為了讓各位比較容易理解）：你人在夜店，這時一名體積是你兩倍大、渾身肌肉糾結的男子不巧撞到你，害你的酒灑了。如果 *Grb10* 基因處於關閉狀態，當下的感覺就像坐在一旁的朋友對你耳語：「上啊！你可以打垮他，別孬了！」但我們都知道之後的下場有多慘。所以，讓我們為銘印基因 *Grb10* 大聲喝采，結束這一章，因為這個基因最喜歡說：「別理他，他不值得。」

第十三章 走下坡

我覺得我不怎麼介意變老，但我介意變得又老又肥。

——班哲明・富蘭克林

時光飛逝，年華老去。這是必然的過程。隨著年紀愈來愈大，身體也隨之改變。一旦步入中年，大多數的人都會同意：要保持同樣的體能狀態可說是愈來愈難了；不論是能跑多快、單車能飆多遠才需停車休息，或者一夜狂歡後多久才能恢復體力，統統一樣。年紀愈大，事情的難度似乎也愈來愈高。身體這裡痛那裡痛，也愈來愈容易感染惱人的小毛病。

老化很容易辨別，誰是老人一眼就能看出來；就連三歲小孩也能輕易分辨年輕人和耆老者的差別（不過兩者之間就比較模糊了）。一般成年人隨手就能指出二十歲和四十歲的差異，要分辨誰四十歲誰六十五歲也完全不難。

我們之所以能將人以年齡粗略分類，原因並不是對方透過心電感應、發送訊號告訴我們他在地球上待了幾年，而是因為老化的生理跡象使然：包括喪失皮下脂肪導致五官逐漸鬆垮、皮膚亦不再緊實；還有皺紋，肌肉鬆弛，脊椎也開始微微彎曲等。

整形手術蓬勃發展看似無情，卻也顯示我們在對抗老化這方面有多麼絕望。國際美容外科醫學會（Internaitonal Society of Aesthetic Plastic Suegery）二〇一〇年公布的數字顯示，在他們調查的二十五個全球高收入國家中，二〇〇九年有超過八百五十萬人做過整形手術；而接受非手術型美容者（如注射肉毒桿菌或雷射磨皮）也差不多八百五十萬人。人數最多的是美國，其次是巴西與中國[1]。

從社會學的角度來看，我們似乎不是真的很在乎自己能活多久，但我們確實非常厭惡伴隨年紀增長而來的「狀況走下坡」。而且這也不是什麼雞毛蒜皮小事，因為癌症發展的最大危險因子就是老化，阿茲海默症、中風等其他病症也一樣。

截至目前為止，人類在健康保健的突破不僅能延長壽命、也改善生活品質，而部分要歸因於我們在降低兒童早期死亡率方面頗有進展。各種對抗重大疾病（如小兒麻痺症）的疫苗大量降低兒童死亡率（死亡人數減少），從生活品質方面來看，發病狀況亦明顯改善（因小兒麻痺導致終身不良於行的孩子也變少了）。

近年，圍繞「延年益壽」——延長終老者、年長者的壽命——而起的討論日益熱烈。此處所謂的延年益壽是指，我們可透過各種手段介入干預，讓人活得更長更久。但這卻引導我們進入另一個在社會學、科學上皆截然不同的領域。為了解箇中道理，得先確立「老化」的真正定義，以及我們何以無法只滿足於活得長久。

關於老化，有個還算合用的定義是「組織功能逐漸減退，終至死亡」[2]。對於多數人而言，「功能減退」是老化最令人沮喪的部分，程度遠超過「終至死亡」。

一般來說，多數人都意識到生活品質有多重要。舉例來說，二〇一〇年一份以六百零五位成年澳洲人所做的問卷調查顯示，如果真有抗老化藥物問世，大概有半數人不會服用這種藥。促使他們做出這個選擇的理由即是生活品質。他們不相信這種藥能延長健康的人生。如果長壽伴隨而來的是健康惡化、逐漸失能，那麼單單只是延長生命實在不怎麼誘人；除非能改善晚年的健康狀況，否則選擇不服用抗老化藥物的人並不希望延長壽命[3]。

因此，任何有關老化的科學論述都必須分成兩個層面來談：延長生命本身，以及控制與老化有關的遲發病症。目前仍不清楚的是，兩者的分野要如何拿捏才算合理，以及是否可能分開考量，至少在人類的情況是如此。

關於「老化」這齣戲，表觀遺傳無疑肯定參一腳；雖然表觀遺傳不是唯一重要的因素，但絕對有其意義。近年，表觀遺傳與老化在製藥領域掀起激烈爭議，我們將在本章最後探究這個議題。

我們不禁要問，細胞為什麼會隨著老化而故障失能，讓我們愈來愈容易得到如癌症、第二型糖尿病、心血管疾病、失智及其他大大小小的毛病？理由之一是：細胞裡的ＤＮＡ腳本愈改愈差。ＤＮＡ序列累積太多隨機變化，而這些都是體細胞突變，只有身體組織細胞會受影響，不影響生殖細胞。許多癌症的ＤＮＡ序列都出現變化，通常是染色體之間大規模重新排列所致，也就是遺傳物質從某染色體掃到另一條染色體上。

株連九族

但誠如之前讀過的，我們的細胞設有多重機制，能盡可能保持ＤＮＡ腳本完整無缺。可能的話，細胞原本的設定就是要儘量讓基因體保持在原始狀態；但表觀基因體不同。表觀遺傳生來就是比遺傳基因更有彈性、可塑性更高。因為如此，表觀遺傳調控標記會隨動物年紀增長而改變也就不令人意外了。到頭來，表觀基因體可能比遺傳基因體更容易隨老化改變，橫豎表觀基因體天生就比遺傳基因體多變哪。

我們曾在第五章讀過一些例子，討論基因序列完全相同的同卵雙胞胎在長大以後，其表觀遺傳相似度何以愈來愈低。科學家甚至還以更直接的方式檢驗「表觀基因體如何隨老化改變」這個題目。他們以兩大群人——分別來自冰島與美國猶他州——為研究對象，這兩群人都曾參與持續且長期進行的人口研究。研究人員為兩群體十一歲至十六歲的年輕人抽血、製備ＤＮＡ。血中有紅血球、白血球，紅血球負責攜帶氧氣、循環全身，基本上就是裝著血紅素的小袋子；白血球可產生免疫反應、對抗感染。白血球有核、核裡有DNA。

研究人員發現，某些孩子的白血球DNA甲基化程度會隨時間改變，而改變並不完全一致；有些人的DNA甲基化程度隨年紀增長而提高，有些人則下降，而上升或下降似乎與家族有關。這表示DNA甲基化的變化可能與年紀有關，並且受基因或家族內共同經歷的環境因素影響。科學家也鎖定基因體上超過一千五百個甲基化的特定CpG模組，進行細部研究。這些位置大多跟蛋白質編碼基因有關，他們發現，這些特定位置的甲基化趨勢跟DNA整體甲基化程度的走向一致，意即有些人特定位置的甲基化數目上升，有些人減少。在這份研究中，年紀在二十歲上下的年輕人有超過百分之二十出現DNA甲基化程度增加或減少的情形。

研究人員在結論中提到：「『細胞因老化而喪失正常表觀遺傳調控模式』是人類遲發型病症發作的機制之一。前述數據支持這個概念。」[4] 雖然研究數據確實與表觀遺傳調控導致遲發型疾病的模式相吻合，但仍有詮釋上的極限，這點我們應謹記在心。

特別要注意的是，這類研究強調表觀遺傳變化與老年病之間存在重要關聯，卻未證明兩者具因果關係。防曬乳銷售旺季是溺水死亡件數最多的時候——這句話影射防曬乳似乎會對人造成某種影響，讓他們比較容易溺死；但真相不過就是天氣熱、防曬乳自然賣得好，而這種日子碰巧也是人們最喜歡下水游泳的時候。以平均數字來看，下水的人愈多，溺水的數字就愈高。我們確實觀測到「防曬乳銷售量」與「溺水死亡人數」這兩項因素互有關聯，但原因並非其中一項導致另一事件發生。

因此，雖然我們知道表觀遺傳調控機制會隨時間改變，但這無法證明表觀遺傳變化會造成疾病、或引發與老化有關的功能退化。理論上來說，這些變化可能只是隨機變異，不會影響細胞功能；換言之，它們可能只是改變細胞裡的表觀遺傳背景噪音罷了。在許多案例中，我們甚至還不曉得表觀遺傳調控變化會不會改變基因表現。要探討這個問題可是相當大的挑戰；若要針對人類族群進行評估，更謂難上加難。

罪及九族之外

話說回來，有些表觀遺傳調控還真真切切與疾病發作、病程發展有關。最有力的例子當屬癌症，這在十一章已經看過了，證據是某些表觀遺傳藥物能治療特定癌症，另外還有來自動物實驗的大量數據支持。這些資料顯示，改變細胞內的表觀遺傳調控標記可能導致細胞走向癌化，或者可能讓已經癌化的細胞變得更具侵略性。

我們在十一章討論過，DNA甲基化程度增加通常發生在腫瘤抑制基因啟動子部位，並導致腫瘤抑制基因遭關閉。詭異的是，在同一癌細胞裡，特定區域DNA甲基化程度增加、通常與基因體上其他部位（整體背景）DNA甲基化程度降低同時發生，兩者背道而馳。背景DNA甲基化程度降低可能肇因於基因降低表現、或DNA甲基轉移酶 DNMT1 活性降低。全面性的DNA甲基化程度降低也可能促進癌症發展。*

為釐清真相，魯道夫・耶尼施做出 Dnmt1 蛋白表現程度僅達正常程度一成的小鼠。與一般小鼠相比，這些小鼠細胞內的 Dnmt1 蛋白數值極低；除了一生下來就發育不良，*Dnmt1* 突變小鼠成長到四至八月齡的時候，牠們的免疫系統（T淋巴細胞）會發展出頗具侵略性的癌症。這種癌症跟染色體重新排列有關，特別是癌細胞內的十五號染色體還多了一條。

耶尼施教授推測，低程度DNA甲基化會讓染色體變得很不穩定，容易受傷，染色體彼此不當連結的風險也變高了。這就像把綠糖果棒跟粉紅糖果棒各折成兩半，總共四段；你可以用強力膠把糖果棒兩兩黏合，重新做出兩條長度完整的糖果棒。但如果在黑暗中完成這項工作，最後說不定會做出「混種」，也就是一半粉紅一半綠的糖果棒。

耶尼施「提高小鼠染色體不穩定性」的最後結果是基因表現異常，轉而導致動物體複製太多高侵犯性、高侵略性的細胞，變成癌症[5,6]。這些數據大概也是 DNMT 抑制劑何以不用於治療癌症以外其他疾病的原因之一。科學家擔心，這類藥物會降低正常細胞DNA甲基化程度，使某

*甲基化降低的位置及意義。

些類型的細胞易於朝癌化發展。

數據顯示，「DNA甲基化程度」本身並非關鍵，重要的是DNA甲基化發生在基因體的**哪個**位置。

除了人和小鼠，從大鼠到駝背鮭魚等其他動物也有DNA甲基化程度隨老化降低的報告[7]。DNA甲基化程度低何以跟基因體不穩定有關，目前尚未完全釐清，但有可能是因為高甲基化能讓DNA包裹得更緊密，增加結構穩定性。畢竟，用剪刀剪斷一根鐵絲並不難；但如果鐵絲纏繞壓扁成金屬結，想剪斷可就沒這麼容易了。

謝天謝地，我們的細胞實在盡心盡力照管染色體，這點太重要了。如果染色體受損，細胞會盡可能修復；如果修復不了，細胞可能會啟動自毀機制（其實就是細胞自殺），理由是受損的染色體太危險，最好的辦法是殺掉細胞，而非讓細胞帶著破損的基因物質苟且偷生。打個比方來說，請想像某細胞裡的九號與二十二號染色體同時有一條拷貝受損。細胞可能妥善修好這兩條染色體，但修復機制偶爾也會出錯，結果九號染色體有一部分跟二十二號染色體接在一起了。

在免疫系統細胞裡，九號與二十二號染色體重新排列的發生機率還挺高的。事實上，發生頻率高到這個「九－二十二混種」連特定名稱都有了，就叫「費城染色體」，因為首次描述這個現象的地點就在費城。在罹患「慢性骨髓性白血病」（chronic myeloid leukemia）的患者中，九成五病患的癌細胞都帶有費城染色體。這種異常染色體會在免疫系統引發癌症，因為免疫細胞的基因體經常發生斷裂、重吻合等作用。兩條染色體重吻合之後會產生一段名為「*Bcr-Abl*」的混種基因，由這段基因編碼產生的蛋白質會驅使細胞瘋狂分裂增殖。

有鑑於此，我們的細胞發展出一套非常精密、能儘量快速修補受損染色體的機制，試圖預防這類驟變發生。為了達成這個目的，細胞必須能辨識鬆開的ＤＮＡ末端，這個結構通常在染色體一分為二時才會出現。

這麼一來便衍生出另一個問題：細胞的每一條染色體皆自然存在兩個ＤＮＡ末端，細胞裡必須有個「什麼東西」阻止ＤＮＡ修復複合體把這兩個末端當成需要修補的對象。這個「什麼東西」是一種特化結構，名叫「端粒」。每條染色體的末端都有端粒，因此人類的每個細胞裡都有九十二個端粒。端粒能阻止ＤＮＡ修復複合體鎖定染色體頭尾兩端。

象徵結束的尾巴

端粒是控制老化的關鍵要角。細胞每分裂一次，端粒就會變小一點。基本上，隨著年紀增長，端粒也會愈來愈短；最後，端粒會小到無法發揮正常功能，細胞旋即停止分裂，甚至可能啟動自毀機制。唯一例外的是最後會變成精子或卵子的生殖細胞。生殖細胞的端粒永遠保持一樣長，故遺傳給下一代的端粒不會小一號。二〇〇九年，諾貝爾生理醫學獎頒給伊莉莎白・布雷克本（Elizabeth Blackburn）、卡蘿・格雷德（Carol Greider）、傑克・紹斯塔克（Jack Szostak），表彰他們在端粒功能方面的研究與貢獻。

既然端粒對老化如此重要，探究端粒與表觀遺傳系統如何交互作用也合情合理。脊椎動物的端粒ＤＮＡ包含上百組重複的 TTAGGG 序列，端粒ＤＮＡ不帶任何基因。同時，我們也能從這個序列看出來，端粒並不含 CpG 模組，所以不會是ＤＮＡ甲基化的對象。若說表觀遺傳調控真能在端粒起什麼作用的話，自然就只剩組蛋白修飾一途可選了。

在端粒與染色體主要部分之間，有一段區域名為「近端粒區」（sub-telomeric region），包含大量重複ＤＮＡ序列。這區序列的重複方式不如端粒嚴謹，並且帶有低頻度、即少量基因。近端粒區夾帶些許 CpG 模組，除了組蛋白修飾外亦可受ＤＮＡ甲基化調節。

端粒與近端粒區常見的表觀遺傳調控機制一般多屬高度抑制型。由於該區段的基因不多，這種抑制型表觀遺傳調控的設定大概不用來關閉單一基因，而是全面關閉染色體末端的基因。這類調控機制會引來蛋白質，黏覆在染色體末端，協助染色體維持高度糾結的結構，盡可能使其密實、無法接觸外界，有點像在管子末端套上絕緣體。

細胞內所有端粒的ＤＮＡ序列都長得一模一樣，這可能會是問題；因為在細胞核內，相同序列會傾向尋找彼此、結合在一起。然而這種親密性卻可能引來大麻煩，讓不同染色體的末端連在一起；若染色體末端受損、處於開放狀態，出問題的風險更高，這時細胞必須格外費力才能分開

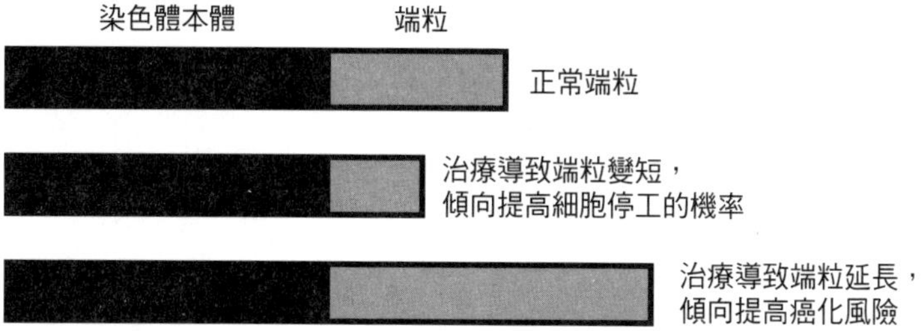
染色體本體
端粒
正常端粒
治療導致端粒變短，
傾向提高細胞停工的機率
治療導致端粒延長，
傾向提高癌化風險

圖 13.1　異常縮短或延長的端粒都可能對細胞有害。

這些染色體鏈，並可能導致種種錯誤發生、形成類似引發慢性骨髓性白血病的「混合」基因。藉由套上端粒這個抑制型標記，染色體末端可真正處於緊密包覆的狀態，降低不同染色體不當糾結的機率。

然而，細胞就像圖13.1顯示的狀況一樣，進退兩難。如果端粒變得太短，細胞傾向停工（死亡）；但如果端粒變得太長，可能提高不同染色體彼此相連、做出新型促癌基因的風險。細胞停工可能是演化形成的防禦機制，用以縮減產生促癌基因的機率。這也是很難做出能延長生命、卻不會提高致癌風險的藥物的部分原因。

那麼之前做出的超多能分化型細胞又會發生什麼事？誠如第一章所見，這種細胞可透過體細胞核轉移製成；又或者是第二章提到的誘導型超多能分化幹細胞（iPS）。我們或許可以用這類技術複製人以外的各種動物，或者製作人類幹細胞、治療退化型疾病；不管是哪一種，我們想創造的是正常的長壽細胞。畢竟，如果用這種方式做出新品種的得獎種馬，或製成可植入胰臟、治療青少年糖尿病的細胞，但種馬和細胞卻因為端粒「變老」而迅速死亡，此舉又有何意義？

這表示我們必須做出跟正常胚胎端粒長度差不多的細胞。在自然條件下，由於生殖細胞染色體受到保護、防止端粒縮短，因此長度可保持一致；但若使用較成熟的細胞製成超多能分化型細胞，我們就得處理細胞核的問題（端粒往往較短）；若「起始細胞」取自成熟細胞，染色體多已隨年齡增長而變短。

幸好，在實驗室製作超多能分化型細胞時，出了一件不尋常的好事：iPS 細胞在被創造的過程中，竟一併開啟「端粒酶」（telomerase）的基因。照理說，端粒酶的功能就是讓端粒維持在健康長度；不過，隨著年齡增長，細胞內端粒酶的活性也逐漸下降。因此，重新打開 iPS 細胞或其他端粒已非常短、無法再衍生更多代子細胞的端粒酶基因，這點非常重要。而山中因子恰恰能誘導 iPS 細胞大量表現端粒酶。

但我們無法利用端粒酶反轉或減緩老化。就算有辦法把這種酵素送進細胞（也許透過基因治療方式），但此舉誘發癌症的機率實在太高。端粒系統的平衡方式相當微妙，老化與癌化的交換制衡也是。

不論是組蛋白去乙醯化酶抑制劑、或DNA甲基轉移酶抑制劑，兩者都能提高山中因子的工作效率。部分原因可能是這些物質能幫忙移除端粒及近端粒區的抑制型調控標記，讓端粒酶在細胞進行重新編排時，更容易打造端粒。

表觀遺傳調控機制與端粒系統的交互作用讓我們稍稍離了題，也就是表觀遺傳與老化之間的關聯性；不過這也促使我們更接近另一道研究模型，讓我們可以建立信心，相信表觀遺傳調控機制可能真的在老化的某些層面扮演「誘因」角色。

啤酒也會老？

為了更徹底探討這一點，科學家廣泛利用一種每天都會見到、每當我們吃麵包喝啤酒都會用到的微生物。這個微生物模型的學名是*Saxxharomyces cerevisiae*，但我們更熟悉的是它的通稱「釀酒酵母菌」。接下來我們會緊緊抓著酵母菌不放，至少暫時如此。

雖然酵母菌是簡單的單細胞生物，但從某些非常基礎的層面看來，酵母菌跟人類倒是十分相似。酵母菌的細胞有核（細菌可沒這玩意兒），還有許多和高等生物（譬如哺乳動物）一樣的蛋白質與生化路徑。

由於酵母菌構造簡單，所以在實驗上極好操作。一枚酵母菌細胞（母細胞）可透過相對「直接」的方式產生新細胞（子細胞）：母細胞複製ＤＮＡ，子細胞如發芽般從母細胞側面冒出來；子細胞擁有的ＤＮＡ數目完全正確，脫落之後即可以一枚嶄新的單細胞生物的型態，獨立生存。酵母菌分裂的速度很快，意即研究人員毋需耗費好幾個月或好幾年時間與高等生物周旋（尤其是

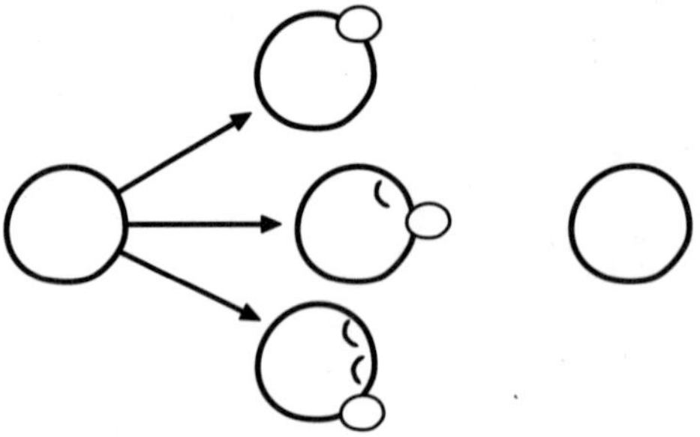
生殖老化：
每顆酵母菌母細胞直至再也無法分裂前，總共能分裂幾次？
時齡老化：
生來即無法分裂的細胞（如人類神經細胞）的老化模式。

圖 13.2　酵母菌的兩種老化形式。一種與細胞分裂有關，另一種無關細胞分裂。

哺乳動物），只需數周就能完成實驗。酵母菌可在液態培養基生長，也能養在普通培養皿式的培養基上，十分好操作。就算想挑選有興趣的基因誘導突變，做法也相當直截了當。

酵母菌有個特色，使其名列表觀遺傳學家最喜歡的實驗系統之一，那就是酵母菌的DNA永遠不會甲基化，因此所有表觀遺傳效應**一定**都是組蛋白修飾造成的。酵母菌還有另一個派得上用場的特點：酵母菌母細胞每長出一枚子細胞（出芽），子細胞脫落後就一定會在母細胞留下疤痕。這讓研究人員能簡單算出每顆酵母菌細胞分裂過幾次。酵母菌的老化形式有兩種，每一種都跟人類老化形成明顯對比。（圖13.2）

學界與老化有關的研究大多偏重「生殖老化」（replicative aging 或稱「複製型衰老」），目的是試圖了解細胞何以失去分裂能力。哺乳動物的生殖型老化顯然跟某些明顯的衰老徵狀有關，譬如，骨骼肌有一種名為「衛星細胞」（satellite cells）的特化型幹細胞，這些細胞的分裂次數有上限，一旦次數用盡，你就再也長不出新的肌纖維了。

在了解酵母菌生殖老化的過程中，科學家也累積豐厚的進展；其中之一是他們發現控制生殖老化的關鍵酵素「Sir2」，而 Sir2 正是表觀遺傳蛋白的一種。這種蛋白透過兩種路徑影響酵母菌的生殖老化：一種似乎是酵母菌特有，但另一種似乎能在演化樹絕大多數的物種（包括人類）身上找到。

Sir2 是一種組蛋白去乙醯化酶。突變的酵母菌會過度表現 Sir2，其生殖（複製）壽命至少比正常酵母菌長百分之三十[8]；相反的，不表現 Sir2 的酵母菌，其生殖壽命較短[9]，比一般酵母菌要短一半。任教於賓州大學、個性相當活潑健談的雪莉・伯格教授（Shelley Berger）所帶領的團隊在分子表觀遺傳領域極具影響力；二〇〇九年，她發表的某篇論文以酵母菌為實驗模型，呈現相當精細複雜的遺傳與分子試驗結果。

伯格教授的研究顯示，Sir2 蛋白會藉由摘除組蛋白上的乙基來影響老化，除此之外並不表現這種酵素可能扮演的其他角色[10]。這是一項相當關鍵且重要的實驗，因為 Sir2 就像其他組蛋白去乙醯化酶一樣，「分子道德觀」相當鬆散：它不僅會移除組蛋白上的乙基，也會把細胞裡其他六十種蛋白質上的乙基一併摘掉；這些蛋白質有不少都跟染色體或基因表現完全無關。雪莉・伯格的研究相當關鍵，證明 Sir2 蛋白會影響組蛋白、牽動老化；組蛋白上的表觀遺傳模式發生變化，進而影響基因表現。

數據顯示，組蛋白表觀遺傳調控確實會對老化造成重要影響，這對研究該領域的科學家們不啻為一針強心劑，讓他們更相信自己找對門路了。Sir2 蛋白的重要性似乎不僅限於酵母菌。若在咱們喜愛的「秀麗隱桿線蟲」（*C. elegans*）身上過度表現這個基因[11]，蟲兒亦可延年增壽，過度表現 *Sir2* 基因的果蠅有百分之五十七也活得更久[12]；那麼，這個基因對人類老化也很重要嗎？

哺乳動物的 *Sir2* 基因總共有七種版本，分別是 *SIRT1* 到 *SIRT7*。人類 *Sir2* 基因的研究重心主要放在 *SIRT6*，這個組蛋白去乙醯化酶十分不尋常。年紀輕輕、在史丹福大學長壽中心（Center of Longevity）擔任助理教授凱特琳．蔡（Katrin Tsai）在這個領域達成不少重要突破。（蔡教授的胞姊蔡美兒即是頗具爭議的育兒教養回憶錄《虎媽戰歌》〔*Battle Hymn of the Tiger Mother*〕一書作者。）

蔡助理教授做出一種不會表現任何 SIRT6 蛋白的小鼠，即使在胚胎發育期間也一樣，因此牠們被稱為「*SIRT6* 基因摘除小鼠」。這些小動物出生時看似正常，只有體型較小；但從兩周齡起，牠們會顯現相當大範圍的生理變化，極似老化：包括喪失皮下脂肪、駝背、代謝不良。這些小鼠大概在一月齡左右死亡，而一般在實驗室環境飼養的正常小鼠，至少可活到兩歲左右。

大部分的組蛋白去乙醯化酶「性喜濫交」。這麼說的意思是，只要發現任何乙醯化組蛋白，它們不分青紅皂白一律去乙醯化。說真的，誠如前段提到的，許多組蛋白去乙醯化酶的作用對象不限於組蛋白，其他蛋白質所帶的乙基也是它們覬覦的對象。然而，SIRT6 蛋白卻非如此。它只會摘掉附在兩個特定胺基酸上的乙基，即 H3 組蛋白九號與五十六號位置的離胺酸。這種酵素似乎也偏好端粒區的組蛋白。蔡助理教授切掉人類細胞的 *SIRT6* 基因，結果發現端粒竟也受損，染色體開始糾結在一起；最後，這些細胞失去繼續分裂的能力，細胞內絕大多數的功能也如數關閉[13]。

這顯示人類細胞需要 SIRT6 蛋白，才能維持端粒構造正常健康。但這不是 SIRT6 蛋白唯一的角色：H3 組蛋白九號位置發生乙醯化與基因表現有關，因此當 SIRT6 蛋白移除乙基標記，這個胺基酸即可被細胞內其他酵素甲基化，而組蛋白九號位置甲基化會造成基因抑制。蔡助理教授於是進一步實驗，確認 SIRT6 蛋白濃度改變時，某些特定基因的表現也會出現變化。

SIRT6 蛋白會組成某種帶特定蛋白的複合體，鎖定特定基因；一旦複合體出現在目標基因附近，SIRT6 即加入回饋迴路，以典型的負回饋方式持續抑制該基因表現。若 *SIRT6* 基因遭剔除，則特定基因的組蛋白將穩定維持在高度乙醯化狀態；理由是回饋迴路無法關掉基因、阻撓表現。在不帶 *SIRT6* 基因的小鼠身上，這類特定基因會增幅表現。SIRT6 鎖定的基因會促進細胞自毀，或促使細胞進入「衰老」的恆定狀態。這項效應解釋了摘除 *SIRT6* 基因何以跟小鼠提早老化有關[14]，理由是年輕動物身上的促老化基因過早開啟，或表現太過劇烈所致。

這有點像無良製造商在商品內建自我淘汰機關一樣。正常情況下，這個機關在最初幾年不會啟動；如果太早啟動，會導致製造商臭名在外，遭控販售低劣、還未研發完成的商品，往後就再也沒有人要買他們家的東西了。剔除 *SIRT6* 基因則像是軟體故障，導致該商品在一個月、而非兩年後即活化內建的自我淘汰機關。

其餘的 *SIRT6* 目標基因則與引起發炎和免疫反應有關，這部分也涉及老化；有些毛病（包括心血管疾病、類風濕性關節炎等慢性疾病）常隨老化而愈來愈常見，理由是這些路徑活化的程度提高了。

「成人型早老症」（Werner's Syndrome）是一種罕見遺傳疾病，患者會快速老化，而且開始老化的年紀會比一般健康人提早許多。這種疾病由基因突變造成，突變的基因與ＤＮＡ立體結構有關；該基因能確保各類細胞的ＤＮＡ結構無誤，以正確的角度、緊密度彼此纏繞[15]。正常蛋白質會與端粒結合；當端粒的 H3 組蛋白九號位置不帶乙基時，蛋白質結合效率最高，而移除乙基標記的正是 SIRT6 酵素。這項發現更強化 SIRT6 在控制老化方面的重要性[16]。

既然 SIRT6 屬於組蛋白去乙醯化酶，那麼拿組蛋白去乙醯化酶抑制劑來試試控制老化的效果，應該挺有意思。照理說，我們預期效果可能跟去除 SIRT6 酵素基因表現一樣（也就是加速老化）。不過，在計畫使用ＳＡＨＡ這類組蛋白去乙醯化酶抑制劑來治病之前，反倒給我們一個機會，停下來想一想：畢竟，服用抗癌藥物卻可能導致加速老化？這個主意似乎不怎麼吸引人哪。

幸好，若從治療癌症病患的角度來看，SIRT6 屬於「sirtuins」這類特殊等級的組蛋白去乙醯化酶。這類酵素跟我們在十一章所見的酵素不同，它們不受ＳＡＨＡ或其他任何組蛋白去乙醯化酶抑制劑影響。

吃得少，活得久

前述討論全都指向一個問題：距我們煉成「延壽仙丹」還有多遠、還要多久？目前從數據看來，不怎麼有希望，特別是老化背後還有許多機制碰巧與抗癌相牴觸。如果我們發明一種療法，能讓人類多活五十年，卻可能致癌、並且在五年內一命嗚呼，這麼做有何意義？不過眼前倒是有一種從酵母菌到果蠅、從蠕蟲到哺乳動物都適用且驚人有效的延命方式，那就是：限制熱量攝取。

假如只給囓齒動物任食時攝取熱量的百分之六十，動物的壽命與老化相關疾患立刻顯現戲劇性衝擊[17]：熱量限制必須從年幼開始實施、終生延續，方能見效。如果將酵母菌培養液內的葡萄糖（熱量來源）濃度從百分之二降至百分之零．五，存活時間約可延長百分之三十[18]。

熱量限制效應是否由 sirtuins 酵素（如酵母菌的 Sir2、或其他動物多種 Sir2 版本）調節控制，始終存在相當大的爭議。Sir2 部分受制於另一種重要物質，這種物質的濃度依細胞獲取的養分而定。這也是某些科學家推測 Sir2 可能和營養有關的原因，而這個假設也相當令人感興趣。顯然，限制熱量攝取確實重要，但問題是這類酵素與養分的關係究竟是協同合作還是分工合作，目前仍無共識，而實驗結果則深受所選擇的動物模式影響，小到連酵母菌品系、液態培養基加入多少葡萄糖等看似瑣碎不重要的細節，都會影響結果。

與「熱量限制效應如何運作」相比，「熱量限制是否真能延年益壽」這個提問可能更重要；不過，如果我們找的是「抗老策略」，那麼背後的作用機制關係可大了。飲食在社交與文化層面各有其重要意義，不單只是身體的燃料而已；除了心理學與社會學問題外，限制熱量攝取也有其負面效應，最明顯的要屬肌肉鬆弛和失去性欲。如果能有機會活久一點，這兩種效應一般來說不算意外；但這樣的副作用可能會讓大多數人興趣缺缺、覺得沒啥好期待[19]。

正因為這個理由，哈佛大學醫學院大衛．辛克萊教授（David Sinclair）二〇〇六年發表在《自然》的論文才會如此轟動。辛克萊研究「白藜蘆醇」（resveratrol）這種複合物對小鼠健康與壽命的影響。白藜蘆醇由植物合成，葡萄也會合成白藜蘆醇，因此紅酒含有這種成分。該論文發表時，白藜蘆醇已顯示可延長酵母菌、秀麗隱桿線蟲與果蠅的壽命[20、21]。

辛克萊教授和同事們以熱量極高的飼糧餵養小鼠，同時給予白藜蘆醇連續六個月。六個月結束後，他們檢測小鼠的健康狀況；不論有沒有吃白藜蘆醇，所有食用高熱量飼糧的小鼠都很胖，但是有吃白藜蘆醇的胖小鼠比沒吃的胖小鼠健康。前者脂肪肝的狀況較不嚴重，運動神經比較好，也較少出現糖尿病徵狀。至一百一十四周齡時，相同飲食、服用白藜蘆醇的小鼠的死亡率比未服用者低百分之三十一[22]。

任誰都能一眼看出這篇論文何以廣受矚目。假如白藜蘆醇在人類身上也有相同效果，這玩意兒幾乎等於「跟肥胖說掰掰」的免死金牌。想吃多少就吃多少，想吃多胖就吃多胖，但你還是能活得健健康康、長長久久；再也不需要餐餐只吃三分之二，肌肉也不會鬆弛、更不會喪失性欲。

白藜蘆醇是怎麼辦到的？該團隊稍早的論文指出，白藜蘆醇能活化一種 sirtuin 蛋白：這回換 Sirt1 上場了[23]。Sirt1 據信是控制糖代謝與脂肪代謝的重要舵手。

辛克萊教授成立一家公司，取名「Sirtris 製藥」，繼續以白藜蘆醇的結構為基礎、研發新物質。二〇〇八年，荷蘭葛蘭素史克付給 Sirtris 製藥七億兩千萬美元，取得這類化合物的專門知識與相關資料，用於治療老化疾病。

看在諸多市場觀察家眼裡，這算是天價交易，但並非萬無一失。二〇〇九年，對手「安進藥廠」（Amgen）發表報告，宣稱白藜蘆醇不會活化 Sirt1，原始研究資料也有技術問題造成的人為缺失[24]。報告公布後不久，另一藥界巨人「輝瑞藥廠」（Pfizer）也發表看法與安進極為相近的研究報告[25]。

大藥廠若單只為打擊對手的發現、發表報告，此舉並不尋常。這麼做對誰都沒有好處。藥廠成敗最終還是操之於能否成功推出新藥，因此在藥物開發計畫早期即抨擊對手，根本毫無商業利益可言。安進與輝瑞公開研究報告的作為只是再次顯示，白藜蘆醇神話的爭議性有多大。

白藜蘆醇的作用機制很重要嗎？最重要的不就是它的神奇效果嗎？假如你正在嘗試研發新藥、治療人類疾病，那麼很不幸的，作用機制真的很重要。一旦了解作用機制，申請新藥的研發人員才會更敏於掌握他們手中的物質。部分原因是這讓他們更容易監測副作用，如此才能發展更好的理論、了解應該要尋找的目標。不過另一個問題是，白藜蘆醇可能不是理想的製藥成分。

這是白藜蘆醇這類萃取自植物的天然產物常遇到的問題。為了讓這類天然化合物在體內順利循環、摒除副作用，或多或少都需要做點調整。舉例來說，萃取自蛇木的「青蒿素」（artemisinin）可殺滅瘧原蟲幼蟲。青蒿素不易被人體吸收，因此研究人員根據青蒿素的天然化學結構，開發多種變化版；這些變化版的青蒿素也能殺死瘧原蟲，不過卻比原始版的青蒿素更好吸收[26]。

但是，假如我們不完全清楚特定化合物的作用方式，那麼設計與試驗新藥就會變得相當困難，因為我們不知道如何利用簡單的方法進行測試，了解新藥是否仍會影響正確的目標蛋白質。

荷蘭葛蘭素史克藥廠雖支持 sirtuin 研發計畫；不過，因為擔心公司未來發展，他們仍決定中止某白藜蘆醇異構物治療「多發性骨髓瘤」（multiple myeloma）的臨床試驗，理由是該物質有腎毒性問題[27]。

製藥產業各大玩家都對研發 sirtuin 去乙醯酶抑制劑抱持高度興趣。我們不知道這些表觀遺傳調控物會不會引導趨勢、開發專用於延長壽命與對抗老化的療法，抑或只是敲響喪鐘，走進死胡同。因此，眼前咱們還是好好遵循老方法：多吃蔬菜多運動，然後試著把燈調暗一點——朦朧生美感，看得太清楚對誰都沒好處。

第十四章　天佑女王

吾傾盡所有，只求換得一刻。

——英女王 伊麗莎白一世

營養對哺乳動物健康與壽命的影響，效應驚人。誠如前章所提，長期限制熱量攝取，可使多達三分之一的小鼠延長壽命[1]。我們也從第六章得知，父母、祖父母的飲食習慣也會影響後代的健康與壽命。這些發現已經夠教人吃驚了，然而在營養對壽命造成巨大衝擊這個題目上，大自然硬是塞給我們更戲劇化的例子：可以的話，請想像一下，如果有一份養生飲食能讓某一物種被選中的少數族群延長壽命，至少比其他同類長二十倍（二十倍唷）；若這種情況發生在人類身上，那麼此刻英女王應該還是伊麗莎白一世，而且預計可能繼續在位四百年。

顯然人類並未碰上此等好事，不過這現象倒是在另一種常見生物身上實現了。我們每年春夏都會見到這種生物。我們利用牠們辛勤工作的成果製作蠟燭、打磨家具，甚至從人類有歷史以來，我們就開始吃牠們辛苦攢下的酬勞；這種生物就是：蜜蜂。

蜜蜂，學名 *Apis mellifera*，實在是種了不起的生物。牠們是「社會性昆蟲」的最佳範例，成群生活，每一群可能包含數萬隻個體。蜂群中絕大多數是工蜂（沒有生殖能力的雌蜂），扮演多種特定角色，包括採集花粉、構築蜂巢、照顧幼蜂；還有一小群雄蜂，幸運的話，除了交配之外幾乎不用幹活兒。最後還有一隻蜂后。

形成新蜂群時，處女蜂后會在一群工蜂陪伴之下、離開蜂巢。牠會跟一些雄蜂交配，找地方定下來、成立新蜂群。蜂后會產下數千顆卵，其中大部分會直接孵化成工蜂，少數幾枚發育為新蜂后，再次重演整個周期。

建立蜂群的蜂后一生會交配好幾次，但蜂群內所有蜜蜂的基因不會完全相同，因為牠們的父親不見得都一樣；儘管如此，任一蜂群裡都會有成千上萬隻基因完全相同的蜜蜂。但基因一致的情況不限工蜂——新蜂后的基因也跟蜂群內數千隻工蜂一模一樣。我們大可說牠們是「姊妹」，但光憑這兩個字並不足以完整解釋工蜂與新蜂后的關係。牠們全是「複製品」。

然而，不論在外觀或行為上，新蜂后和牠的複製工蜂姊妹們顯然彼此迥異：蜂后體型可達工蜂的兩倍。在完成「婚飛配對」（nuptial flight），也就是首次離巢、與雄蜂交配之後，蜂后幾乎再也不離開蜂巢。牠一輩子窩在幽暗的蜂巢深處，於夏季時分每天產下兩千顆卵。蜂后沒有刺鉤，沒有蠟腺，也沒有花粉籃（話說回來，若你從不出門購物，有沒有購物袋根本無關緊要）。

一般測得的工蜂壽命大約數周，蜂后卻能活上好幾年[2]。

話說回來，工蜂會做的事、蜂后大多辦不到；其中最重要的是採集食物，然後告訴蜂群其他夥伴食物的位置。工蜂通常透過著名的「搖擺舞」傳遞訊息；而蜂后雖住豪華套房，但牠一輩子不見天日、也沒機會扭腰擺臀秀舞技。

所以，一個蜂巢裡的蜂群包含數千隻基因完全相同的個體，但其中有不少在外觀及行為上與其他夥伴完全不同。追根究柢，這個結果差異源自蜜蜂幼蟲的餵養模式。一隻雌蜂最後會變成蜂后還是工蜂，完全取決於幼蜂是怎麼養大的。

蜜蜂DNA腳本不變，但結果多變。這個結果受控於早期事件（餵食模式），該事件建立一種可維持終生的表現型。此情此景正是表觀遺傳的吶聲吶喊；這些年來，科學家終於開始抽絲剝繭，逐漸解開支持這個過程的分子面貌。

決定蜜蜂命運的骰子在出生第三天落下，當時牠們只是幼蟲，還不會動。至出生第三天以前，所有幼蟲都吃一樣的食物，也就是所謂的「蜂王漿」；蜂王漿是一群特別的工蜂「護士蜂」製作出來的。這群年輕工蜂的頭部有腺體可分泌蜂王漿，營養價值極高；蜂王漿由多種物質混合而成，包括幾種重要胺基酸、稀有脂質、特殊蛋白質、維生素和其他未明確定性的物質。

待蜜蜂幼蟲成長至三日齡，護士蜂便停止供應蜂王漿給大部分的幼蜂，改以花粉花蜜餵食；這些幼蜂最後即成為工蜂。

基於某些尚無人知曉的理由，護士蜂會繼續供應蜂王漿給少數特定幼蜂。我們不知道這些幼蜂是如何挑選出來的，也不明白為什麼；這群蜜蜂的基因和其他改吃粗食（花蜜不如蜂王漿精緻）的蜜蜂並無不同，但這一小群幼蟲繼續被餵食蜂王漿，最後成為蜂后，而且一輩子都只吃蜂王漿。蜂王漿是蜂后卵巢發育成熟的必需品。工蜂從未發展出成熟的卵巢，這也是牠們不孕的原因。蜂王漿也讓蜂后不會長出牠們不需要的器官，譬如花粉籃之類的。

這個過程背後的機制，有些我們已經了解：蜜蜂幼蟲體內有個相當於人體肝臟的器官。若幼蟲持續食用蜂王漿，該器官就會分解這種複雜食物、啟動胰島素路徑。這跟哺乳動物控制血糖的荷爾蒙路徑十分相似。蜜蜂啟動胰島素路徑後，會增加另一種荷爾蒙「保幼激素」（Juvenile Hormone）的產量。保幼激素又繼續活化其他路徑，其中有些與刺激卵巢等組織發育成熟有關、有些關閉部分器官的成長發育，這些器官都是蜂后不需要的[3]。

假冒王室

由於蜜蜂成熟過程帶有太多表觀遺傳色彩，研究人員推測其中必定涉及表觀遺傳機制。第一個明確指標在二〇〇六年出現：這一年，科學家完成蜜蜂基因定序，建立這個物種的遺傳腳本基礎[4]。研究顯示，蜜蜂的基因體有幾段跟高等生物（如脊椎動物）的DNA甲基轉移酶基因十分相似；此外，蜜蜂基因體上也有不少 CpG 模組。C（胞嘧啶）和G（鳥糞嘌呤）是DNA甲基轉移酶經常鎖定的雙核苷酸序列。

同年，由伊利諾大學吉恩·羅賓森（Gene Robinson）領導的團隊發現，蜜蜂基因體上推測可能是DNA甲基轉移酶的基因處於活化狀態。這些酵素能將甲基接上DNA中 CpG 模組的胞嘧啶（C）[5]。蜜蜂也表現幾種能與甲基化DNA結合的蛋白質。綜合以上數據，顯示蜜蜂細胞可以「編輯」並「讀取」表觀遺傳密碼。

在這些數據還沒發表以前，沒有人當真想猜蜜蜂究竟有沒有DNA甲基化系統。這是因為，在實驗上應用得比較廣的昆蟲是果蠅（我們在前面的章節已見過面了），但果蠅不會甲基化DNA。

發現蜜蜂擁有整套DNA甲基化系統，實在有意思，但仍無法證明DNA甲基化跟蜜蜂對蜂王漿的反應有關，也無法證明食物真能持續影響成熟蜜蜂的外形與行為。針對這個問題，坎培拉澳洲國立大學（Australian National University）雷斯查德·馬雷茲卡（Ryszard Maleszka）教授的實驗室做了不少深入巧妙的研究。

馬雷茲卡博士關閉 *Dnmt3* 基因，讓蜜蜂幼蟲體內的DNA甲基轉移酶無法正常表現。Dnmt3 蛋白負責將甲基接在還未甲基化的DNA上，實驗結果如圖14.1所示。

科學家降低蜜蜂幼蟲 *Dnmt3* 基因表現，結果跟餵食蜂王漿的結局一樣；幼蟲長大後多成為

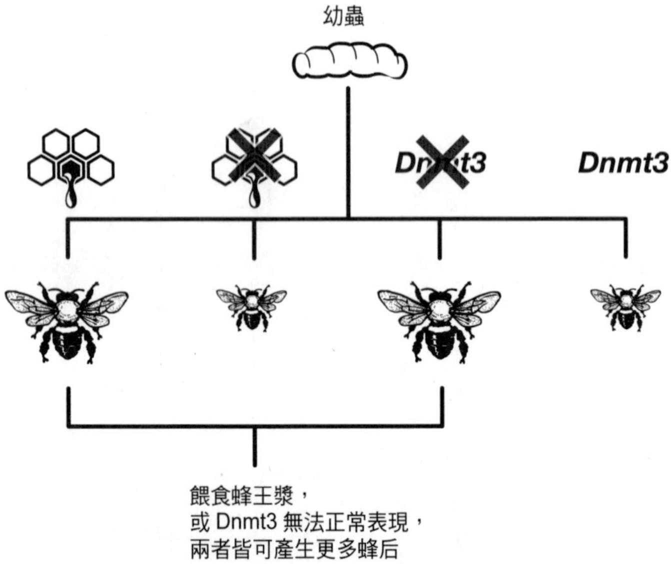
幼蟲
Dnmt3
Dnmt3
餵食蜂王漿，
或 Dnmt3 無法正常表現，
兩者皆可產生更多蜂后

圖 14.1　若延長餵食蜂王漿的日數，蜜蜂幼蟲將成長為蜂后。若不延長餵食蜂王漿的日數，但以實驗方式降低 *Dnmt3* 基因表現，也能見到同樣的效應。*Dnmt3* 蛋白負責將甲基接上 DNA。

蜂后，而非工蜂。由於關閉 *Dnmt3* 基因的效果等同於餵食蜂王漿，故推測蜂王漿的主要作用之一可能跟改變重要基因的DNA甲基化模式有關[6]。

為了證實這項假設，研究人員同時研究不同實驗組DNA甲基化與基因表現的實際模式。結果顯示，蜂后與工蜂腦部的DNA甲基化模式不同。*Dnmt3* 基因關閉的蜜蜂，其DNA甲基化模式與蜂后藉蜂王漿誘導的甲基化模式相同；雖然兩組外表完全不同，但這就是我們預期的結果。正常蜂后的基因表現模式也和 *Dnmt3* 基因關閉的蜂后極為相近。論文作者群於是做出結論：持續餵食蜂王漿會透過ＤＮＡ甲基化顯現其營養效應。

營養如何左右蜜蜂幼蟲的ＤＮＡ甲基化模式，其中仍有許多未解空白尚待填補。研究人員根據前述實驗提出假設，其中之一是「蜂王漿會抑制ＤＮＡ甲基轉移酶」，但直到現在還無人能透過實驗證實這一點；因此，蜂王漿對ＤＮＡ甲基化的作用有可能透過間接方式完成。

我們所知道的是，蜂王漿會影響蜜蜂的荷爾蒙信號傳遞方式，繼而改變基因表現模式。某基因表現模式改變，通常也會牽動該基因的表觀遺傳調控。基因開啟的程度愈大，組蛋白就愈容易受到調控、促進基因表現。蜜蜂身上也可能發生類似情形。

我們還知道，ＤＮＡ甲基化系統和組蛋白修飾系統常並肩合作。這讓科學家開始對「組蛋白修飾在控制蜜蜂生長發育與行為」方面產生興趣。蜜蜂基因體一完成定序，四種組蛋白去乙醯化酶也立刻被鑑定出來，這點著實奇妙。因為，據知蜂王漿含「苯丁酸」（phenylbutyrate）這種物質已有好一段時間了[7]，這個超小分子能抑制組蛋白去乙醯化酶，但作用微弱。二〇一一年，休士頓安德森癌症中心馬克・貝福德博士（Mark Bedford）團隊發表另一篇研究蜂王漿成分的研究報告，內容耐人尋味；論文的資深作者之一是尚皮耶・伊薩教授，他是推動以表觀遺傳調控藥物治療癌症的重要推手。

這群研究人員分析蜂王漿所含的另一種成分「10-羥基癸烯酸」，簡稱10HDA（(E)-10-Hydroxy-2-decenoic acid），化學結構如圖14.2所示。這個成分與ＳＡＨＡ、也就是第十一章見過的

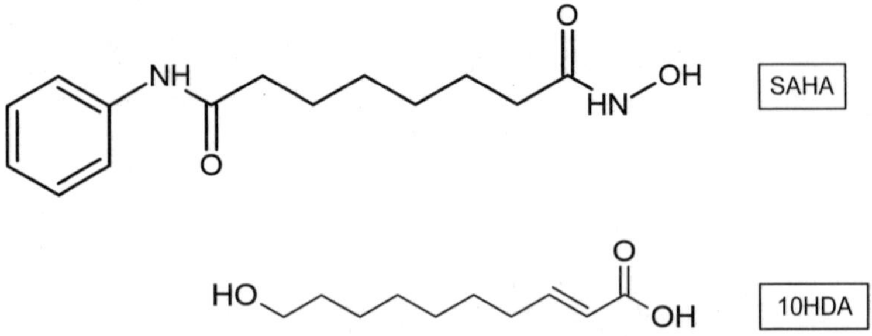

圖 14.2 組蛋白去乙醯化酶抑制劑 SAHA 與蜂王漿所含 10HDA 的化學結構圖。C 代表碳原子，H 代表氫原子，N 是氮原子，O 代表氧原子。為求簡化，碳原子並未明確標識出來，但兩條直線交接處即其所在位置。

組蛋白去乙醯化酶抑制劑皆核准用於治療癌症。

這兩種物質結構完全不同，不過確實有些相似之處：兩者各有一條長鏈碳（有點像鱷魚背脊側面觀），而長鏈碳右側末端的結構亦頗為相似。馬克·貝福德與同事於是假設，10HDA 可能是一種組蛋白去乙醯化酶抑制劑。在進行一系列試管、細胞試驗之後，顯示事實確為如此。這表示現在我們已經知道，蜂王漿的主要成分能抑制某一類相當關鍵的表觀遺傳酵素[8]。

健忘的蜜蜂與萬用錦囊

表觀遺傳對蜜蜂發育的影響可不只育成蜂后或工蜂。雷斯查德·馬雷茲卡的研究顯示，DNA甲基化也跟蜜蜂如何處理記憶有關。當蜜蜂尋得一處相當不錯的花粉或花蜜源時，牠們會返回蜂巢，告訴蜂群其他成員上哪兒去找這處好地方；這告訴我們一件非常重要的事：蜜蜂能記憶資訊。牠們必須記得，否則就沒辦法告訴同伴去哪兒找食物了。當然，忘掉原本的資訊、以新資料取而代之，這點也很重要。是說，沒道理把夥伴送去上周盛開、但本周已被放牧驢子啃光光的薊花田吧。蜜蜂必須忘掉上禮拜薊花田的資訊，重新記住本周的薰衣草田在什麼地方。

訓練蜜蜂對跟食物有關的特定刺激起反應，此舉不無可能。馬雷茲卡教授團隊的研究顯示，經刺激訓練後，蜜蜂腦中的 *Dnmt3*（這種蛋白與學習關係密切）會開始上升；若給予蜜蜂可抑制 *Dnmt3* 的藥物，藥物不僅會改變蜜蜂記憶的方式，也會加快記憶喪失的速度[9]。

雖知DNA甲基化對蜜蜂的記憶行為至為重要，但我們並不清楚這個機制如何運作，理由是我們不知道蜜蜂在學習、取得新記憶時，有哪些基因發生甲基化。

截至目前為止，如果我們認為蜜蜂及其他高等生物（包括人類和其他哺乳動物親戚）都以同樣的方式利用DNA甲基化，或許並不為過；畢竟不論是人類或蜜蜂，改變DNA甲基化模式都和發育過程異變有關，這是事實。此外，蜜蜂與人類大腦在處理記憶的過程中，也都用到DNA甲基化這個機制。

但奇怪的是，蜜蜂與人類利用DNA甲基化的方式竟截然不同。木匠的工具箱有鋸子，他用鋸子做書架；外科醫師的工具推車裡也有鋸子，但他用鋸子鋸掉病人的腿。有時候，同一件工具可能出現截然不同的運用方式。哺乳動物和蜜蜂都有DNA甲基化這項工具，然而在演化過程中，兩者使用這件工具的方式彼此迥異。

當哺乳動物甲基化ＤＮＡ，甲基化的部位通常發生在基因啟動子區段。哺乳動物也會甲基化ＤＮＡ上的重複序列和轉位子，一如第五章艾瑪．懷洛教授的成就。哺乳動物甲基化ＤＮＡ往往跟不表現基因、關閉危險元素有關（譬如可能在基因體內惹麻煩的轉位子）。

但蜜蜂利用ＤＮＡ甲基化的方式截然不同。他們不會甲基化重複序列或轉位子，所以牠們理當有其他方式控制這類愛惹麻煩的蛋白分子：牠們甲基化基因段（即載有胺基酸密碼的ＤＮＡ）的 CpG 模組，而非基因啟動子區段。蜜蜂不用ＤＮＡ甲基化關閉基因。在蜜蜂身上，我們可以在幾乎所有組織細胞都會表現的基因上找到ＤＮＡ甲基化的蹤跡，而且其他多種昆蟲往往也會表現這些基因。ＤＮＡ甲基化能調節基因活性，微微調升或調降，而不是開啟或關閉的開關[10]。此外，在蜜蜂組織裡，ＤＮＡ甲基化模式也和控制 mRNA 剪接關係密切；只不過，目前我們還不曉得這類訊息的處理方式如何受表觀遺傳調控影響[11]。

在揭開蜜蜂微妙的表觀遺傳調控機制這條路上，我們還只在入門階段而已。舉例來說，蜜蜂基因體上有大概一千萬個 CpG 結合位，但不論是哪一種組織，這些結合位甲基化的比率都不到百分之一。不幸的是，如此低程度的甲基化狀態，讓分析表觀遺傳調控效應的工作變得極度艱難。關閉 *Dnmt3* 基因的實驗結果顯示，甲基化對蜜蜂發育非常重要；但儘管ＤＮＡ甲基化在蜜蜂這個物種屬於微調機制，關閉 *Dnmt3* 基因卻傾向導致「大量基因出現一些微小但獨立的變化」，更甚於「對少數幾個基因造成劇烈影響」。這種微小微妙的變化不僅最難分析，要進行實驗探討也非常困難。

蜜蜂不是唯一發展複雜社會組織、並擁有基因相同但型態功能不同的個體的昆蟲。在演化過程中，這個模式曾多次獨立發生，包括胡蜂、白蟻、蜜蜂、螞蟻等不同物種。我們還不清楚這些物種是否皆擁有相同的表觀遺傳調控程序。第十三章曾提及賓州大學雪莉·伯格教授在老化方面的研究，她的研究焦點有很大部分涉及螞蟻的遺傳與表觀遺傳效應，顯示至少有兩個品種的螞蟻也會甲基化基因體DNA。在同一蜂群、蟻群中，不同功能分組（社會階級）所表現的表觀遺傳酵素也不同[12]。根據這些資料，科學家暫且做出推論：表觀遺傳調控能控制社會性昆蟲的成員組成，而這個調控機制的演化次數可能不只一次，而是好幾次。

但現在，在表觀遺傳領域以外的世界中最受關注、最感興趣的是蜂王漿，因為長久以來，蜂王漿一直是有益健康的營養補充品。但有一點值得在此提出來，目前幾乎沒多少有力證據支持蜂王漿確實有益人體健康。馬克·貝德福團隊研究的組蛋白去乙醯化酶抑制劑 10HDA 已證實可影響血管細胞發育[13]，因此，10HDA 理論上可用於癌症治療，因為腫瘤細胞必須有良好的血液供應系統方能繼續生長；然而，這離證明蜂王漿確實能「有效抗癌」或「促進人體健康」還差得遠哩。如果要說有什麼是我們真正搞清楚弄明白的，那就是蜜蜂與人類的表觀遺傳調控機制並不相同。兩者其實一樣好，除非您是王室鐵粉，那就另當別論囉。

第十五章　綠色革命

一沙一世界，一花一天堂。掌中握無限，剎那即永恆。

——威廉・布雷克

大家可能挺熟悉「動物、植物還是礦物」這個猜謎遊戲。這個遊戲名稱即包含一種假設：假設動物、植物兩者完全不同。說實話，兩者都是生物，但相似之處到此為止。當然，我們也可以繼續討論，譬如在某段隱晦不明的演化過程中，人類和那些要用顯微鏡才看得到的小蟲曾經擁有共同的祖先；但各位是否想過，我們跟植物在生物遺傳學上的相似度又有多少？有誰曾經把康乃馨想作人類的遠房親戚？

然而，動植物在許多方面確實驚人地相似。想想最高等的綠色植物、所謂「顯花植物」好了，情況尤其如此。顯花植物包括我們每天相當倚重、作為基本食物來源的草本、禾本科植物，從甘藍菜到橡樹、杜鵑花到水芹，全都包含在內。

動物和顯花植物皆由大量細胞組成，都屬於「多細胞生物」。其中許多細胞會特化分化，執行特殊功能。在顯花植物中，這類細胞包括輸送水分或糖分至全株各處的細胞、在葉肉行光合作用的細胞，以及在根部負責儲存養分的細胞。顯花植物也跟動物一樣，擁有專職有性生殖的特化細胞：花粉裡的精核與巨大的卵細胞結合受精，形成受精卵、長出新個體（一株植物）。

動物與植物的相似處不僅限於這些可見外觀，兩者在基礎上更為相似；植物有不少基因在功能上與動物相當。最關鍵的是，若以本書主題來說，植物也擁有高度發展的表觀遺傳系統。植物也像動物細胞一樣，能修飾組蛋白與ＤＮＡ；許多植物使用的表觀遺傳酵素也跟動物（包括人類）差不多。

這些遺傳與表觀遺傳的相似度在在顯示，動植物擁有相同的祖先。就因為擁有共同祖先，因此才傳承到相似的遺傳與表觀遺傳工具。

當然，植物與動物之間確實仍有不少重要差異。植物能自給自足，動物卻辦不到。植物能直接吸收環境中的基本化學物質——尤其是水和二氧化碳——再能利用太陽能將這些簡單物質轉為複雜的糖類（如葡萄糖）。地球上的生命不論間接直接，幾乎全都仰賴這不可思議的光合作用才得以生存。

植物與動物還有兩項極大不同點。大部分的園丁都知道，你可以剪下一截生長中的植物，或只是一小株芽，就能創造全新的個體。只有極少動物擁有這種能力，而且高等動物完全不在此列。有些品種的蜥蜴若斷了尾巴，確實能長出新尾巴來；但反過來的話根本不可能：我們無法用一截斷尾長出另一隻蜥蜴。

這是因為，在絕大多數動物體內，唯一天生擁有超多能分化力的幹細胞都是受到嚴格控制的生殖細胞（其後發展成精子或卵子）；但是在植物，處於活化狀態的超多能分化型細胞根本是正常組織的一部分，在莖的頂端、根的尖端都能發現這些超多能分化型幹細胞的蹤影。在正確條件下，這些幹細胞能持續分裂、讓植物長大；不過在某些條件下，這些幹細胞會分化成特殊型態的細胞——花朵即為一例。比方說，某個細胞一旦立志成為花瓣的一部分，它就不會再變回幹細胞。就算是植物細胞，最後也會從沃丁頓表觀遺傳地貌圖的山頂上滑下來。

動植物的另一項不同點實在明顯：植物不會動。當環境條件改變，植物只能適應，否則死路一條。植物無法飛走或逃跑、離開不適當的氣候環境；植物必須找到方法，回應周遭環境挑起的種種挑戰。植物必須確保自己能活得夠長夠久，足以在每年正確的時節繁殖後代，如此一來，這些後代才有最大的機會順利成長為新個體。

咱們就拿家燕（*Hirundo Rustica*）作對比吧。這種燕子在南非度冬，每年快到夏季時，氣候愈來愈燠熱難熬，家燕便展開規模浩大的遷徙飛行。牠們飛越非洲和歐洲，在英國度過夏季並哺育下一代；六個月後，牠們啟程飛回南非。

植物回應氣候的方式大多與改變細胞命運有關，例如從超多能分化型幹細胞變成抵達終末分化的花朵，完成有性生殖。表觀遺傳在這兩部分角色吃重，同時也跟植物的其他生化代謝路徑相互作用，盡可能將繁殖成功率拉高至最大極限。

但植物使用的表觀遺傳策略並非全都一模一樣。最有特色的要屬不起眼的小花「阿拉伯芥」（*Arabidopsis thaliana*）。阿拉伯芥是芥科植物，看起來就像長在隨便一塊荒地上、毫無特色的雜草。葉子大多十分貼近地面，葉屬叢生。阿拉伯芥的花為白色，長在離地二十至二十五公分的莖頂。在研究人員眼中，阿拉伯芥是相當好用的實驗系統，因為它的基因體非常完整，易於定序、確認基因；此外，學界也發展出相當成熟的技術，憑以修改阿拉伯芥的基因序列。這些優點讓科學家可相對直接地誘導基因突變，探討基因功能。

野生的阿拉伯芥通常在初夏結成種子。草苗慢慢長大，長出簇生小葉；這個階段稱為植物的「營養生長期」（vegetative phase）。為了產出子代，阿拉伯芥綻放花朵。產生精子與卵子的構造就藏在花裡，然後形成受精卵並分散進入種子。

但植物在這時會碰上一個問題：如果開花時間在年末，結出的種子就浪費掉了：因為冬季氣候不適合種子萌芽。就算種子有辦法萌芽，這株柔嫩小苗仍可能抵擋不了霜害等惡劣天候，結束短暫的一生。

成熟的阿拉伯芥必須未雨綢繆。如果它能等到隔年春天再開花，即可大幅提高子代存活機率。成熟的植株有辦法耐過足以殺死幼苗的寒冬，這正是阿拉伯芥選擇的生存策略：等到春天再開花。

春之讚

這個過程的術語是「春化作用」，意指植物必須歷經一段長時間寒冷期（通常是冬天），才能開花；這種情況在一年或多年生植物相當普遍，尤其是四季分明的溫帶地區。春化作用不只影響阿拉伯芥等闊葉植物，許多穀類顯示也受此作用影響——特別是冬麥（大麥及小麥）這類作物。有些植物甚至在春化的長期寒冷後，還得接著經歷一段長日照時期，才會開花。結合兩種刺激，讓植物得以在每年最適當的時節綻放花朵。

春化作用有些特徵還挺有意思的。當植物首次察覺到低溫氣候、準備反應，距離花期可能還有好幾個禮拜或好幾個月；因此植物在這段寒冷時期仍得繼續透過細胞分裂，讓植株長大。歷經春化、母株結籽，而且種子全都「重新設定」好了：種子長大形成的新植株必須親身經歷寒冬，才會開花[1]。

春化作用的這些特色無一不令人聯想到動物的表觀遺傳現象。尤其是：

1. 植物似乎也表現某種程度的「分子記憶」，因為環境刺激與最終結果相隔數周，甚至數月之久；我們可以拿這個現象來跟「受虐幼鼠長大後面對壓力的異常反應」互作比較。

2. 即使發生細胞分裂，記憶仍會傳遞下去。這部分亦可類比動物「成熟母細胞受刺激後會持續表現某種狀態（如正常發育或癌變）」。

3. 記憶來到下一代就消失了（重新設定的種子）。這跟大多數動物體細胞變異會被「擦乾淨」頗為相似，致使拉馬克遺傳成為特例，而非常態。

因此，從表象來看，春化作用頗具表觀遺傳特色。近年亦有不少實驗室從染色體調控的層次，確認春化作用背後的確有表觀遺傳調控斧鑿的痕跡。

牽動春化作用的關鍵基因名為「*FLOWERING LOCUS C*」（縮寫是 *FLC*）。*FLC* 載有「轉錄抑制因子」的密碼，這種蛋白質會跟其他基因結合、阻撓基因啟動。在所有影響阿拉伯芥開花的基因中，以「*FT*」、「*SOC1*」、「*FD*」這三組基因最為重要。圖 15.1 顯示 *FLC* 基因如何與這三組基因互動，以及這些互動如何影響阿拉伯芥開花。該圖亦顯示冷天過後，FLC 蛋白在表觀遺傳方面的變化。

冷天前，*FLC* 基因啟動子帶有大量啟動基因表現的組蛋白修飾標記。因為如此，*FLC* 基因大量表現，轉譯產出的蛋白質則與目標基因結合、抑制其表現。這讓植物處於一般生長狀態（營養期）。冷天後，*FLC* 基因上的組蛋白修飾標記轉為抑制型，關閉 *FLC* 基因。FLC 蛋白濃度下

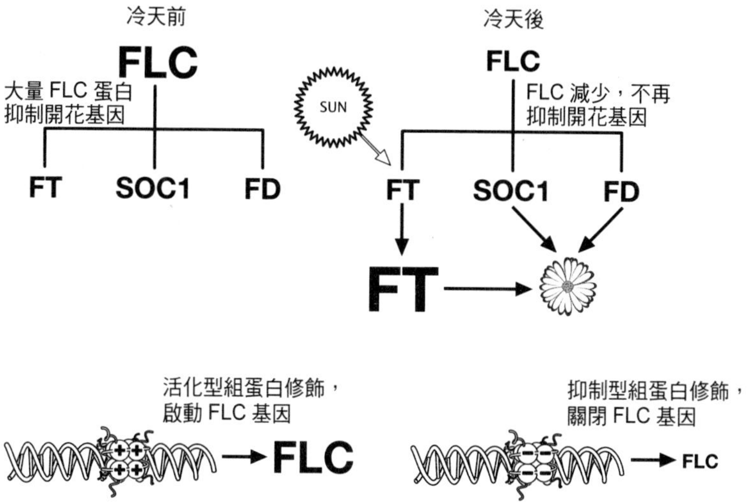

圖 15.1　表觀遺傳調控機制能調節 FLC 基因表現，抑制「促開花」基因。此表觀遺傳調控機制受「溫度」控制。

降，移除對目標基因的抑制作用；此外，春季日照時間延長亦活化 *FT* 基因表現。在這個階段，FLC 蛋白濃度下降是基本條件；理由是假若 FLC 蛋白始終處於高值，*FT* 基因將很難反應長日照的外來刺激[2]。

利用突變版表觀遺傳酵素所做的實驗顯示，在控制開花反應的過程中，*FLC* 基因組蛋白修飾標記的變化至為重要。比方說，「*SDG27*」這個基因能把甲基加在 H3 組蛋白四號位置的離胺酸上，故屬於「表觀遺傳編輯器」；這種甲基化與活化基因表現有關。研究人員透過實驗讓「*SDG27*」基因發生突變，不再編載具活性的蛋白質。帶有這個突變基因的植物，其 *FLC* 基因啟動子的活化型表觀遺傳調控標記比較少，僅能產出少量 FLC 蛋白，因此無法有效抑制促開花基因。「*SDG27*」基因突變的植物會比正常植物早開花[3]。這顯示 *FLC* 基因啟動子的表觀遺傳調控狀態不只反應基因活化程度，實際上也會左右基因表現。調控機制確實會改變基因表現。

冷天會誘發植物產生一種叫「VIN3」的蛋白質，這種蛋白能與 *FLC* 基因啟動子結合。VIN3 與「染色質構形重塑」（chromatin remodeller）有關，能改變染色體纏繞的鬆緊度。當 VIN3 接上 *FLC* 基因啟動子，即改變染色體的局部結構，使染色體更容易與其他蛋白結合。開放型結構常會增強基因表現；然而在這個例子中，VIN3 同時也會引來其他酵素，促成甲基與組蛋白結合。問題是，這種特別酵素會把甲基接在 H3 組蛋白二十七號位置的離胺酸上，此舉不僅抑制基因表現，也是植物用來關閉 *FLC* 基因最重要的一種方式[4、5]。

不過這又帶出另一個問題：若要誘發 *FLC* 基因發生表觀遺傳變化，天氣得冷到多冷才行？雖然還未掌握所有細節，至少已釐清其中一個階段：冷天結束後，阿拉伯芥的細胞會製造一種不載有任何蛋白質密碼的長鏈RNA。這段非編碼RNA（ncRNA）名叫「COLDAIR」。COLDAIR 只會固定在 *FLC* 基因上。一旦固定，它會立即跟某酵素複合體結合，這種複合體會在 H3 組蛋白二十七號位置上做出相當重要的抑制型標記。因此，COLDAIR 的角色相當於酵素複合體的作用目標（目標機制）[6]。

當阿拉伯芥產出新籽，*FLC* 基因上的抑制型組蛋白修飾標記也會移除，並以活化型染色體調控標記取而代之。此舉確保種子發芽時能順利啟動 *FLC* 基因，在新植株成長度過冬天以前，抑制開花。

從前述資料可知，顯花植物顯然和許多動物細胞一樣，利用同樣的表觀遺傳調控機制，包括組蛋白修飾，或者利用長鏈 ncRNA 鎖定這些調控標記。說起來，動物與植物細胞的確是為了不同目的使用這些工具（還記得前章木匠、外科醫師與鋸子的例子吧），但這是動植物擁有共同祖先、擁有共同基本工具的強力佐證。

但動植物在表觀遺傳調控方面的相似性還不只如此。植物也跟動物一樣，會製造數千種小型RNA分子；這些分子不載有蛋白質密碼，為的是讓基因安靜、不作用。一群研究植物的科學家首次發現，這些極微小的RNA分子可以從一個細胞傳給另一個細胞，並使基因沉默、關閉基因表現[7、8]。此舉能讓植物對外界刺激的表觀遺傳反應從起始點傳遞至生物體較遙遠的其他部位。

植物界的神風特攻隊

阿拉伯芥的研究顯示，植物會利用表觀遺傳調控機制調節上千組基因[9]。這類調控作用的目的大概與動物細胞差不多：協助細胞短暫維持對環境刺激的適當反應，並鎖定已分化細胞的基因

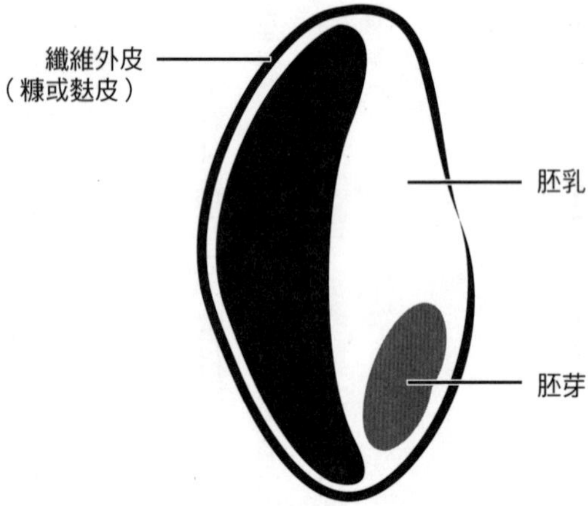

圖 15.2　種子的主要構造。尺寸相對較小的胚芽受胚乳滋養，最終長成新植株；這種方式與胎盤滋養哺乳動物胚胎的過程雷同。

表現模式。因為有表觀遺傳調控，人類的眼球才不會長出牙齒，植物根部也才不致冒出葉子。

顯花植物與哺乳動物在表觀遺傳現象上有個共同特徵，而且整個動物界就只有哺乳動物有此特徵：除了胎盤哺乳動物，顯花植物是我們所知唯一有基因銘印的生物。我們在第八章讀過銘印作用，意指某基因表現模式依其遺傳自父親或母親而定。

乍看之下，顯花植物與胎盤哺乳動物有這個共同點著實詭異。不過，這群會開花的遠親與咱們之間確實存在某種有趣的對比：所有高等哺乳動物的受精卵都能分化出胚胎與胎盤；胎盤滋養發育中的胚胎，但最後並不會成為新個體的一部分。顯花植物授粉後也會出現極為相似的結果。雖然歷程稍微複雜，但最後，受精的種子也會分化出胚芽與輔助組織「胚乳」（endosperm），如圖15.2所示。

胚乳就像哺乳動物發育過程中的胎盤，供應胚芽發育所需的養分；雖促進發育萌芽，對下一代卻毫無遺傳方面的貢獻。在胚胎發育過程中出現的任何輔助組織——意即胎盤或胚乳——似乎都是為了促成下一代以銘印方式控制某特定基因群的表現。

事實上，種子胚乳會發生一連串精巧變化：一如動物細胞，顯花植物的基因體也有反轉錄轉位子，通常標示為「TEs」，即「跳躍基因」或「轉位子」（transposable elements）。轉位子是一串未載有蛋白質密碼的重複序列，一遭活化即可能引發大災難；轉位子之所以如此特別，原因是它們能在植物基因體內移來移去，恣意擾亂基因表現。

正常情況下，這些轉位子受嚴格抑制；然而在胚乳中，這些序列呈啟動狀態。胚乳細胞透過轉位子製造小型RNA分子，這些小型分子再從胚乳移入胚芽內，並且在胚芽基因體內尋找與自己相同的序列；這些小型轉位子RNA似乎能引來胞內機器、永久不活化具潛在危險性的基因體。重啟轉位子序列可能對胚乳基因體造成極大的危險，但由於胚乳基因不會傳給下一代，故能犧牲小我、完成大我，執行這項自殺任務[10、11、12、13]。

儘管哺乳動物與顯花植物都有銘印作用，但兩者使用的機制似乎稍有不同。哺乳動物透過DNA甲基化不活化選定的銘印基因；在植物，經常都是源自雄株的基因拷貝帶有DNA甲基化標記。然而，帶有DNA甲基化標記的基因不一定代表基因不活化[14]。因此，在植物的銘印作用中，DNA甲基化只是顯示基因如何遺傳而來，並非基因該如何表現的標記。

動植物之間的DNA甲基化作用在根本上還有許多雷同之處。植物基因體載有活化型的DNA甲基轉移酶，可「讀取」甲基化DNA。就像哺乳動物的原始生殖細胞一樣，植物某些特定細胞也能主動移除DNA上的甲基標記；我們甚至知道哪幾種植物酵素能執行這項工作[15]。其中之一叫「DEMETER」，以希臘神話冥后「普西芬妮」（Persephone）的母親、「穀物女神狄密特」命名；命名緣由不只因為穀物女神，還有狄密特與冥王協議，並導致作物冬天休眠不生長的約定。

不過，DNA甲基化也是植物與高等動物在利用表觀遺傳調控此一基本系統時，明顯呈現差異的部分。其中最明顯的不同點是，植物甲基化的部位不只限於 CpG 模組（也就是胞嘧啶C與鳥糞嘌呤G並排的結構）；儘管 CpG 是植物甲基轉移酶最常鎖定的序列，但植物也會在以胞嘧啶C為首、後跟其他任何鹼基的序列上執行DNA甲基化[16]。

植物絕大多數的DNA甲基化都圍繞在非表現型重複序列附近，這點跟哺乳動物一樣；不過，在我們檢驗未遭關閉的基因DNA甲基化模式後，動植物之間的巨大差異也開始浮現。在植物正常表現的基因群中，約百分之五在啟動子區域可偵測到甲基化狀態，但也有超過三成的甲基化作用發生在載有胺基酸密碼的區段。在密碼區內遭甲基化的基因，表現範圍大多比較廣；不僅植物體大部分的組織都會表現這些基因，表現程度也達中高級以上[17]。

植物基因體重複序列高度甲基化的模式，其實跟發生在高等動物（哺乳動物）染色體重複序列的情況很像。相較之下，植物組織內廣泛表現的基因群甲基化模式，則和蜂群（蜂群不會甲基化重複序列）較相近。這並不是說植物是介於昆蟲與哺乳動物之間、某種詭異的表觀遺傳雜種，而是演化材料雖然有限，但演化不會過度局限於一種使用方式。

第十六章 何去何從

預言難。預測未來更難。

——丹麥物理學家 尼爾斯・波爾

就某種程度來說，表觀遺傳最令人振奮的特色之一是，即使不是專家也能理解這門知識。雖然我們不見得都有機會接觸最新的實驗技術，因此也非所有人都能解開潛藏在表觀遺傳事件底下的染色體變化之謎；但我們每個人都能檢視周遭世界，做出預測，只消看看這些現象是否符合表觀遺傳的兩項最基本要件就行了。藉由觀察，我們可以以嶄新的眼光重新看待包括人類在內的自然世界，而我們也在本書一而再、再而三不斷回歸這兩項要件。若懷疑某個現象可能肇因於DNA及其伴隨的蛋白質發生表觀遺傳變異、造成影響，那麼該現象必須符合以下兩點條件：

1. 兩生物體的基因型完全一致，但表現型彼此互易；並且

2. 在誘導事件結束後，生物體仍持續受其影響。

話說回來，前述條件也必須符合常理才行。若有人因車禍失去一條腿，二十年之後仍然少一條腿的事實並不能訴諸於表觀遺傳機制。另一方面，這些人或許會繼續「感覺得到」兩條腿，這種「幻肢」（phantom limb）徵狀確實可能受中樞神經系統的表觀遺傳調控影響（在中樞神經系統內，有少部分基因表現由表觀遺傳負責調控維持）。

有時候，現代生物學使用的各項先進技術令人迷惑失神，使我們忘了光是「仔細觀察」就能有所得。舉例來說，我們其實不需要精密儀器就能知道，兩種表型不同的生物體其基因型是否相同。以下是幾個大家都很熟悉的例子：蛆和蒼蠅，毛毛蟲與蝴蝶。一隻蛆與牠最終發育而成的蒼蠅，兩者基因密碼必定完全相同。蛆並不需要新的基因體才能完成變態（metamorphoses），因此蛆和蒼蠅必定以完全不同的方式使用同一套基因體。赤蛺蝶的毛毛蟲全身布滿奇妙的短棘，顏色也不起眼；而且毛毛蟲跟蛆一樣，沒有翅膀。赤蛺蝶非常美麗，有一對巨大、黑底鮮橘的翅膀，身上也沒有棘；同樣的，毛毛蟲和最後變成的赤蛺蝶擁有完全相同的ＤＮＡ腳本。腳本相同，做出來的成品卻截然不同；因此我們可以假設，其中肯定涉及表觀遺傳調控。

白鼬（*Mustela erminea*）這種動物主要分布在歐洲與北美。牠動作靈活，是黃鼠狼家族裡的小獵食者。夏季時，白鼬背上的毛呈現溫暖的棕黃、腹部則是乳白色；然而在冬天或寒帶地區，除了尾尖仍維持黑色以外，牠全身都變成雪白被毛，待春天來臨時再慢慢轉成夏季毛色。我們知道，這種季節性的毛色變化必定受荷爾蒙影響；而荷爾蒙可能透過操縱染色體表觀遺傳調控等方式，影響相關毛色基因的表現。這個假設十分合理。

哺乳動物雄性之所以為雄性、雌性之所以為雌性，通常有非常明確的遺傳學依據，一條有功能的Y染色體能導出雄性表徵；但有許多爬蟲類（如鱷魚），公母兩性的基因型卻完全一致。你無法從染色體預測小鱷魚是公是母，因為鱷魚的性別乃是由鱷魚蛋發育過程中、某關鍵時期的環境溫度決定。鱷魚可以利用同一套基因腳本產出公鱷魚或母鱷魚[1]。我們知道這個過程涉及荷爾蒙訊號。雖然目前還沒有太多相關研究顯示，表觀遺傳是否與建立或穩定性別專一的基因表現模式有關，但似乎不無可能。

在不久的將來，了解鱷魚及其近親決定性別的機制可能成為重要的保育問題。全球氣候異常導致氣溫異常波動，若爬蟲類因此傾向大量孵化某一性別的個體，可能不利於爬蟲類生存。有些研究人員推測，溫度效應可能就是造成恐龍滅絕的原因之一[2]。

前述概念算是淺顯易懂、不難驗證的假設，簡單觀察一下就能提出許多類似的例子。但貿然將其他常見的生物發育過程廣泛納入表觀遺傳版圖，似乎有些唐突。這個領域還很年輕，仍可能朝四面八方、各種未知方向發展；不過咱們先別杞人憂天，先預言幾句再說吧。

就從最特別的一項開始吧。等到二〇一六年，應該至少會有一次諾貝爾生理醫學獎頒給這個領域的研究人員。問題只剩要頒給誰，因為值得獲獎肯定的候選人實在太多。

在表觀遺傳領域諸多卓越工作者中，瑪麗・里昂在X染色體不活化方面傑出、極具前瞻性的研究還未替她掙得一座諾貝爾獎。雖然她建立X染色體不活化概念架構的幾篇主要報告沒有多少原創性的實驗數據，但當年華生與克立克研究ＤＮＡ構造的原始報告也差不多[3]。眾人不免猜測，里昂是因為性別關係拿不到諾貝爾獎，但部分原因也跟圍繞蘿莎琳・法蘭克林（Rosaline Franklin）的謎團有關。法蘭克林是X射線晶體學家（X-ray crystallographer），她的數據是華生克立克發展ＤＮＡ模型的基礎。一九六二年諾貝爾獎頒給華生與克立克時，蘿莎琳・法蘭克林的實驗室老闆——倫敦國王學院的莫里斯・威金斯教授（Kings College, Maurice Wilkins）——也得獎，但得獎名單卻漏了蘿莎琳・法蘭克林，因為她是女性。有人說蘿莎琳之所以被遺漏，是因為她不幸因卵巢癌英年早逝（得年三十七歲），而諾貝爾獎不曾有過追贈前例。

另一位是我們在前幾章見過的布魯斯・卡塔納赫。卡塔納赫除了研究親源效應，他對X染色體不活化背後的分子機制也貢獻不少關鍵的初步研究[4]。在這個領域的諸多研究者中，他值得與瑪麗・里昂共享諾貝爾獎這份殊榮。瑪麗・里昂與布魯斯・卡塔納赫的學術研究工作大多集中在一九六〇年代，因此兩人退休、離開學界也有好一段時間了；但是，研究體外人工受精（試管嬰兒）的先鋒羅伯特・愛德華茲（Robert Edwards）直到八十多歲才在二〇一〇年得到諾貝爾獎，因此里昂與卡塔納赫教授還是有些許希望的。

約翰．戈登與山中伸彌在細胞重編程方面的研究宛如革命，改變我們對細胞命運控制方式的認知與理解；這兩位應該也是熱門人選，相信很快就會啟程前往斯德哥爾摩了。另一組比較非主流但不失吸睛的組合是阿齊姆．蘇倫尼與艾瑪．懷洛。兩人的研究重點在揭示表觀基因體如何在有性生殖過程中重新設定，以及這個過程如何偶爾被推翻、顛覆，容許後天性狀一併遺傳給後代。戴維．阿利斯是「組蛋白表觀遺傳調控」這個領域的領袖人物，必然也是頗具魅力的候選人，他可能和DNA甲基化領域的其他焦點人物——尤其是阿德里安．博德及彼得．瓊斯——共同獲獎。

彼得．瓊斯是開創「表觀遺傳療法」的先鋒，這又是表觀遺傳學另一個成長中的領域，前哨兵則是組蛋白去乙醯化酶抑制劑和DNA甲基轉移酶抑制劑。過去這類藥物的臨床試驗多以癌症為主，但這種情況即將改變：一種屬於sirtuin類的組蛋白去乙醯化酶抑制劑已進入治療「亨丁頓舞蹈症」（Huntington's Disease）的早期臨床試驗階段（亨丁頓舞蹈症是一種毀滅性的神經退化性疾病[5]）。在癌症或非腫瘤這兩個領域，目前最令人振奮的發展是研發能更集中抑制目標（包括僅改變組蛋白某特定位置胺基酸）的表觀遺傳藥物。不論是成立新生技公司或大藥廠編列的研發經費，目前全球已在表觀遺傳這個領域投入數百萬美元。我們期待見到這些努力成功化為抗癌新藥，並在未來五年內進入臨床試驗階段；同時也期待治療其他較不立即威脅生命的藥物能在十年內展開臨床試驗[6]。

我們對表觀遺傳的了解與日俱進，特別是跨代遺傳效應，但這對新藥開發也可能是問題。假如我們發明一種能干擾表觀遺傳調控的新藥，結果這種藥物也會影響一般只發生在製造生殖細胞時，才會進行的重編程機制，那該怎麼辦？理論上，此舉不僅會改變受治療者的生理狀態，也可能對其後代子孫造成影響。或許我們甚至不能只擔心作用鎖定在表觀遺傳酵素的化學物質。誠如第八章所述，環境污染（如「免克寧」）對嚙齒動物的影響會延續好幾代。假如管理藥證核發的主管機關堅持藥廠必須進行跨代遺傳效應試驗，鐵定巨幅增加新藥開發的成本與複雜程度。

乍看之下，這個說法似乎百分之百合理，畢竟我們總希望藥物能愈安全愈好。然而，對於那些絕望等待新藥出現、期望新藥能拯救他們脫離威脅性命的患者，或想得到更好的藥物，讓他們能活得更健康更有尊嚴，不受疼痛與失能折磨的人們，這些人又作何感想？新藥上市的等待期愈長，病人受折磨的時間也隨之延長。藥廠、主管機關與患者互助團體該如何處理這些問題，這在未來十年、十五年也是值得關注的焦點。

未來數十年，表觀遺傳跨代遺傳效應可能會是衝擊人類健康力道最強的領域；理由並非藥物或污染，而是食物及營養。最初帶領我們展開這趟表觀遺傳之旅的即是「荷蘭饑餓之冬」事件。該事件不僅對熬過那段時期的人造成影響，也影響他們的子孫後代。目前全球正處於「肥胖流行病」的陰影中，即使各國設法控制疾病蔓延（但也僅有極少數西方國家顯示他們正在做這件事），我們可能已經留給孫輩、曾孫輩一份看似不妙的表觀遺傳遺產。

大體而言，我們應該可以預測「營養」會在未來十年脫穎而出，成為表觀遺傳研究的主角。以下是目前已知的幾個例子。

葉酸是常推薦給孕婦食用的營養補充品。懷孕初期多補充葉酸可大幅降低新生兒「脊柱裂」（spina bifida）的發生率[7]，對大眾健康可謂一大福音。葉酸是製造「S－腺苷甲硫氨酸」SAM（S-adenosil methionine）的必要成分，而SAM則是DNA甲基轉移酶在修飾DNA時的甲基供應來源。若幼鼠飲食的葉酸含量偏低，其基因體銘印區的調節作用就會出問題[8]。目前科學家還在努力，設法揭開葉酸透過表觀遺傳調控機制操縱哪些有益動物健康的生理效應。

飲食中的組蛋白去乙醯化酶抑制劑對於防癌、預防其他疾病也扮演舉足輕重的角色，惟目前的研究數據仍有些許模糊地帶尚待釐清。譬如起司中的丁酸鈉（Sodium butyrate）或花椰菜的蘿蔔硫素（sulphoraohane）、大蒜裡的二烯丙基二硫（Diallyl Disulfide），這些全是作用較弱的組蛋白去乙醯化酶抑制劑。研究人員假設，人體在消化這類食物的過程中釋出上述物質，或許有助於調節腸道細胞的基因表現與分裂增殖[9]。理論上，此舉能降低結腸發生癌變的風險。另外，腸道菌叢也會分解食物、取得原料（特別是植物原料），自然產出丁酸[10]，這也是另一個多吃綠色蔬菜的好理由。

冰島學者提出一篇略有爭議、但頗為吸睛的個案報告，內容與「飲食如何透過表觀遺傳調控影響疾病」有關。報告提到「遺傳性胱蛋白C澱粉樣血管病」（hereditary cystatin c amyloid angiopathy, HCCAA）這種罕見遺傳疾病，病患多在未成年時即中風死亡。在幾個受該病所苦的冰島家族中，發病者身上某關鍵基因皆帶有一特定突變。由於冰島在地理上相對處於隔離狀態，且該國的病歷紀錄保存完整詳盡，因此讓研究人員得以透過罹病家族追蹤這個疾病。而他們的發現相當驚人：在一八二〇年以前，帶有這個突變基因的人大多活到六十歲才發病去世。一八二九至一九〇〇年間，罹患相同病症的患者壽命驟減，大概三十歲即英年早逝，之後患者的死亡年齡便一直停在這個歲數。研究人員因而在最早的報告中推測，自一八二〇年起，環境中可能出現某種變化，改變細胞對突變效應的反應與控制方式[11]。

二〇一〇年，在劍橋的一場研討會上，論文作者群提出報告表示，自一八二〇年起至今日，冰島最主要的環境變化是飲食方式改變：從傳統冰島飲食向歐陸主流飲食靠攏[12]。傳統冰島飲食包括品質極佳的魚乾和發酵奶油，而發酵奶油富含丁酸——也就是組蛋白去乙醯化酶弱抑制劑。組蛋白去乙醯化酶抑制劑能改變血管管壁肌纖維的功能[13]，這項功能碰巧與帶此基因突變患者可能發生的中風型態有關。雖然，目前還未有明確證據支持「降低飲食中的組蛋白去乙醯化酶抑制劑攝取量」會導致病患群提早發病死亡，但這項假設的確頗具想像空間。

奠定表觀遺傳學的基礎科學恰恰是最難預測的領域；但表觀遺傳機制會繼續在意想不到的科學領域意外冒出頭來，這點絕對無庸置疑。最近在「生理時鐘」這方面就有個不錯的例子：在多數物種體內，都有一套以大自然二十四小時循環為基礎的生理生化機制，研究顯示，組蛋白乙醯轉移酶似乎就是設定這套時鐘的關鍵蛋白質[14]；而這套規律至少由一種以上的表觀遺傳酵素調節運作[15]。

我們也許還會發現，有些表觀遺傳酵素影響細胞的方式可能不只一種。這是因為，這類酵素有很多不只修飾染色體，也會修飾細胞內的其他蛋白質，因此可能同時對好幾種調節路徑發揮作用。事實上，甚至有人認為，某些受組蛋白修飾調控的基因早在細胞納入組蛋白前就已經演化出現了[16]。因此，科學家推測這些酵素原本可能擁有其他功能，但遭演化強行徵召、轉而扮演控制基因表現的角色；既然如此，某些酵素在細胞內具有雙重功能的事實也就沒啥好意外的了。

然而，某些與表觀遺傳學分子機制有關的基礎問題，目前依舊神祕難解。特定調控機制如何建立在基因體的特定位置上？對於這方面的知識，我們所知仍相當粗略。同樣的，我們幾乎不明白組蛋白修飾模式如何經由細胞分裂傳給子細胞。我們百分之百肯定確有此事，理由是這是細胞分子記憶的一部分，讓細胞得以延續命運；但我們仍然不曉得該如何辦到。DNA複製期間，組蛋白被推到一邊，新合成的DNA拷貝最後可能只帶有少數幾個修飾過的組蛋白，其他絕大多數都是幾乎不帶任何修飾、乾乾淨淨未經世事的組蛋白分子。這點學界很快更正確認了，但我們還是不明白這到底是怎麼發生的；即便這是整個表觀遺傳領域最基礎、最重要的問題，我們還是一無所知。

在科技與想像力跳脫二維平面、進入三維立體世界之前，我們可能仍無法解開這道謎題。我們太常把基因體想成線狀結構，如同一串鹼基只以直線前進的方式讀取。但事實是，基因體各部會折、會彎曲，也會朝彼此延伸、創造新組合或調整次級結構。我們把遺傳物質想成一套普通腳本，但它其實搞不好更像《瘋狂》（*Mad*）雜誌封底內頁的反折頁，能以特殊方式對折、創造新圖。如果我們真心想解開表觀遺傳調控與基因如何並肩合作，創造如毛毛蟲、橡樹、鱷魚等生命奇蹟，那麼可能先得搞懂這個步驟。

這些生命奇蹟當然也包括我們自己。

以上就是表觀遺傳研究未來十年的方向摘要。未來有希望、有狂妄，可能話說太滿也可能鑽進死胡同、轉錯彎，或者偶爾閃現一些令人質疑不信賴的研究。科學是人類努力的體現，有時也會出錯；然而十年後，對於生物學的某些重要疑問，我們想必能更深入理解、提出更多解答。此時此刻，我們確實無法預測正確答案，有些情況甚至連問題也無法掌握，但至少有一件事是肯定的：

表觀遺傳學正掀起一場生物學革命。革命進行中。

參考資料

導讀

1. https://pubmed.ncbi.nlm.nih.gov/13054692/
2. https://en.wikipedia.org/wiki/Central_dogma_of_molecular_biology
3. https://web.ornl.gov/sci/techresources/Human_Genome/project/hgp.shtml
4. https://pubmed.ncbi.nlm.nih.gov/33432173/
5. https://pubmed.ncbi.nlm.nih.gov/2758464/
6. https://www.nature.com/articles/ng1099_185
7. https://www.sciencedirect.com/science/article/abs/pii/0022283678902437?via%3Dihub
8. https://pubmed.ncbi.nlm.nih.gov/28555658/
9. https://pubmed.ncbi.nlm.nih.gov/26330523/

10. https://pubmed.ncbi.nlm.nih.gov/8601308/
11. https://www.fda.gov/drugs/resources-information-approved-drugs/fda-approves-tazemetostat-advanced-epithelioid-sarcoma
12. https://www.nature.com/articles/s41593-018-0101-9
13. https://en.wikipedia.org/wiki/Epigenetic_clock
14. https://www.nature.com/articles/s41586-020-2037-y
15. https://www.nature.com/articles/s41586-020-2604-2
16. https://pubmed.ncbi.nlm.nih.gov/25417163/
17. https://pubmed.ncbi.nlm.nih.gov/26526725/
18. https://www.cell.com/fulltext/S0092-8674(18)30057-6
19. https://cn.nytimes.com/science/20180126/cloned-monkeys-china/zh-hant/
20. https://pubmed.ncbi.nlm.nih.gov/29456084/
21. https://www.sciencedirect.com/science/article/abs/pii/S0092867420313921

前言

1. For these and many others, see http://news.bbc.co.uk/1/hi/sci/tech/807126.stm

2. A useful starting point for descriptions of the symptoms of schizophrenia, its effects on patients and their families, and relevant statistics is www.schizophrenia.com

第一章

1. http://www.britishlivertrust.org.uk/home/the-liver.aspx
2. http://www.wellcome.ac.uk/News/2010/Features/WTX063605.htm
3. Quoted in the The Scientist Speculates, ed. Good, I.J. (1962), published by Heinemann.
4. Key papers from this programme of work include: Gurdon et al. (1958) Nature 182: 64–5; Gurdon (1960) *J Embryol Exp Morphol.* 8: 505–26; Gurdon(1962) J Hered. 53: 5–9; Gurdon (1962) *Dev Biol.* 4: 256–73; Gurdon (1962) *J Embryol Exp Morphol.* 10: 622–40.
5. Waddington, C. H. (1957), *The Strategy of the Genes*, published by Geo Allen & Unwin.
6. Campbell et al. 1996 *Nature* 380: 64–6.

第二章

1. For a useful review of the state of knowledge at the time see Rao, M. (2004) *Dev Biol.* 275: 269–86.
2. Takahashi and Yamanaka (2006), *Cell* 126: 663–76.

3. Pang et al. (2011), *Nature online publication* May 26.
4. Alipio et al. (2010), *Proc Natl Acad Sci USA* 107: 13426–31.
5. Nakagawa et al. (2008), *Nat Biotechnol.* 26: 101–6.
6. See, for example, Baharvand et al. (2010) *Methods Mol Biol.* 584: 425–43.
7. Gaspar and Thrasher (2005), *Expert Opin Biol Ther*. 5: 1175–82.
8. Lapillonne et al. (2010), *Haematologica* 95: 1651–9.

第三章

1. See http://genome.wellcome.ac.uk/doc_WTD020745.html for a wealth of useful genome-related facts and figures.
2. Schoenfelder et al. (2010), *Nat Genet*. 42: 53–61.

第四章

1. Kruczek and Doerfler (1982), *EMBO J.* 1:409–14.
2. Bird et al. (1985), *Cell* 40: 91–99.
3. Lewis et al. (1992), *Cell* 69: 905–14.

4. Nan et al. (1998), *Nature* 393: 386–9.
5. For a recent review of the actions of MeCP2, see Adkins and Georgel (2011), *Biochem Cell Biol.* 89: 1–11.
6. Guy et al. (2007), *Science* 315: 1143–7.
7. http://www.youtube.com/watch?v=RyAvKGmAElQ&feature=related
8. The most important papers from the Allis lab in 1996 were: Brownell et al. (1996), *Cell* 84: 843–51; Vettese-Dadey et al. (1996), *EMBO J.* 15: 2508–18; Kuo et al. (1996), *Nature* 383: 269–72.
9. A useful review by one of the leading researchers in the field is Kouzarides, T. (2007) *Cell* 128: 693–705.
10. Jenuwein and Allis (2001), *Science* 293: 1074–80.
11. Ng et al. (2010), *Nat Genet.* 42: 790–3.
12. Laumonnier et al. (2005), *J Med Genet.* 42: 780–6.

第五章

1. Fraga et al. (2005), *Proc Natl Acad Sci USA* 102: 10604–9.
2. Ollikainen et al. (2010), *Human Molecular Genetics* 19: 4176–88.

3. http://www.pbs.org/wgbh/evolution/library/04/4/l_044_02.html
4. http://www.evolutionpages.com/Mouse%20genome%20home.htm
5. Gartner, K. (1990), *Lab Animal* 24:71–7.
6. Whitelaw et al. (2010), *Genome Biology.*
7. Tobi et al. (2009), *HMG.*
8. Kaminen-Ahola et al. (2010).

第六章

1. If you want to know more, try Arthur Koestler's highly readable though exceptionally partisan book, *The Case of the Midwife Toad.*
2. Lumey et al. (1995), *Eur J Obstet Reprod Biol.* 61: 23–20.
3. Lumey (1998), *Proceedings of the Nutrition Society* 57: 129–135.
4. Kaati et al. (2002), *EJHG* 10: 682–688.
5. Morgan et al. (1999), *Nature* 23: 314–8.
6. Wolff et al. (1998), *FASEB J* 12: 949–957.
7. Rakyan et al. (2003), *PNAS* 100: 2538–2543.

8. World Cancer Research Fund figures http://tinyurl.com/47uosv4
9. www.nhs.uk
10. Waterland et al. (2007), *FASEB J* 21: 3380–3385.
11. Ng et al. (2010), *Nature* 467: 963–966.
12. Carone et al. (2010) *Cell* 143: 1084–1096.
13. Anway et al. (2005) *Science* 308: 1466–1469.
14. Guerroro-Bosagna et al. (2010), *PLoS One*: 5.

第七章

1. Surani, Barton and Norris (1984), *Nature* 308: 548–550.
2. Barton, Surani and Norris (1984), *Nature* 311: 374–376.
3. Surani, Barton and Norris (1987), *Nature* 326: 395–397.
4. McGrath and Solter (1984), *Cell* 37: 179–183.
5. Cattanach and Kirk (1985), *Nature* 315: 496–498.
6. Hammoud et al. (2009) *Nature* 460: 473–478.
7. Reik et al. (1987), *Nature* 328: 248–251.

8. Sapienza et al. (1987), *Nature* 328: 251–254.

9. Rakyan et al. (2003), *PNAS* 100: 2538–2543.

第八章

1. Surani, Barton and Norris (1984), *Nature* 308: 548–550.

2. Barton, Surani and Norris (1984), *Nature* 311: 374–376.

3. Surani, Barton and Norris (1987), *Nature* 326: 395–397.

4. Cattanach and Kirk (1985), *Nature* 315: 496–8.

5. De Chiara et al. (1991), *Cell* 64: 845–859. 316 The Epigenetics Revolution

6. Barlow et al. (1991), *Nature* 349: 84–87.

7. Reviewed in Butler (2009), *Journal of Assisted Reproduction and Genetics*: 477–486

8. Prader, A., Labhart, A. and Willi, H. (1956), *Schweiz. Med. Wschr*. 86: 1260–1261.

9. http://www.ncbi.nlm.nih.gov/omim/176270

10. Angelman, H. (1965), 'Puppet children': a report of three cases. Dev. Med. *Child Neurol*. 7: 681–688.

11. http://www.ncbi.nlm.nih.gov/omim/105830

12. Knoll et al.(1989), *American Journal of Medical Genetics* 32: 285–290.
13. Nicholls et al. (1989), *Nature* 342: 281–185.
14. Malcolm et al. (1991), *The Lancet* 337: 694–697.
15. Wiedemann (1964), *J Genet Hum.* 13: 223.
16. Beckwith (1969), *Birth Defects* 5: 188.
17. http://www.ncbi.nlm.nih.gov/omim/130650
18. Silver et al. (1953), *Pediatrics* 12: 368–376.
19. Russell (1954), *Proc Royal Soc Medicine* 47: 1040–1044.
20. http://www.ncbi.nlm.nih.gov/omim/180860
21. For a useful review, see Gabory et al. (2010), *BioEssays* 32: 473–480.
22. Frost & Moore (2010), *PLoS Genetics* 6 e1001015.
23. Ohinata et al. (2005), *Nature* 436: 207–213.
24. Buiting et al. (2003), *American J Human Genet.* 72: 571–577.
25. Hammoud et al. (2009), *Nature* 460: 473–478.
26. OOi et al. (2007), *Nature* 448: 714–717.
27. Stadtfeld et al. (2010), *Nature* 465: 175–81.

28. See Butler (2009), *J Assist Reprod Genet*. 26: 477–486 for a useful review.

29. Kono et al. (2004), *Nature* 428: 860–864.

30. Blewitt et al. (2006), *PLoS Genetics* 2: 399–405.

31. See, for example, http://www.guardian.co.uk/uk/2010/aug/04/cloned-meat-british-bulls-fsa?INTCMP=SRCH

32. For a recent review, see Bukulmez, O. (2009) *Curr Opin Obstet Gynecol.* 21: 260–4.

第九章

1. Jäger et al. (1990), *Nature* 348: 452–4.

2. Margarit et al. (2000), *Am J Med Genet*. 90: 25–8.

3. For a good review of this, see Graves (2010), Placenta, *Supplement A Trophoblast Research* 24: S27–S32.

4. Lyon, M. F. (1961), *Nature* 190: 372–373.

5. Lyon, M. F. (1962), *American Journal of Human Genetics* 14: 135–148.

6. For a useful review, see Okamoto and Heard (2009), *Chromosome Res*. 17: 659–69.

7. McGrath and Solter (1984), *Cell* 37: 179–83.

8. Cattanach and Isaacson (1967), *Genetics* 57: 231–246.
9. Rastan and Robertson (1985), *J Embryol Exp Morphol*. 90: 379–88.
10. Brown et al. (1991), *Nature* 349: 38–44.
11. Borsani et al. (1991), *Nature* 351: 325–329.
12. Brown et al. (1992), *Cell* 71: 527–542.
13. Brockdorff et al. (1992), *Cell* 71: 515–526.
14. Borsani et al. (1991), *Nature* 351: 325–329.
15. For a good review, see Lee, J. T. (2010) *Cold Spring Harbor Perspectives in Biology* 2 a003749.
16. Lee et al. (1996), *Cell* 86: 83–84.
17. Xu et al. (2006), *Science* 311: 1149–52.
18. Lee et al. (1999), *Nature Genetics* 21: 400–404.
19. Navarro et al. (2008), *Science* 321: 1693–1695.
20. Maherali et al. (2007), *CellSeell* 1: 55–70.
21. Zonana et al. (1993), *Amer J Human Genetics* 52: 78–84.
22. http://www.ncbi.nlm.nih.gov/omim/305100
23. Reviewed in Pinto et al. (2010), *Orphanet Journal of Rare Diseases* 5: 14–23.

24. http://www.ncbi.nlm.nih.gov/omim/310200
25. Pena et al. (1987), *J Neurol Sci*. 79: 337–344.
26. Gordon (2004), *Science* 306: 496–499.
27. For a good review of this, see Graves (2010), *Placenta Supplement A Trophoblast Research* 24: S27–S32.
28. Rao et al. (1997), *Nature Genetics* 16: 54–63.

第十章

1. From Scientific Autobiography and Other Papers (1950).
2. Mulder et al. (1975), *Cold Spring Harb Symp Quant Biol*. 39: 397–400.
3. Ohno (1972), *Brookhaven Symposia in Biology* 23: 366–370.
4. See Orgel and Crick (1980), *Nature* 284: 604–607.
5. See Doolittle and Sapienza (1980), *Nature* 284: 601–603.
6. Mattick (2009), *Annals N Y Acad Sci*. 1178: 29–46.
7. http://genome.wellcome.ac.uk/node30006.html
8. http://wiki.wormbase.org/index.php/WS205

9. For a useful review see Qureshi et al. (2010), *Brain Research* 1338: 20–35.
10. Clark and Mattick (2011), Seminars in Cell and Developmental Biology, in press at time of publication.
11. Carninci et al. (2005), *Science* 309: 1559–1563.
12. Nagano et al. (2008), *Science* 322: 1717–1720.
13. Zhao et al. (2010), *Molecular Cell* 40: 939–953.
14. Garber et al. (1983), *EMBO J.* 2: 2027–36.
15. Rinn et al. (2007), *Cell* 129: 1311–1323.
16. Ørom et al. (2010), *Cell* 143: 46–58.
17. Lee et al. (1993), *Cell* 75: 843–854.
18. Wightman et al. (1993), *Cell* 75: 858–62.
19. For a good review, see Bartel (2009), *Cell* 136: 215–233.
20. Mattick, J. S. (2010), *BioEssays* 32: 548–552.
21. Chimpanzee Sequencing and Analysis Consortium (2005), *Nature* 437: 69–87.
22. Athanasiasdis et al. (2004), *PLoS Biol* 2: e391.
23. Paz-Yaacov et al. (2010), *Proc Natl Acad Sci USA* 107: 12174–9.

24. Melton et al.(2010), *Nature* 463: 621–628.
25. Yu et al. (2007), *Science* 318: 1917–20.
26. Marson et al. (2008), *Cell* 134: 521–33.
27. Judson et al. (2009), *Nature Biotechnology* 27: 459–461.
28. Reviewed in Pauli et al. (2011), *Nature Reviews Genetics* 12: 136–149.
29. Giraldez et al. (2006), *Science* 312: 75–79.
30. West et al. (2009), *Nature* 460: 909–913.
31. Vagin et al. (2009), *Genes Dev*. 23: 1749–62.
32. Deng and Lin (2002), *Developmental Cell* 2: 819–830.
33. Aravin et al. (2008), *Molecular Cell* 31: 785–799.
34. Kuramochi-Miyagawa et al. (2008), *Genes and Development* 22: 908–917.
35. Reviewed in Mattick et al. (2009), *BioEssays* 31: 51–59.
36. Wagner et al. (2008), *Dev Cell*. 14: 962–9.
37. Lewejohann et al. (2004), *Behav Brain Res* 154: 273–89.
38. Clop et al. (2006), *Nature Genetics* 38: 813–818.
39. Abelson et al. (2005), *Science* 310: 317–320.

40. http://www.ncbi.nlm.nih.gov/omim/188400
41. Strak et al. (2008), *Nature Genetics* 40: 751–760.
42. Calin et al. (2004), *Proc Nat Acad Sci USA* 101: 2999–3004.
43. Volinia et al. (2006), *Proc Natl Acad Sci USA* 103: 2257–2261.
44. For a useful review see Garzon et al. (2010), *Nature Reviews Drug Discovery* 9: 775–789.
45. Melo et al. (2009), *Nature Genetics* 41: 365–370.

第十一章

1. Karon et al. (1973), *Blood* 42: 359–65.
2. Constantinides et al. (1977), *Nature* 267: 364–366.
3. Taylor and Jones (1979), *Cell* 17: 771–779.
4. Jones (2011), *Nature Cell Biology* 13: 2.
5. Jones and Taylor (1980), *Cell* 20: 85–93.
6. Santi et al. (1983), *Cell* 33: 9–10.
7. Ghoshal et al. (2005), *Molecular and Cellular Biology* 25: 4727–4741.
8. Kuo et al. (2007), *Cancer Research* 67: 8248–8254.

9. For an excellent history of the development of SAHA, see Marks and Breslow (2007), *Nature Biotechnology* 25: 84–90.
10. Friend et al. (1971), *Proc Natl Acad Sci USA* 68: 378–382.
11. Richon et al. (1996), *Proc Natl Acad Sci USA* 93: 5705–5708.
12. Yoshida et al. (1990), *Journal of Biological Chemistry* 265: 17174–17179.
13. Richon et al. (1998), *Proc Natl Acad Sci USA* 95: 3003–3007.
14. Herman et al. (1994), *Proc Natl Acad Sci USA* 91: 9700–9704.
15. Esteller et al. (2000), *J National Cancer Institute* 92: 564–569.
16. Toyota et al. (1999), *Proc Natl Acad Sci USA* 96: 8681–8686.
17. Lu et al. (2006), *Oncogene* 25: 230–9.
18. Gery et al. (2007), *Clin Cancer Res.* 13: 1399–404.
19. For a recent review of a disorder where gene therapy is proving broadly effective see Ferrua et al. (2010), *Curr Opin Allergy Clin Immunol.* 10: 551–6.
20. Kantarjian et al. (2006), *Cancer* 106: 1794–1803.
21. Silverman et al. (2002), *J Clin Oncol.* 20: 2429–2440.
22. Duvic et al. (2007), *Blood* 109: 31–39.

23. www.cancer.gov/clinicaltrials/search/results?protocolsearchid=8828355
24. www.lifesciencesworld.com/news/view/11080
25. http://www.masshightech.com/stories/2008/04/21/story1-Epigenetics-isthe-word-on-bio-investors-lips.html
26. Viré et al. (2006), *Nature* 439: 871–874.
27. Schlesinger et al. (2007), *Nature Genetics* 39: 232–236.
28. Shi et al. (2004), *Cell* 29: 119; 941–53.
29. Ooi et al. (2007), *Nature* 448: 714–717.
30. Bachmann et al. (2006), *J Clin Oncology* 24: 268–273.
31. Lim et al. (2010), *Carcinogenesis* 31: 512–20.
32. Kondo et al. (2008), *Nature Genetics* 40: 741–750.
33. Widschwendter et al. (2007), *Nature Genetics* 39: 157–158.
34. Taby and Issa (2010), *CA Cancer J Clin*. 60: 376–92.
35. Bernstein et al. (2006), *Cell* 125: 315–326.
36. Ohm et al. (2007), *Nature Genetics* 39: 237–242.
37. Fabbri et al. (2007), *Proc Natl Acad Sci USA* 104: 15805–10.

第十二章

1. For a recent review, see Heim et al. (2010), *Dev Psychobiol.* 52: 671–90.
2. Yehuda et al. (2001), *Dev Psychopathol.* 13: 733–53.
3. Heim et al. (2000), *JAMA* 284: 592–7.
4. Lee et al. (2005), *Am J Psychiatry* 162: 995–997.
5. Carpenter et al. (2004), *Neuropsychopharm.* 29: 777–784.
6. Weaver et al. (2004), *Nature Neuroscience* 7: 847–854.
7. Murgatroyd et al. (2009), *Nature Neuroscience* 12: 1559–1565.
8. Skene et al. (2010), *Mol Cell* 37: 457–68.
9. McGowan et al. (2009), *Nature Neuroscience* 12: 342–248.
10. http://www.who.int/mental_health/management/depression/definition/en/
11. Reviewed in Uchida et al. (2011), *Neuron* 69: 359–372.
12. Uchida et al. (2011), *Neuron* 69: 359–372.
13. Elliott et al. (2010), *Nature Neuroscience* 13: 1351–1353.
14. Uchida et al. (2011), *Neuron* 69: 359–372.
15. For a useful review of animal models of depression, see Nestler and Hyman (2010), *Nature*

Neuroscience 13: 1161–1169.

16. Uchida et al. (2011), *Neuron* 69: 359–372.
17. Weaver et al. (2004), *Nature Neuroscience* 7: 847–854.
18. See, for example, interviews in Buchen (2010), *Nature* 467: 146–148.
19. Mayer et al. (2000), *Nature* 403: 501–502.
20. Tahiliani et al. (2009), *Science* 324: 30–5.
21. Globisch et al. (2010), *PLoS One* 5: e15367.
22. For a useful review of DNA methylation and memory formation, see Day and Sweatt (2010), *Nature Neuroscience* 13: 1319–1329.
23. Korzus et al. (2004), *Neuron* 42: 961–972.
24. Alarcón et al. (2004), *Neuron* 42: 947–959.
25. MacDonald and Roskams (2008), *Dev Dyn*. 237: 2256–2267.
26. Guan et al. (2009), *Nature* 459: 55–60.
27. Fischer et al. (2007), *Nature* 447: 178–182.
28. Im et al. (2010), *Nature Neuroscience* 13: 1120–1127.
29. Deng et al. (2010), *Nature Neuroscience* 13: 1128–1136.

30. Garfield et al. (2011), *Nature* 469: 534–538.

第十三章

1. http://www.isaps.org/uploads/news_pdf/Raw_data_Survey2009.pdf
2. Aubert and Lansdorp (2008), *Physiological Reviews* 88: 557–579.
3. For a review of this and other surveys on public attitudes to lifespan extension, see Partridge et al. (2010), *EMBO Reports* 11: 735–737.
4. Bjornsson et al. (2008), *Journal of the American Medical Association* 299: 2877–2883.
5. Gaudet et al. (2003), *Science* 300: 488–492.
6. Eden et al. (2003), *Science* 300: 455.
7. For a useful review of changes in epigenetic modifications during ageing, see Calvanese et al. (2009), *Ageing Research Reviews* 8: 269–276.
8. Kennedy et al. (1995), *Cell* 80: 485–496.
9. Kaeberlein et al. (1999), *Genes and Development* 13: 2570–2580.
10. Dang et al. (2009), *Nature* 459: 802–807.
11. Tissenbaum and Guarente (2001), *Nature* 410: 227–230.

12. Rogina and Helfand (2004), Proceedings of the National Academy of Sciences USA 101: 15998–16003.
13. Michishita et al. (2008), *Nature* 452: 492–496.
14. Kawahara et al. (2009), *Cell* 136: 62–74.
15. http://www.ncbi.nlm.nih.gov/omim/277700
16. Michishita et al. (2008), *Nature* 452: 492–496.
17. McCay et al. (1935), *Nutrition* 5: 155–71.
18. Reviewed in Kaeberlein and Powers (2007), *Ageing Research Reviews* 6: 128–140.
19. Partridge et al. (2010), *EMBO Reports* 11: 735–737.
20. Howitz et al. (2003), *Nature* 425: 191–196.
21. Wood et al. (2004), *Nature* 430: 686–689.
22. Baur et al. (2006), *Nature* 444: 337–342.
23. Howitz et al. (2003), *Nature* 425: 191–196.
24. Beher et al. (2009), *Chem Biol Drug Des*. 74: 619–24.
25. Pacholec et al. (2010), *J Biol Chem* 285: 8340–51.
26. For a review, see Chaturvedi et al. (2010), *Chem Soc Rev*. 39: 435–54.

27. http://www.fiercebiotech.com/story/weak-efficacy-renal-risks-force-gsk-dump-resveratrol-program/2010-12-01

第十四章

1. McCay et al. (1935), *Nutrition* 5: 155–71.
2. For a useful review of the differences, see Chittka and Chittka (2010), *PLoS Biology* 8: e1000532.
3. For a useful summary of these processes, see Maleszka (2008), *Epigenetics* 3: 188–192.
4. Honeybee Genome Sequencing Consortium (2006), *Nature* 443: 931–49.
5. Wang et al. (2006), *Science* 314: 645–647.
6. Kucharski et al. (2008), *Science* 319: 1827–1830.
7. Lyko et al. (2010), *PLos Biol* 8: e1000506.
8. Spannhoff et al. (2011), *EMBO Reports* 12: 238–243.
9. Lockett et al. (2010), *NeuroReport* 21: 812–816.
10. Hunt et al. (2010), *Genome Biol Evol* 2: 719–728.
11. Lyko et al. (2010), *PLos Biol* 8: e1000506.
12. Bonasio et al. (2010), *Science* 329: 1068–1071

13. Izuta et al. (2009), *Evid Based Complement Alternat Med.* 6: 489–94.

第十五章

1. For a useful review, see Dennis and Peacock (2009), *J Biol* 8: article 57.
2. For a useful summary of the epigenetic control of vernalisation, see Ahmad et al. (2010), *Molecular Plant* 4: 719–728.
3. Pien et al. (2008), *Plant Cell* 20: 580–588.
4. Sung and Amasino (2004), *Nature* 427: 159–164.
5. De Lucia et al. (2008), *Proc Natl Acad Sci USA* 105: 16831–16836.
6. Heo and Sung (2011), *Science* 331: 76–79.
7. Pant et al. (2008), *Plant J* 53: 731–738.
8. Palauqui et al. (1997), *EMBO J* 16: 4738–4745
9. See, for example, Schubert et al. (2006), *EMBO J* 25: 4638–4649.
10. Gehring et al. (2009), *Science* 324: 1447–1451.
11. Hsieh et al. (2009), *Science* 324: 1451–1454
12. Mosher et al. (2009), *Nature* 460: 283–286.

13. Slotkin et al. (2009), *Cell* 136: 461–472.
14. Garnier et al. (2008), *Epigenetics* 3: 14–20.
15. Reviewed in Zhang et al. (2010), *J Genet and Genomics* 37: 1–12.
16. Chan et al. (2005), *Nature Reviews Genetics* 6: 351–360.
17. Cokus et al. (2008), *Nature* 452: 215–219.

第十六章

1. For a recent review, see Wapstra and Warner (2010), *Sex Dev*. 4: 110–8.
2. Miller et al. (2004), *Fertil Steril* 81: 954–64.
3. Watson, J. D. and Crick, F. H. C. (1953), *Nature* 171: 737–738.
4. Cattanach and Isaacson (1967), *Genetics* 57: 231–246.
5. For further information, see http://www.sienabiotech.com.
6. Mack, G. S. (2010), *Nat Biotechnol*. 28: 1259–66.
7. MRC Vitamin Study Research Group (1991), *Lancet* 338: 131–7.
8. Waterland et al. (2006), *Hum Mol Genet*. 15: 705–16.
9. Reviewed in Calvanese et al. (2009), *Ageing Research Reviews* 8: 268–276.

10. Reviewed in Guilloteau et al. (2010), *Res Rev*. 23: 366–84.
11. Palsdottir et al. (2008), *PLoS Genet*. June 20, 4: e1000099.
12. Abstract from Palsdottir et al. (2010), *Wellcome Trust Conference on Signalling to Chromatin Hinxton UK*.
13. See for example Okabe et al. (1995), *Biol PharmBull*. 18: 1665–70.
14. Nakahata et al. (2008), *Cell* 134: 329–40.
15. Katada et al. (2010), *Nat Struct Mol Biol*. 17: 1414–21.
16. Gregoretti et al. (2004), *J Mol Biol*. 338: 17–31.

專有名詞

Autosomes（體染色體）：非屬「性染色體」的染色體。人類有二十二對體染色體。

Blastocyst（胚囊）：相當早期的哺乳動物胚胎，約莫由一百個細胞組成；相當於囊袋的細胞之後發展成胎盤，而包在囊袋內、體積較小的實心細胞團則發展為胚體。

Chromatin（染色質）：DNA與相關蛋白質，特別是「組蛋白」（histone protein）的總稱。

Concordance（一致率）：兩名基因型相同的個體（雙胞胎），其表現型亦相同的程度。

CpG "CpG"（雙核苷酸模組）：「胞嘧啶（C）核苷酸」後接「鳥糞嘌呤（G）核苷酸」的DNA構造。CpG雙核苷酸內的胞嘧啶可以被「甲基化」（methylation，基因修飾的一種）。

Discordance（不一致率）：兩名基因型（genotype）相同的個體（雙胞胎），其表現型（phenotype）不同的程度。

DNA replication（ＤＮＡ重製）：拷貝ＤＮＡ，做出全新但與原本的ＤＮＡ完全相同的分子構造。

ＤＮＭＴ（DNA Methyltransferase，ＤＮＡ甲基轉移酶）：負責將「甲基」（methyl group）加至ＤＮＡ鹼基「胞嘧啶」的一種酵素（酶）。

Epigenome（表觀基因體）：所有和「表觀遺傳修飾」（epigenetic modifications）有關的ＤＮＡ基因體和相關組蛋白。

ES Cells（Embryonic stem cells，胚胎幹細胞）：實驗室培養、源自「內細胞團」（Inner Cell Mass, ICM）、具有「超多能分化性」（pluripotent）的細胞。

Exon（外顯子）：基因內某密碼區段，該區段的轉錄片段只會出現在最終版 mRNA 上。在以該基因為藍本製成的蛋白質內，大多數（非全部）都含有外顯子編碼對應的胺基酸。

Gamete（配子）：即卵子或精子。

Genome（基因體）：所有在細胞核內的ＤＮＡ。

Germline（生殖細胞系）：將親代遺傳訊息傳遞給子代的細胞，也就是精子、卵子及其前驅細胞（precursors）。

ＨＤＡＣ（Histone deacetylase，組蛋白去乙醯化酶）：一種酵素，可移除組蛋白上的乙醯（乙基acetyl groups）。

Histones（組蛋白）：與ＤＮＡ關係密切的球蛋白，可透過表觀遺傳修飾。

Impinting（銘印）：某些基因表現與否取決於該基因遺傳自父親或母親的一種現象。

Inner Cell Mass（ＩＣＭ內細胞團）：早期胚囊內具有「超多能分化性」（pluripotency）的細胞團，可成長分化為各種細胞、組成身體。

Intron（內含子）：基因內某密碼區段，複製自該區段的 mRNA 片段不會出現在最終版 mRNA 上。

iPS Cells（Induced pluripotent stem cells，誘導型超多能分化幹細胞）：利用特定基因將成熟細胞「重新編排」（reprogrammed）所製成的幹細胞。這些基因可「反轉」（revert）完全分化的細胞，使其重回超多能分化狀態。

kb（kilobase）：一千對鹼基對的縮寫。

miRNA（Micro RNA，微小ＲＮＡ）：拷貝自ＤＮＡ、不帶蛋白質密碼的小ＲＮＡ分子，屬於「非編碼ＲＮＡ」（ncRNA）的一種。

mRNA（Messenger RNA，傳訊ＲＮＡ）：拷貝自ＤＮＡ，帶有蛋白質密碼的ＲＮＡ分子。

ncRNA（non-coding RNA，非編碼ＲＮＡ）：拷貝自ＤＮＡ，不帶有蛋白質密碼的ＲＮＡ分子。

MZ Twins（Monozygutic/identical twins，同卵雙胞胎）：胚胎早期一分為二，各自發育成

胎兒。

Neurotransmitter（神經傳導物質）：腦細胞（神經細胞）製造的化學物質、作用在次一神經細胞上，藉以改變後者的行為。

Nucleosome（核仁小體）：DNA纏繞八個特定組蛋白所構成的特殊結構。

Phenotype（表現型）：可見的特徵或生物體性狀（traits）。

Pluripotency（超多能分化性）：單一細胞能成長為其他細胞的能力。哺乳動物的超多能分化型細胞通常可分化為全身各種類的細胞，但胎盤細胞除外。

Primordial germ cells（原始生殖細胞）：胚胎發生早期即出現、已相當程度特化（specialised）的細胞，最終成為配子。

Promoter（啟動子）：位於基因前方，控制基因啟動方式。

Pronucleus（原核）：精子進入卵子到兩核融合之前的精細胞核或卵細胞核。

Retrotransposons（反轉錄轉位子）：異常或特殊DNA片段，不帶蛋白質密碼，並可在基因體的不同位置間移動。一般認為反轉錄轉位子源自病毒。

RNA（核糖核酸）：拷貝自DNA某特定區域的單股複本。RNA分子可再細分成數個類別，包括微小RNA（miRNA）、傳訊RNA（mRNA）、非編碼RNA（ncRNA）等等。

Sex chromosomes（性染色體）：X染色體與Y染色體，主宰哺乳動物性別。正常來說，雌性帶有兩條X染色體，雄性則帶有一條X與一條Y染色體。

Somatic Cells（**體細胞**）：組成生物體的細胞（除生殖細胞系以外的所有細胞）。

Somatic Cell Nuclear Transfer（SCNT，**體細胞核轉置技術**）：將成熟細胞的細胞核轉移植入另一細胞（通常是卵子）的技術。

Somatic mutations（**體細胞突變**）：發生在體細胞的基因突變，而非透過精子或卵子遺傳至下一代的突變。

Stochastic variation（**隨機變異**）：隨機的變化或微變（fluctuation）。

Totipotency（**全能分化性**）：單一細胞能分化為各種體細胞與胎盤細胞的能力。

Transcription（**轉錄**）：以DNA為拷貝模板、製造RNA分子的過程。

Transgenerational inheritance（**跨代遺傳**）：親代表現型改變並傳遞給子代，但遺傳密碼完全不變。

Uniparental disomy（**單親二倍體症**）：子代的某對染色體並非由父、母雙方各提供一條所組成，即兩條染色體完全來自母親或完全來自父親。例如，若十一號染色體發生「母源單親二倍體症」（maternal uniparental disomy），意即此生物體的兩條十一號染色體皆來自母親。

Vernalisation（**春化作用**）：植物開花前必須經歷低溫期的過程。

Zygote（**受精卵**）：精子與卵子融合而成的新細胞，具有「全能分化性分化能力」。

索引

一畫

二畫

三畫

四畫

五畫

六畫

七畫

八畫

九畫

十畫

十一畫

十二畫

十三畫

十四畫

十五畫

十六畫

十七畫

十八畫

十九畫

二十畫

二十三畫

二十四畫

貓頭鷹書房 254

表觀遺傳大革命：現代生物學如何改寫我們認知的基因、遺傳與疾病（更新至二〇二一最新發展）

作　　者　奈莎・卡雷（Nessa Carey）
譯　　者　黎湛平
專業審定　徐明達
責任編輯　周宏瑋
特約編輯　周　南、廖健凱
專業校對　魏秋綢
版面構成　張靜怡
封面設計　廖勁智
行銷統籌　張瑞芳
行銷專員　段人涵
總 編 輯　謝宜英
出 版 者　貓頭鷹出版

發 行 人　凃玉雲
發　　行　英屬蓋曼群島商家庭傳媒股份有限公司城邦分公司
104 台北市中山區民生東路二段 141 號 11 樓
畫撥帳號：19863813；戶名：書虫股份有限公司
城邦讀書花園：www.cite.com.tw　購書服務信箱：service@readingclub.com.tw
購書服務專線：02-2500-7718~9（周一至周五上午 09:30-12:00；下午 13:30-17:00）
24 小時傳真專線：02-2500-1990~1
香港發行所　城邦（香港）出版集團／電話：852-2877-8606 ／傳真：852-2578-9337
馬新發行所　城邦（馬新）出版集團／電話：603-9056-3833 ／傳真：603-9057-6622
印 製 廠　中原造像股份有限公司
初　　版　2016 年 11 月
二　　版　2021 年 9 月
定　　價　新台幣 600 元／港幣 200 元（紙本平裝）
新台幣 420 元（電子書）
I S B N　978-986-262-508-8（紙本平裝）
978-986-262-509-5（電子書 EPUB）

讀者意見信箱　owl@cph.com.tw
投稿信箱　owl.book@gmail.com
貓頭鷹臉書　facebook.com/owlpublishing

【大量採購，請洽專線】02-2500-1919

城邦讀書花園
www.cite.com.tw

國家圖書館出版品預行編目資料

表觀遺傳大革命：現代生物學如何改寫我們認知的基因、遺傳與疾病（更新至二〇二一最新發展）／奈莎・卡雷（Nessa Carey）著；黎湛平譯 . -- 二版 . -- 臺北市：貓頭鷹出版：英屬蓋曼群島商家庭傳媒股份有限公司城邦分公司發行 , 2021.09
面；　公分 .--（貓頭鷹書房；254）
譯自：The epigenetics revolution: how modern biology is rewriting our understanding of genetics, disease and inheritance
ISBN 978-986-262-508-8（平裝）

1. 遺傳學　2. 基因

363　　110013809